人氣站長教你
動手寫程式

Real Python

不說教也能心領神會的引導式實作課

感謝您購買旗標書,
記得到旗標網站
www.flag.com.tw
更多的加值內容等著您…

<請下載 QR Code App 來掃描>

● FB 官方粉絲專頁:旗標知識講堂、從做中學 AI

● 旗標「線上購買」專區:您不用出門就可選購旗標書!

● 如您對本書內容有不明瞭或建議改進之處,請連上旗標網站,點選首頁的 聯絡我們 專區。

若需線上即時詢問問題,可點選旗標官方粉絲專頁留言詢問,小編客服隨時待命,盡速回覆。

若是寄信聯絡旗標客服 email, 我們收到您的訊息後,將由專業客服人員為您解答。

我們所提供的售後服務範圍僅限於書籍本身或內容表達不清楚的地方,至於軟硬體的問題,請直接連絡廠商。

學生團體　訂購專線:(02)2396-3257 轉 362
　　　　　傳真專線:(02)2321-2545

經銷商　服務專線:(02)2396-3257 轉 331
　　　　將派專人拜訪
　　　　傳真專線:(02)2321-2545

國家圖書館出版品預行編目資料

Real Python 人氣站長教你動手寫程式
David Amos, Dan Bader, Joanna Jablonski,
Fletcher Heisler 著;蔣佑仁 譯 --
臺北市:旗標, 2023. 04　面;公分

ISBN 978-986-312-723-9　(平裝)

1. CST: Python(電腦程式語言)

312.32P97　　111010056

作　者/David Amos, Dan Bader, Joanna Jablonski, Fletcher Heisler 著;蔣佑仁 譯

發 行 所/旗標科技股份有限公司

台北市杭州南路一段15-1號19樓

電　話/(02)2396-3257(代表號)

傳　真/(02)2321-2545

劃撥帳號/1332727-9

帳　戶/旗標科技股份有限公司

監　督/陳彥發

執行企劃/陳彥發

執行編輯/劉樂永

美術編輯/蔡錦欣、林美麗

封面設計/蔡錦欣

校　對/陳彥發、劉樂永

新台幣售價:750 元

西元 2024 年 9 月 初版 2 刷

行政院新聞局核准登記-局版台業字第 4512 號

ISBN 978-986-312-723-9

目錄
CONTENTS

01 關於本書

▶ 1-1 為什麼要選這本書？ 1-3
▶ 1-2 該怎麼讀這本書？ 1-4
▶ 1-3 額外教材與學習資源 1-6

02 安裝與設定 Python

▶ 2-1 關於Python 版本 2-2
▶ 2-2 在 Windows 安裝 Python 3 2-2
▶ 2-3 在 macOS 安裝 Python 3 2-6
▶ 2-4 在 Ubuntu Linux 安裝 Python 3 2-9

03 第一個 Python 程式

▶ 3-1 開始寫 Python 程式 3-2
▶ 3-2 處理程式中的錯誤 3-6
▶ 3-3 創建變數 3-8
▶ 3-4 在互動視窗檢視變數 3-14
▶ 3-5 留下註解 3-16

04 字串與字串方法

▶ 4-1 字串是什麼？ 4-2
▶ 4-2 串接、索引和切片 4-8
▶ 4-3 使用字串方法來操作字串 4-16

▶ 4-4 和使用者的輸入互動 4-23
▶ 4-5 挑戰：對使用者的輸入挑三揀四 4-25
▶ 4-6 處理字串和數字 4-26
▶ 4-7 進階 print 用法 4-31
▶ 4-8 在字串裡尋找或取代字串 4-33
▶ 4-9 挑戰：將你的使用者變成 L33t H4x0r 4-36

05 數字資料與算術運算

▶ 5-1 整數與浮點數 5-2
▶ 5-2 算術算符和運算式 5-6
▶ 5-3 挑戰：計算使用者輸入的內容 5-14
▶ 5-4 Python 也會欺騙你：浮點數的誤差 5-14
▶ 5-5 數學函式與數字的方法 5-16
▶ 5-6 顯示出不同格式的數字 5-22
▶ 5-7 複數 5-25

06 函式與迴圈

▶ 6-1 函式到底是什麼？ 6-2
▶ 6-2 創造自己的函式 6-6
▶ 6-3 挑戰：溫度換算 6-16
▶ 6-4 迴圈 6-17
▶ 6-5 挑戰：追蹤投資狀況 6-26
▶ 6-6 Python 的變數範圍 6-27

07 尋找與修復程式碼錯誤

▶ 7-1 使用除錯控制視窗 7-2
▶ 7-2 實作：動手除蟲（debug） 7-8

08 條件邏輯和流程控制

- ▶ 8-1 數值比較 8-2
- ▶ 8-2 邏輯算符 8-6
- ▶ 8-3 控制程式的流程 8-14
- ▶ 8-4 挑戰：因數分解 8-25
- ▶ 8-5 跳脫迴圈 8-26
- ▶ 8-6 讓程式自己處理錯誤 8-31
- ▶ 8-7 模擬事件並計算機率 8-37
- ▶ 8-8 挑戰：模擬擲硬幣實驗 8-42
- ▶ 8-9 挑戰：選舉模擬 8-43

09 tuple、list 和字典

- ▶ 9-1 不可變的序列：tuple 9-2
- ▶ 9-2 可變的序列：list 9-12
- ▶ 9-3 巢狀、複製和排序 9-25
- ▶ 9-4 挑戰：存取巢狀 list 9-32
- ▶ 9-5 挑戰：七步成詩 9-33
- ▶ 9-6 記錄資料的對應關係：字典 9-35
- ▶ 9-7 挑戰：美國各州首府巡禮 9-46
- ▶ 9-8 如何選擇資料結構 9-47
- ▶ 9-9 挑戰：戴帽子的貓 9-48

10 物件導向程式設計 (OOP)

- ▶ 10-1 建立類別 10-2
- ▶ 10-2 建立物件 10-6
- ▶ 10-3 類別繼承 10-13
- ▶ 10-4 挑戰：模擬一個農場 10-21

11 模組與套件

- 11-1 使用模組 11-2
- 11-2 使用套件 11-12

12 檔案輸入與輸出

- 12-1 檔案與檔案系統 12-2
- 12-2 在 Python 處理檔案路徑 12-5
- 12-3 常見檔案系統操作 12-14
- 12-4 挑戰：把所有圖檔移到新的目錄 12-31
- 12-5 讀取和寫入檔案 12-32
- 12-6 讀寫 CSV 資料 12-47
- 12-7 挑戰：建立一個最高分數表 12-58

13 以 pip 安裝套件

- 13-1 用 pip 安裝第三方套件 13-2
- 13-2 第三方套件的陷阱 13-12

14 建立與修改 PDF 檔案

- 14-1 從 PDF 頁面讀取文字 14-2
- 14-2 從 PDF 擷取頁面 14-8
- 14-3 挑戰：PdfSplitter 類別 14-15
- 14-4 連接和合併 PDF 檔案 14-17
- 14-5 旋轉和裁剪 PDF 頁面 14-23
- 14-6 加密和解密 PDF 檔案 14-35
- 14-7 挑戰：整理 PDF 14-39
- 14-8 從頭開始建立一個 PDF 檔案 14-39

15 其他 SQL 資料庫的套件

- ▶ 15-1 SQLite 簡介 15-2
- ▶ 15-2 其他 SQL 資料庫的套件 15-14

16 網站操作

- ▶ 16-1 從網站上抓取和解析文字 16-2
- ▶ 16-2 使用 HTML 解析器抓取網站......16-12
- ▶ 16-3 操作 HTML 表格......16-17
- ▶ 16-4 即時與網站互動......16-24

17 Numpy 科學運算

- ▶ 17-1 矩陣操作......17-2
- ▶ 17-2 安裝 NumPy......17-3
- ▶ 17-3 建立 NumPy 陣列......17-4
- ▶ 17-4 Numpy 陣列操作......17-6

18 Matplotlib 資料視覺化

- ▶ 18-1 用 pyplot 繪製基本圖形 18-2
- ▶ 18-2 調整圖表樣式......18-10
- ▶ 18-3 繪製其他類型的圖表 18-15

19 圖形使用者介面入門—EasyGUI

- ▶ 19-1 使用 EasyGUI 加入 GUI 元素 19-2
- ▶ 19-2 應用程式範例：PDF 頁面旋轉程式 19-13
- ▶ 19-3 挑戰：PDF 頁面提取應用程式......19-20

20 進階圖形使用者介面—Tkinter

- 20-1 Tkinter 簡介 20-2
- 20-2 使用元件 20-5
- 20-3 使用幾何管理器控制版面配置 20-25
- 20-4 和應用程式互動 20-43
- 20-5 範例程式：溫度轉換器 20-53
- 20-6 範例程式：文字編輯器 20-58
- 20-7 挑戰：七步成詩 part 2 20-67

21 延伸學習資源

- 21-1 給 Python 開發人員的每週小技巧 21-3
- 21-2 Python 神乎其技 全新超譯版 21-3
- 21-3 Real Python 的課程影片圖書館 21-4
- 21-4 致謝 21-5

關於本書

歡迎閱讀這本書，和我們一起探索 Python 的美好。我們會介紹實用的 Python 程式技術，還會搭配有趣的範例來說明。

不管你是程式設計的新手，還是想鑽研新語言的專業工程師，都會適合用這本書的 Python 知識和技巧來開發程式專案。不管實際目標是什麼，只要工作需要搭配電腦來完成，你就可以利用 Python 程式把工作自動化，解決麻煩的問題，進而提升效率。

Python 到底好在哪裡呢？一方面，Python 是開源的免費軟體，而且 Python 的授權允許你免費下載，使用於任何目的，也包括商業用途。另一方面，Python 還有一個很棒的社群，提供了許多強大的工具。想要處理 PDF 文件嗎？Python 有非常完善的工具組。想在網頁上擷取資料嗎？你也不需要從頭自己做！

比起其他程式語言，Python 使用起來更簡單。Python 程式碼在閱讀時比較好理解，寫 Python 程式也比其他語言快速許多。舉例來說，這是一段用 C 語言（另一個常用的程式語言）寫的程式：

```
#include <stdio.h>
int main(void)
{
    printf("Hello, World\n");
}
```

這個程式只會在螢幕上顯示一段文字：Hello, World。只不過是輸出一段文字，就需要這麼多行程式碼！下面這段則是功能相同的 Python 程式碼：

```
print("Hello, World")
```

由此可見，Python 程式碼寫起來很快，也更好懂。同時，Python 擁有其他程式語言的所有功能，甚至更多。許多專業產品都是由 Python 程式碼建構的，例如 Instagram、YouTube、Uber、Spotify 等等都大量使用 Python。

Python 不僅是親切又有趣的程式語言，也為很多跨國企業提供背後的技術支援，讓精通 Python 的程式設計師有了絕佳的就業機會。

1.1 為什麼要選這本書？

的確，網路上有大量的 Python 自學資源。然而許多初學者並不清楚究竟要學什麼，更不知道要用什麼順序來學習。如果你曾經想過：「我該怎麼鍛練出 Python 的紮實基礎呢？」那這本書就絕對適合你，不管你是完全的初學者還是已經接觸過 Python 或其他程式語言都沒關係。

這本書會以日常口語的方式說明，把 Python 的核心概念分解成容易理解的小段落。你會很快速的掌握 Python 這門程式語言。

我們不會只給你一個無聊的 Python 語法列表。我們會讓你確切看到各個零件該怎麼組合成一個成品，建立真正的 Python 應用程式。你會逐步掌握 Python 的基本概念，展開學習 Python 的旅程。

許多程式設計教學書會盡量涵蓋每個指令的所有用法，讀者很容易迷失在不重要的細節裡。如果你想找的是一本字典或說明書，那這樣的書是還不錯，但這對於學習程式語言來說，卻是一種糟糕的方式。你不但會花大量時間學習永遠不會用到的東西，而且也很難從中享受到任何樂趣！

本書遵循 80/20 法則：聚焦幾個關鍵概念，就能學到大部分有用的知識。我們會介紹常用的指令與技術，然後把重點放在實際寫出程式來解決現實的問題。

透過這樣的方式，我們保證你可以：

- 快速學到實用的程式技術
- 避免在不重要的複雜問題上耗費時間
- 在生活中找到更多 Python 的實際用途
- 在學習過程享受更多樂趣

一旦掌握了書裡的內容，你就能獲得足夠強大的基礎，輕鬆前進到更進階的領域。Real Python 社群從 2012 年開始規劃 Python 課程，這麼多年來，Real Python 所規劃的課程已經通過數千名 Python 專家、資料科學家和 Amazon、Red Hat、Microsoft 等知名公司開發人員的考驗。

我們已經徹底擴展、修訂、更新了內容，你可以快速有效的累積 Python 的知識和技能。

1.2 該怎麼讀這本書？

這本書的前半部分會對 Python 的基礎知識進行快速而全面的概述，你不需要任何程式經驗就可以開始；後半部分的主題是寫出實際的程式，解決現實中的有趣問題。

我們建議初學者按章節順序完整閱讀第 1 到第 13 章；第 14 章之後的主題則相對獨立，所以可以跳著讀，但是越後面的章節，內容也會越困難。

如果你是有經驗的程式開發人員，可以直接跳到後半部分。但是務必先具備堅實的基礎，而且要確保在學習過程中，遇到任何不懂的部份都要立刻回頭補上。

在大部分的段落後面都有附上**練習題**，可以確認你已經掌握所有概念。另外還會有許多**挑戰題**，這些題目更複雜，通常需要整合前面章節的各種概念。

本書隨附的檔案(可以從封面的網址下載)裡有練習題和挑戰題的完整解答。不過為了充分的從做中學、親身體會，在查看解答之前還是應該盡力自己解決這些挑戰。

從做中學

這本書是需要邊做邊學的，所以一定要確實輸入書中的程式內容。我們建議不要只用眼睛看過這些程式碼，親手用鍵盤打出來才能獲得最好的效果。

只要自己輸入每一行程式碼，就會更能掌握程式的概念和語法。另外，如果你出錯了也沒關係，任何程式開發人員都會出錯。就算只是簡單的改掉錯字，都可以幫助你學習找出程式碼的問題。

在尋求任何外援之前，都要先嘗試自己完成練習題和挑戰題。有了足夠的練習，才能精通書裡的內容，更可以享受寫程式的樂趣！

讀完這本書要花多少時間？

如果你已經熟悉其他程式語言，那麼應該可以用 35 到 40 個小時就讀完。不過對程式新手而言，可能需要花費 100 個小時或更多的時間。學習寫程式帶來的回報十分豐富，但過程並不容易。祝你的 Python 之旅一路順風，我們會挺你到底！

1.3 額外教材與學習資源

互動式測驗

本書的大部分章節都有免費的線上測驗，可以檢查你的學習進度（連結在各章節的最後）。測驗會在 Real Python 網站上（目前只有英文版本），電腦和手機都能使用。

編註：若需要翻譯成中文，推薦使用 Edge 內建網頁自動翻譯。

測驗內容是關於章節的一系列問題，有些是複選題、有些是簡答題，還有一些要實際撰寫 Python 程式碼。

測驗結束後會收到一個分數。如果你在第一次測驗沒有獲得滿分也不用擔心！這些測驗本來就是為了考驗你，讓你重複測驗，一次次逐漸提高分數。

程式碼資源

你可以從 https://www.flag.com.tw/bk/st/F3747 下載這本書的程式檔案，裡面包含了各範例的原始碼，還有練習題和挑戰題的解答。檔案裡的程式是按章節劃分，你可以在完成每一章後，根據我們提供的解答來檢查程式碼。

小提醒

本書的程式碼都已經用 Python 3.10 在 Windows、macOS 與 Linux 上測試過。

範例程式碼使用許可

書中的 Python 範例皆以創用 CC 授權條款的 CC0 釋出。無論出於何種目的，你都可以使用書中程式碼的任何部分。

提供回饋

我們很歡迎各種想法、建議、回饋，甚至是抱怨。有沒有搞不太懂的主題呢？或是在文章或程式碼發現錯誤？又或者本書遺漏了什麼你想更深入瞭解的主題？我們一直都在改進我們的教材。無論是出於什麼原因，都可以透過 https://realpython.com/python-basics/feedback 來提出你的回饋。

MEMO

安裝與設定 Python

這是一本 Python 的程式教學書。你當然可以從頭到尾都不碰鍵盤，就只是把這本書看完，但這樣會錯過最有趣的部分：寫程式！為了充分理解本書的內容，你需要一台安裝了 Python 的電腦，還有建立、編輯和儲存 Python 檔案的工具。

在這章你會學到：

- ▶ 安裝最新版本的 Python 3
- ▶ 開啟 IDLE，也就是 Python 內建的整合式開發與學習環境（Integrated Development and Learning Environment）

2.1 關於 Python 版本

很多作業系統（如 macOS 和 Linux）都預先安裝了 Python。作業系統附帶的 Python 稱為**系統 Python（system Python）**。系統 Python 是給作業系統使用的，通常是很舊的版本。你必須安裝最新版本的 Python，才能順利執行書裡的範例程式。

千萬不要解除安裝系統 Python！

電腦上可以同時安裝不同版本的 Python。在這一章，你會安裝最新版的 Python 3，和已經安裝在電腦上的系統 Python 並存。

小提醒

就算你已經安裝過最新的 Python，也還是可以把這章讀過一遍，仔細檢查你的環境是不是和這本書的設定相同。

這一章分為 3 個小節，分別介紹 Windows、macOS 和 Ubuntu Linux 的 Python 安裝步驟。請根據你的作業系統找到對應的小節，按照其中說明的步驟進行設定，然後就可以跳到下一章了。如果是使用其他 Linux 系統，或是想在手機上安裝 Python 開發環境，可以到 Real Python 的 Python 3 Installation & Setup Guide（https://realpython.com/installing-python/），看看你的作業系統有沒有包含在內。

2.2 在 Windows 安裝 Python 3

按照以下步驟在 Windows 安裝 Python 3 ，然後開啟 IDLE。

✔ 重點事項

這本書的程式碼範例，都是針對按照這一節方式安裝的 Python。如果你是透過其他方式安裝 Python（例如 Anaconda Python），在執行某些範例程式的時候可能會有不一樣的結果。

安裝 Python

Windows 通常沒有預先安裝系統 Python。幸好安裝的過程不太複雜，只要從 Python.org 網站下載和執行 Python 的安裝程式就好。

步驟 1：下載 Python 3 安裝程式

開啟瀏覽器，前往以下網址：

https://www.python.org/downloads/windows/

在網頁的 **Python Releases for Windows** 標題下面，點擊 **Latest Python 3 Release - Python 3.x.x**。（編註：本書編輯時的 Python 最新版本為 3.10.4，故本章的圖片都是以此版本的 Python 為例。請讀者下載最新版的 Python，安裝流程大致一樣，執行結果和本書範例也不會有太大差異。）然後滑動到網頁下方，點擊 **Windows installer (64-bit)** 開始下載。

小提醒

如果你使用的是 32 位元的處理器，那麼就選擇 Windows installer (32-bit)。如果不確定，目前處理器多數是 64 位元，可先使用上面提到的 Windows installer (64-bit)，若有出現錯誤訊息，再改下載 Windows installer (32-bit)。

步驟 2：執行安裝程式

在 Windows 檔案總管打開「下載」資料夾，然後開啟安裝檔案。這時會出現一個像這樣的視窗：

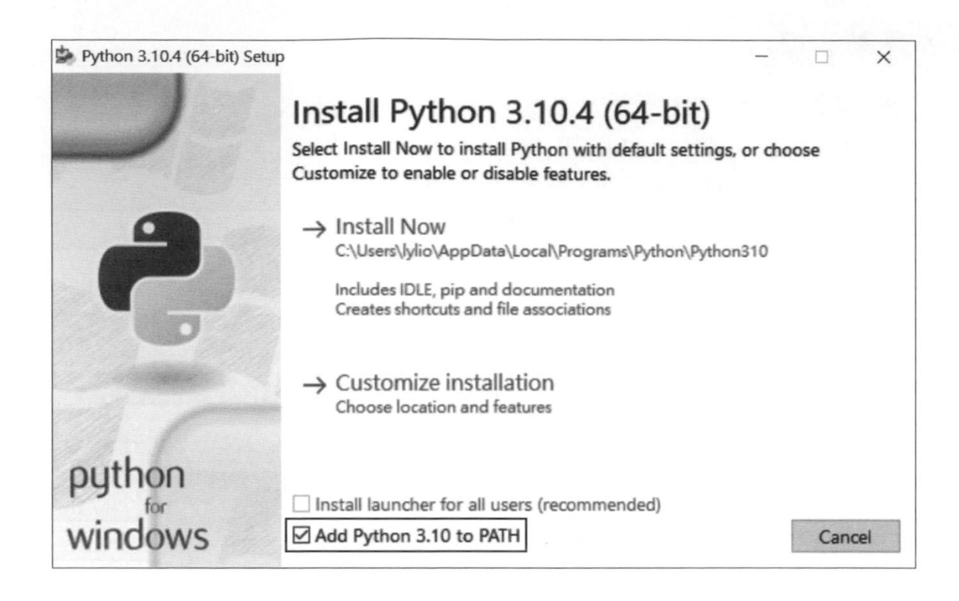

如果畫面上的 Python 版本大於 3.10.4 也沒問題，只要版本不是 2.xx 就行。

✔ 重點事項

在安裝時，記得要把 **Add Python 3.x to PATH** 選項打勾。如果沒有選到就完成安裝了，可以解除安裝後再重新安裝一次。

點擊 Install Now 來安裝 Python 3。安裝程式運行完成後，接著就來開啟 IDLE。

開啟 IDLE

開啟 IDLE 只需要兩個步驟：

1. 點擊開始功能表，找到 Python 3.x（你安裝的版本）資料夾。
2. 開啟 Python 3.x 的資料夾，選擇「IDLE（Python 3.x）」。

IDLE 會在新視窗打開 **Python shell**。Python shell 是一個互動式環境，讓你可以輸入 Python 程式碼並立即執行。就把這裡作為學 Python 的起點吧！

小提醒

你可以自由選擇 IDLE 以外的程式編輯器，不過在某些章節的操作上會有差異（尤其第 7 章是關於 IDLE 的功能教學）。

Python shell 的視窗長這樣：

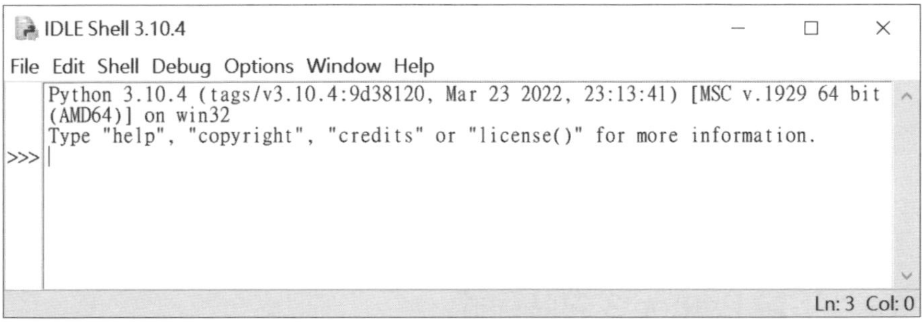

```
IDLE Shell 3.10.4
File Edit Shell Debug Options Window Help
Python 3.10.4 (tags/v3.10.4:9d38120, Mar 23 2022, 23:13:41) [MSC v.1929 64 bit
(AMD64)] on win32
Type "help", "copyright", "credits" or "license()" for more information.
>>> |
Ln: 3 Col: 0
```

在視窗上方，你會看到正在使用的 Python 版本和關於作業系統的一些訊息。如果你看到的 Python 版本低於 3.10，那就可能需要檢查看看上一段的安裝過程。

這裡看到的 >>> 符號是**提示符號（prompt）**。只要你看到這個符號，就代表 Python 在等待你輸入指令。

互動式測驗

這一章有免費的線上測驗，可以確認你的學習進度。你可以使用手機或電腦到這個網址進行測驗：**https://realpython.com/quizzes/pybasics-setup/**

現在你已經安裝完 Python 了，來開始寫第一個 Python 程式吧！接下來直接前往第 3 章。

2.3 在 macOS 安裝 Python 3

按照以下步驟在 macOS 安裝 Python 3，然後開啟 IDLE。

✔ 重點事項

這本書的程式碼範例，都是針對按照這一節方式安裝的 Python。如果你是透過其他方式安裝 Python（例如 Anaconda Python），在執行某些範例程式的時候可能會有不一樣的結果。

安裝 Python

請從 Python.org 網站下載、執行官方的安裝程式，在 macOS 上安裝最新版本的 Python 3。

步驟 1：下載 Python 3 安裝程式

https://www.python.org/downloads/macos/

在網頁的 **Python Releases for macOS** 標題下面，點擊 **Latest Python 3 Release - Python 3.x.x**（編註：本書編輯時的 Python 最新版本為 3.10.4，故本章的圖片都是以此版本的 Python 為例。請讀者下載最新版的 Python，安裝流程不會不同，執行結果和本書範例也不會有太大差異。）然後滑動到網頁下方，點擊 **macOS 64-bit universal2 installer** 開始下載。

步驟 2：執行安裝程式

打開 Finder，然後開啟剛剛下載的檔案，會出現一個像這樣的視窗：

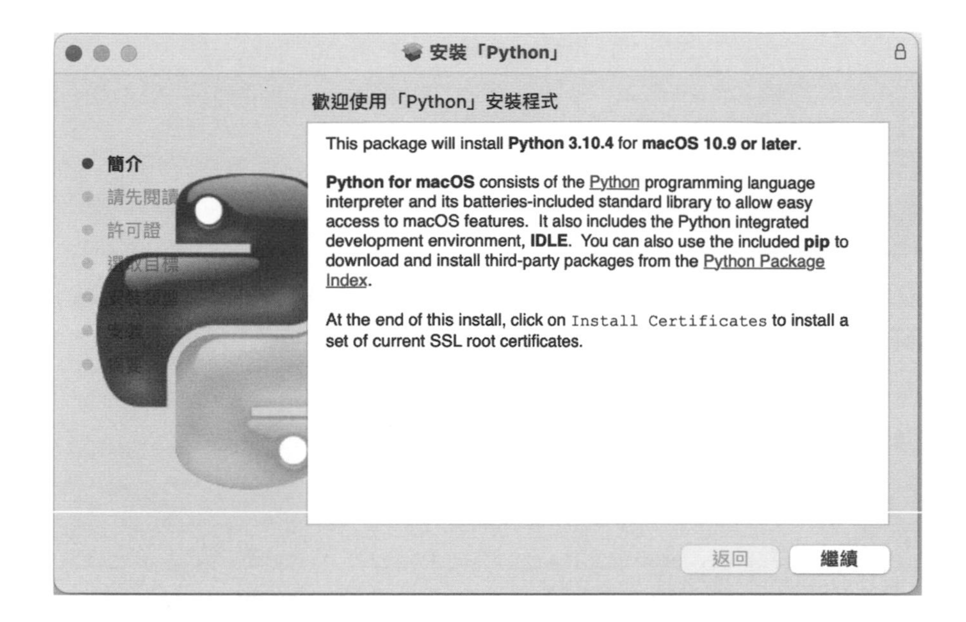

點擊 Continue 直到出現軟體的授權合約，然後點擊 Agree。此時會出現一個視窗，告訴你 Python 的安裝路徑還有需要佔用的空間大小。一般來說你不太需要更改預設的路徑，可以繼續點擊 Install 開始安裝。

在安裝程式把檔案複製完畢後，點擊 Close 關閉安裝視窗。

開啟 IDLE

開啟 IDLE 只需要 3 個步驟：

1. 開啟 Finder，點擊 Applications。
2. 開啟 Python 3.x（你安裝的版本）的資料夾。
3. 點擊兩下 IDLE 的圖示。

IDLE 會在新視窗打開 **Python shell**。Python shell 是一個互動式環境，讓你可以輸入 Python 程式碼並立即執行。就把這裡作為學 Python 的起點吧！

小提醒

你可以自由選擇 IDLE 以外的程式編輯器，不過在某些章節的操作上會有差異（尤其第 7 章是關於 IDLE 的功能教學）。

Python shell 的視窗長這樣：

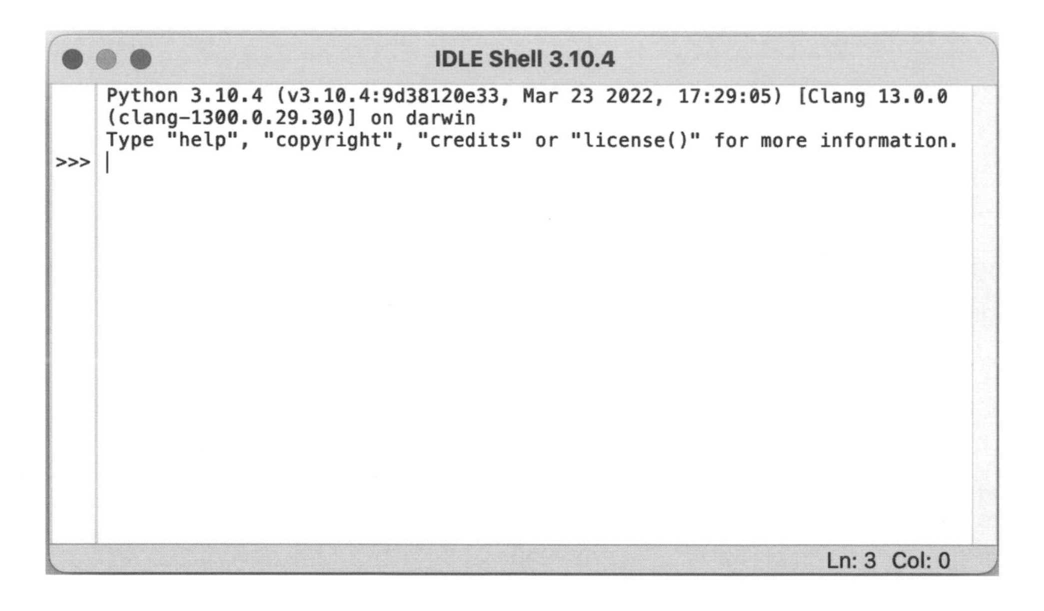

在視窗上方，你會看到正在使用的 Python 版本和關於作業系統的一些訊息。如果你看到的 Python 版本低於 3.10，那就可能需要檢查看看上一段的安裝過程。

這裡看到的 >>> 符號是**提示符號（prompt）**。只要你看到這個符號，就代表 Python 在等待你輸入指令。

互動式測驗

這一章有免費的線上測驗，可以確認你的學習進度。你可以使用手機或電腦到這個網址進行測驗：**https://realpython.com/quizzes/pybasics-setup/**

現在你已經安裝完 Python 了，來開始寫第一個 Python 程式吧！接下來直接前往第 3 章。

2.4 在 Ubuntu Linux 安裝 Python 3

按照以下步驟在 Ubuntu Linux 安裝 Python 3，然後開啟 IDLE。

✔ 重點事項

這本書的程式碼範例，都是針對按照這一節方式安裝的 Python。如果你是透過其他方式安裝 Python（例如 Anaconda Python），在執行某些範例程式的時候可能會有不一樣的結果。

安裝 Python

你的 Ubuntu 系統很可能已經安裝了 Python，但也許不是最新版本，可能是 Python 2 而不是 Python 3。開啟終端機（terminal）視窗，輸入以下指令，確認目前使用的是哪個版本：

```
$ python --version
$ python3 --version
```

其中應該有一個指令會傳回版本訊息（也可能兩個都會）：

```
$ python3 --version
Python 3.10.4
```

你的 Python 版本可能會不一樣：如果顯示的版本是 Python 2.x 或低於 3.10 的 Python 3 版本，那就需要安裝最新版。在 Ubuntu 安裝 Python 的方式，取決於你使用的 Ubuntu 版本。你可以執行這個指令來確認 Ubuntu 的版本：

```
$ lsb_release -a
No LSB modules are available.
Distributor ID: Ubuntu
Description: Ubuntu 22.04.1 LTS
Release: 22.04
Codename: jammy
```

請查看 Release 後面的版本，然後按照接下來的說明安裝 Python。

Ubuntu 22.04 或更新的版本

Ubuntu 22.04 的 Python 內建版本為 Python 3.10.0，Python 3.10 的任何版本都適用於本書。如果未來有更新的版本，新版本可能會放在 Universe 套件庫。你可以在終端機用這些指令安裝（以 Python 3.10 做示範）：

```
$ sudo apt-get update
$ sudo apt-get install python3.10 idle-python3.10 python3-pip
```

Ubuntu 20.04 或更舊的版本

在 Ubuntu 20.04 或更舊的版本，Universe 套件庫裡不會有 Python 3.10，你需要從個人軟體儲存庫（Personal Package Archive, PPA）取得。在終端機執行這些指令就能從 deadsnakes PPA 安裝 Python：

```
$ sudo add-apt-repository ppa:deadsnakes/ppa
$ sudo apt-get update
$ sudo apt-get install python3.10 idle-python3.10 python3-pip
```

你可以執行 python3 --version 指令檢查是否安裝了正確版本的 Python。如果你看到的版本數字小於 3.10，則可能要輸入 python3.10 --version。現在你可以開啟 IDLE 了。

開啟 IDLE

在命令列輸入這項指令來開啟 IDLE（記得把版本號碼換成自己安裝的版本）：

```
$ idle-python3.10
```

某些 Linux 版本可以用精簡版指令來開啟 IDLE：

```
$ idle3
```

IDLE 會在新視窗打開 **Python shell**。Python shell 是一個互動式環境，讓你可以輸入 Python 程式碼並立即執行。就把這裡作為學 Python 的起點吧！

小提醒

你可以自由選擇 IDLE 以外的程式編輯器，不過在某些章節的操作上會有差異（尤其第 7 章是關於 IDLE 的功能教學）。

Python shell 的視窗長這樣：

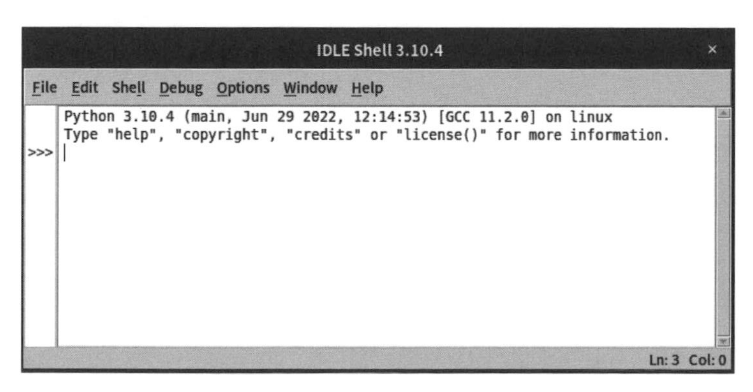

在視窗上方，你會看到正在使用的 Python 版本和關於作業系統的一些訊息。如果你看到的 Python 版本低於 3.10，那就可能需要檢查看看上一段的安裝過程。

這裡看到的 >>> 符號為**提示符號**（**prompt**）。只要你看到這個符號，就代表 Python 在等待你輸入指令。

互動式測驗

這一章有免費的線上測驗，可以確認你的學習進度。你可以使用手機或電腦到這個網址進行測驗：**https://realpython.com/quizzes/pybasics-setup/**

現在你已經安裝完 Python 了，來開始寫第一個 Python 程式吧！接下來直接前往第 3 章。

第一個 Python 程式

現在你已經在電腦上安裝好最新版本的 Python，是時候開始寫程式了！

在這章你會學到：

- ▶ 撰寫你的第一個 Python 程式
- ▶ 執行的程式出錯時會發生什麼事
- ▶ 宣告變數並檢視內部值
- ▶ 加入註解

準備好開始你的 Python 之旅了嗎？出發吧！

3.1 開始寫 Python 程式

首先要開啟 IDLE。IDLE 有 2 個主要會使用的視窗：**互動視窗**（**interactive window**，也就是啟動 IDLE 後打開的視窗）和**編輯視窗**（**editor window**）。互動視窗和編輯視窗都可以輸入程式碼，差別在於執行程式碼的方式。你會在這一節學會在這 2 個視窗執行 Python 程式碼。

互動視窗

IDLE 的互動視窗裡是一個 Python shell，這是一個用來跟 Python 互動的文字使用者介面。你可以在互動視窗輸入 Python 程式碼，然後按 Enter 就可以立即查看結果（這也是叫做**互動**視窗的原因）。

啟動 IDLE 的時候，互動視窗就會自動開啟。你會在視窗頂端看到幾行文字，文字內容會隨設定而有一些細微差別：

```
Python 3.10.4 (tags/v3.10.4:9d38120)
[MSC v.1929 64 bit (Intel)] on win32
Type "help", "copyright", "credits" or "license()" for more information.
>>>
```

這段文字顯示了 IDLE 運行的 Python 版本。另外，你也會看到和作業系統有關的資訊（像是範例裡的第 2 行，這個資訊在不同電腦上可能不同），還有可以取得更多資訊的指令（`help`、`copyright` 等）。

最後一行的 >>> 符號是**提示符號（prompt）**，代表你可以在這個符號後面輸入程式碼。現在在提示符號後輸入 `1 + 1`，然後按 Enter：

```
>>> 1 + 1
2
>>>
```

Python 處理程式後會顯示結果（2），然後顯示另一個提示符號（注意：執行結果前面沒有提示符號）。每次互動視窗執行完程式後，都會在結果下方出現一個新的提示符號。

我們可以把「在互動視窗執行 Python 程式」看成 3 個狀態的循環：

1. Python 讀取（read）輸入的程式碼。
2. Python 處理（evaluate）程式碼。
3. Python 輸出（print）結果並等待下一次輸入。

這個循環（用寫程式的術語來說是「迴圈」）常被稱為讀取、處理、輸出迴圈（**r**ead-**e**valuate-**p**rint **l**oop），縮寫為 **REPL**。Python 程式設計師有時會把 Python shell 稱為 Python REPL，或簡稱為「the REPL」。

我們來做些比加法更有趣的事情吧。每個程式設計師在學一個新的程式語言時，都要經過一個「儀式」：寫一個可以在螢幕上顯示「Hello, World」的程式。

在互動視窗的提示符號後輸入 `print`，再輸入一組括號，在括號內輸入 `"Hello, World"` 這段文字後按下 Enter：

```
>>> print("Hello, World")
Hello, World
```

函式（function）是程式裡用來達成特定功能的程式碼。使用函式的名稱加上括號就可以「呼叫」（call）函式，執行函式所代表的特定程式碼。上面的程式碼就是用 `"Hello, World"` 這段文字作為輸入，呼叫了 `print()` 這個函式。

括號除了可以告訴 Python 要呼叫 `print()` 函式，同時也能用來放置執行這個函式所需要的輸入資料，對 `print()` 來說就是用來放置要顯示的文字。

小提醒

IDLE 會用不同顏色標記不同類型的程式碼，讓你可以更輕鬆識別。預設的設定，函式會以紫色來標記，文字則以綠色標記。

互動視窗會一次執行一行程式碼，這在測試小型的程式範例或把玩 Python 功能的時候很好用，但也有一個很大的限制：就是你一次只能輸入一行程式碼！

或是你也可以把 Python 程式碼存在一個文字檔，然後執行文字檔就可以一次運行所有程式碼。

編輯視窗

比起互動視窗，我們一般會選用 IDLE 的編輯視窗來寫 Python 程式。從互動視窗頂部的選單選擇 File → New File，就可以打開編輯視窗。

打開編輯視窗以後，互動視窗還是會保持開啟的狀態。這時執行編輯視窗裡的程式碼，執行的結果就會顯示在互動視窗。你可以把兩個視窗並排，就能同時看到兩邊的內容。

在編輯視窗輸入之前用來印出 Hello, World 的程式碼：

```
print("Hello, World")
```

和互動視窗一樣，編輯視窗也會用顏色標記程式碼。

✔ 重要事項

在編輯視窗寫程式碼的時候，不需要加上 >>> 提示符號。

在執行程式前要記得先存檔。從選單中選擇 File → Save，把檔案存成 hello_world.py。

小提醒

在某些系統，IDLE 預設會把檔案儲存在 Python 的安裝資料夾。**不要**把檔案存到這個資料夾！請把檔案改存到桌面或其他你習慣使用的資料夾。

.py 副檔名表示這個檔案的內容是 Python 程式碼。如果把檔案存成其他副檔名，程式碼就不會有顏色標記。IDLE 只會在有 .py 副檔名的檔案標記 Python 程式碼。

在編輯視窗執行 Python 程式

從編輯視窗的選單選擇 Run → Run Module 就能執行程式。

小提醒

按 F5 也可以直接執行編輯視窗的程式。

程式的結果會在互動視窗輸出。每次執行程式碼，都會在互動視窗看到類似這樣的訊息：

```
>>> =================== RESTART ===================
```

這是因為每次在編輯視窗執行程式的時候，IDLE 都會重新啟動 Python **直譯器（interpreter）**。直譯器是實際執行程式碼的電腦程式，重啟直譯器可以確保程式每次都以相同的方式來執行。

在編輯視窗開啟 Python 檔案

要在 IDLE 開啟舊檔案的話，就從編輯視窗的選單點選 File → Open，然後選擇要開啟的檔案。IDLE 會用新視窗來開啟不同的檔案，所以我們可以同時開啟很多個。

此外，你也可以用檔案管理員（例如 Windows 的檔案總管或 macOS 的 Finder）來開啟檔案。只要用右鍵點選檔案的圖示，選擇 Edit with IDLE，就可以在 IDLE 的編輯視窗打開檔案。

用滑鼠左鍵點擊兩下 .py 檔案，會直接執行程式。不過，這通常會用系統 Python 來執行，而且在程式結束後，視窗就會馬上消失，甚至來不及看到任何輸出。所以目前來說執行 Python 程式的最佳方式，就是在 IDLE 的編輯視窗開啟程式檔再執行。

3.2 處理程式中的錯誤

人非聖賢，孰能無過，尤其是寫程式的時候！不過如果前面你都乖乖照書上的步驟來做，應該還沒見過任何錯誤發生，所以我們一開始先故意犯點錯，來看看會發生什麼事。

我們先來認識兩種程式錯誤：**語法錯誤（syntax error）**和**執行期錯誤（runtime error）**。

語法錯誤

寫程式的時候，如果用到不合 Python 語法規則的程式碼，就會發生語法錯誤。我們回到上一節創建的 hello_world.py 檔案，把程式碼的最後一個引號刪掉，刻意製造一個語法錯誤：

```
print("Hello, World)
```

接下來，儲存檔案再按 F5 來執行程式。你會發現，程式根本就不能執行！IDLE 會跳出一個警告框，訊息是：

```
unterminated string literal (detected at line 1)
```

翻成中文就是「在第一行程式偵測到未結束的字串字面值」。**string literal（字串字面值）**就是用引號括起來的文字，像 `"Hello, World"` 就是一個字串字面值，用引號做為開始和結束。這段訊息表示：Python 在第一行讀取字串字面值的時候找不到第二個引號。

小提醒

IDLE 會用紅色標示發生錯誤的地方，讓你可以快速找到。

執行期錯誤

語法錯誤會在 IDLE 開始執行程式之前就檢查出來。相反的，執行期錯誤就只會在程式執行的過程發現。我們把 hello_world.py 檔案裡的兩個引號都刪除，就能觸發執行期錯誤：

```
print(Hello, World)
```

你有沒有注意到，去掉引號之後，文字的顏色變成黑色了？這是因為 IDLE 不再把 `Hello, World` 當成是一段文字。那麼執行程式會發生什麼事呢？按下 `F5` 來確認吧！

互動視窗會出現這樣的紅色文字：

```
Traceback (most recent call last):
  File "/home/hello_world.py", line 1, in <module>
    print(Hello, World)
NameError: name 'Hello' is not defined
```

有錯誤發生的時候，Python 會停止執行程式，然後顯示出幾行 **traceback** 文字。這些文字是關於錯誤的重要資訊。建議從下往上閱讀 traceback 訊息：

- traceback 的最後一行回報錯誤的名稱和錯誤訊息。這個例子裡發生了一個 NameError 錯誤，因為 `Hello` 這個名稱沒有事先定義過（not defined）。
- traceback 倒數第 2 行列出產生錯誤的程式碼。hello_world.py 只有一行程式碼，所以不難猜出問題出在哪裡。在比較大的程式檔案裡，這個資訊會更有幫助。
- traceback 倒數第 3 行列出發生錯誤的檔案名稱以及錯誤出現在第幾行，讓你可以很快找到發生錯誤的確切位置。

在下一節你會學到幫特定的值取一個名稱。在那之前，你可以先做一些練習題來加深對語法錯誤和執行期錯誤的理解。

練習題

你可以在 https://www.flag.com.tw/bk/st/F3747 找到這些練習題的解答：

1. **寫一個會產生語法錯誤，讓 IDLE 無法執行的程式。**
2. **寫一個會產生執行期錯誤的程式，讓程式在執行時中斷。**

3.3 創建變數

Python 裡的**變數**就像一個「名字」。我們可以為這個名字指定一個值，之後就可以在程式碼裡用名字來代表之前設定的值。

變數是程式的基礎要件，有 2 個原因：

1. **變數可以保存設定的值**：例如，你可以把一些很花時間的運算結果指定給一個變數，這樣以後需要的時候就不用讓程式再運算一次。
2. **變數的取名可以描述一個值的意義**：數字 28 可以代表很多意思，例如：班級的學生人數、使用者到訪網站的次數等等。把 28 這個值命名成 num_students 之類的名稱，就可以清楚表達這個值的含義。

你會在這一節學會使用變數，還有 Python 程式設計師在命名變數時遵循的一些規則。

賦值算符

算符（**operator**）是一個符號，會對值進行運算操作，例如「+」。舉例來說，「+」算符會取兩個數字，一個放在算符的左側，另一個放在算符右側，然後將兩個數字相加。

在各種算符中，有一個特別的**賦值算符**「=」，會把算符右側的值指派給左側的變數名稱。

我們來修改上一節的 hello_world.py 檔案，先指派一些文字給變數，然後再把變數顯示在螢幕上：

```
>>> greeting = "Hello, World"
>>> print(greeting)
Hello, world
```

在第 1 行的程式，我們創建了一個名為 `greeting` 的變數，使用「=」算符指派 `"Hello, World"` 這個值。(編註：這個創建變數的過程又稱為**宣告**（**declare**）變數或**定義**（**define**）變數。)

`print(greeting)` 會輸出 `Hello, World`，這是因為 Python 會查詢 `greeting` 這個變數名稱，發現它已經被指派了 `"Hello, World"` 這個值。因此在呼叫 `print()` 函式之前，就會用變數的值取代變數名稱。

如果在執行 `print(greeting)` 之前，沒有執行 `greeting = "Hello, World"`，那麼就會出現 NameError，就和上一節嘗試執行 `print(Hello, World)` 的狀況一樣。

小提醒

儘管「=」看起來像數學的等號，但它在 Python 卻有不同的含義。這個差異很重要，也是許多初學者的難關。總之要記住，每當你看到「=」算符時，它右側的所有內容都會被指派給左側的變數。

變數名稱有大小寫的區別，因此名為 `greeting` 的變數與名為 `Greeting` 的變數是不同的兩個變數。例如這樣的程式碼會產生 NameError 錯誤：

```
>>> greeting = "Hello, World"
>>> print(Greeting)
Traceback (most recent call last):
  File "<stdin>", line 1, in <module>
NameError: name 'Greeting' is not defined Did you mean: 'greeting'?
```

如果你在執行書上的範例時遇到問題，記得先仔細檢查程式碼的每個字元(包括空格)是不是和範例完全相同。程式碼沒有模稜兩可，如果只是看起來「差不多一樣」，那對電腦來說就是不一樣！

變數的命名規則

變數名稱可長可短，但有一些規則必須遵守：變數名稱可以包含大小寫的英文字母(A-Z、a-z)、數字(0-9)和底線(_)，但**不能以數字開頭**。(編註：除此之外，Python 有一些有特殊用途的保留字，通常稱為**關鍵字**(**keyword**)，也是不可以用來當變數名稱的。在後面的章節，你會慢慢學到各種關鍵字。)

例如，這些都是合法的 Python 變數名稱：

- `string1`
- `_a1p4a`
- `list_of_names`

這些則是不合法的變數名稱，因為它們以數字開頭：

- `9lives`
- `99_balloons`
- `2beOrNot2Be`

除了英文字母和數字外，Python 的變數名稱還可以使用許多不同的 Unicode 字元。**Unicode** 是全世界大多數書寫系統的數位化標準，也就是說，變數名稱可以是英文字母以外的字母，例如 é 和 ü 之類的附加符號，或是中文、日文、阿拉伯文都可以。

然而，不是每個系統都可以顯示這些符號，所以如果你要和不同地區的人共用程式碼，最好還是避免使用。

小提醒

你會在第 12 章學到更多關於 Unicode 的資訊。你還可以在官方的 Python 說明文件（https://docs.python.org/3/howto/unicode.html）了解 Python 對 Unicode 的支援狀況。

不過，符合命名規則的變數名稱未必就是個好名稱。為變數取一個好名稱會比你想像的困難很多，幸好我們有一些準則可以遵循。

「描述型名稱」比「簡短名稱」更好

描述型（descriptive）的變數名稱很重要，對於複雜的程式更是如此。描述型名稱通常會用到好幾個單字，通常不用太擔心變數名稱太長，含義清楚更重要。

在這個範例，我們把 `3600` 指定給變數 `s`：

```
s = 3600
```

不過，`s` 這個名稱一點也不明確，不知道是代表什麼意思。使用完整的單字可以更好理解程式碼的含義：

```
seconds = 3600
```

`seconds` 的意思清楚多了，是個比 `s` 更好的名稱，但還是無法表達程式碼的全部含義。`3600` 是完成一個程序所需的秒數，還是一部電影的長度？我們沒辦法分別。

這樣的命名就不會有任何誤會了：

```
seconds_per_hour = 3600
```

你在閱讀這段程式碼時，可以明確知道 `3600` 指的是一個小時的秒數。`seconds_per_hour` 比字母 `s` 或單字 `seconds` 都更長，但意義顯然清楚了許多。

雖然使用描述型命名，就需要更長的變數名稱，但也應該避免太誇張的過長。以經驗來說，把變數名稱限制在 3 到 4 個單字內會比較好。

Python 變數的命名慣例

許多程式語言都會以混合大小寫的形式命名變數。這個形式除了第一個單字以外，每個單字的第一個字母都是大寫，剩下的字母都是小寫。例如，`numStudents` 和 `listOfNames` 就是混合大小寫的命名形式。(**編註**：這又稱為「小駝峰式命名法」。)

不過在 Python，小寫加底線命名法更常見。這種命名方法的每個字母都是小寫，用底線來分隔單字。例如，`num_students` 和 `list_of_names` 就是小寫加底線的命名。(**編註**：這又稱為「蛇形命名法」。)

實際上，Python 語法並沒有要求變數名稱一定要以小寫加底線的方式命名。不過這種命名方式被編入了 PEP 8 說明文件，這份文件可說是官方建議撰寫 Python 程式的樣式參考指南。

小提醒

PEP 代表 **P**ython **E**nhancement **P**roposal，是 Python 社群提出新功能時使用的規格文件。

遵循 PEP 8，可以確保大多數 Python 程式設計師都能輕鬆理解你的程式碼。如此一來，每個人都可以更方便地共享程式碼和互相合作。

練習題

你可以在 https://www.flag.com.tw/bk/st/F3747 找到這些練習題的解答：

1. 用 `print()` 在互動視窗顯示一些文字。
2. 使用互動視窗，把字串字面值指派給一個變數，然後用 `print()` 顯示變數的內容。
3. 使用編輯視窗重複前兩個練習。

3.4 在互動視窗檢視變數

在 IDLE 的互動視窗輸入以下內容：

```
>>> greeting = "Hello, World"
>>> greeting
'Hello, World'
```

在第二次輸入 `greeting` 後按下 Enter，即使沒有使用 `print()` 函式，Python 也會顯示指派給 `greeting` 的字串字面值。這個功能稱為**變數檢視（variable inspection）**。現在再使用 `print()` 函式顯示指派給 `greeting` 的字串：

```
>>> print(greeting)
Hello, World
```

你有發現 `print()` 顯示的輸出，和直接輸入變數名稱再按 Enter 的輸出有什麼區別嗎？

輸入變數名稱 `greeting` 再按 Enter，Python 顯示的值會和程式碼裡看到的一樣。剛剛我們把字串字面值 `"Hello, World"` 指派給 `greeting`，所以輸出也會有引號。

小提醒

Python 的單引號和雙引號都可以用來建立字串字面值。我們在這本書會盡量使用雙引號，但 IDLE 的輸出則預設會使用單引號。`"Hello, World"` 和 `'Hello, World'` 在 Python 程式碼的功能是一樣的，最重要的是用法要保持一致。我們會在第 4 章說明更多有關字串的知識。

至於 `print()` 則是會用更適合閱讀的方式來顯示變數值。以字串字面值來說，就是用沒有引號的文字來顯示。有時候，`print()` 和變數檢視的輸出會是一樣的：

```
>>> x = 2
>>> x
2
>>> print(x)
2
```

這次我們把數字 2 指派給變數 x。由於 2 是個數字，不是文字，所以 print(x) 和檢視 x 的輸出都沒有引號。不過在大多數情況下，變數檢視會提供比 print() 更實用的訊息。

假設有兩個變數：一個是變數 x，被指派了數字 2；另一個是變數 y，被指派了字串字面值 "2"。在這個情況下，print(x) 和 print(y) 會顯示相同的內容：

```
>>> x = 2
>>> y = "2"
>>> print(x)
2
>>> print(y)
2
```

但是，檢視變數 x 和 y 就會顯示變數值的不同：

```
>>> x
2
>>> y
'2'
```

關鍵在於：print() 會把變數值顯示成好讀的形式，但變數檢視會直接顯示程式碼裡面指派的值。另外要記住，變數檢視只能在互動視窗使用。如果從編輯視窗執行這樣的程式碼：

```
greeting = "Hello, World"
greeting
```

你會發現，執行程式後不會產生任何錯誤，但也沒有顯示任何輸出！所以想使用變數檢視的功能的話，就要使用互動視窗，不能用編輯視窗。

3.5 留下註解

有時候，程式設計師會一邊讀著自己不久前寫的程式碼一邊想：「這段是做什麼的？」。一份程式碼如果隔了一陣子沒看，很可能會很難回想當初為什麼這樣寫。

為了避免這個問題，你可以在程式碼加上**註解**（**comments**）。註解是寫在程式碼裡但完全不會影響程式執行的文字，可以用來記錄程式碼的功能或程式設計師做出某些規劃的原因。

寫註解的方法

寫註解最常見的方法，是用 # 字元開頭寫成獨立的一行。執行程式的時候，Python 會忽略 # 開頭的程式碼。

獨立一行的註解稱為**區塊註解**（**block comments**）。你也可以寫成和程式碼出現在同一行的**行內註解**（**inline comments**），只要在一行程式碼的結尾加上一個 #，然後再輸入註解的文字就好。

以下範例是兩種註解的寫法：

```
# 這是區塊註解
greeting = "Hello, World"
print(greeting)  # 這是行內註解
```

當然，你還是可以在字串中使用 # 符號，Python 不會誤認為註解的開頭：

```
>>> print("#1")
#1
```

一般來說，註解應該要盡可能簡短，但有時候還是會需要超過一行的註解。在這種情況，你可以同樣以 # 符號開頭繼續寫註解：

```
# 這是我的程式
# 這個程式會印出 "Hello World"
# 這程式的註解比程式碼還長了！
greeting = "Hello, World"
print(greeting)
```

在測試程式碼時，你還可以用註解功能對一部份程式碼進行**註解排除（comment out）**（有些人會說是「把程式碼註解掉」）。在一行程式碼前面加上 # 的話，在執行的時候就會像這行程式不存在一樣，但又不用真的把程式刪掉。

要在 IDLE 使用註解排除的話，可以選取要註解的程式碼，然後依不同的作業系統，按以下快捷鍵：

- Windows: Alt + 3
- macOS: Ctrl + 3
- Ubuntu Linux: Ctrl + D

如果要解除註解，就選取註解再按：

- Windows: Alt + 4
- macOS: Ctrl + 4
- Ubuntu Linux: Ctrl + Shift + D

現在，我們來看看程式碼註解的一些常見規則。

註解的常見規則

根據 PEP 8，註解應該是完整的句子，而 # 符號和註解的第一個字之間要有一個空格：

```
# 這行註解遵守 PEP 8
#這行沒遵守
```

至於行內註解，PEP 8 則建議在程式碼和 # 符號之間至少要有兩個空格：

```
phrase = "Hello, World"  # 這行註解符合 PEP 8 規則
print(phrase)# 這行沒遵守
```

此外，PEP 8 建議要有節制的使用註解。程式設計師常有一個毛病，就是在已經很好懂的程式碼旁邊再多加上註解。

例如，以下的程式碼註解就是沒有必要的：

```
# 顯示 "Hello, World"
print("Hello, World")
```

這個註解不應該寫，因為程式碼的作用已經很清楚了。註解的用途是說明難以理解的程式碼，或解釋某些程式碼的設計目的。

3.6 摘要與額外資源

你在這一章寫了第 1 個 Python 程式：一個用 `print()` 函式顯示 `"Hello, World"` 文字的小程式。

然後，你學到了**語法錯誤**：在 IDLE 執行不合語法的程式碼之前會發生的錯誤；還有**執行期錯誤**：在程式執行時產生的錯誤。同時，你也學會用**賦值算符**（=）指派**變數**的值，以及如何在互動視窗檢視變數。

最後，你學會在程式碼加上註解，讓你或其他人在將來查看這些程式碼的時候，可以理解程式碼的內容或功用。

互動式測驗

這一章有免費的線上測驗，可以確認你的學習進度。你可以使用手機或電腦到這個網址進行測驗：**https://realpython.com/quizzes/pybasics-first-program**

額外資源

想要了解更多內容，可以參考以下資源：

- 11 Beginner Tips for Learning Python Programming（https://realpython.com/python-beginner-tips/）
- Writing Comments in Python (Guide)（https://realpython.com/python-comments-guide/）

如果想進一步提升你的 Python 實力，歡迎查看：https://realpython.com/python-basics/resources/。

MEMO

04 字串與字串方法

有非常多領域的程式設計師，日常工作都要處理文字資料。譬如網路開發人員要處理線上表單的回覆資料，資料科學家要從文字裡提取資料，進行情感分析之類的研究。

Python 把一段一段的文字稱為**字串**（**string**），用來操作字串的特殊函式則稱為**字串方法**（**string method**）。字串方法有各種功能，可以把字串從小寫變成大寫、刪除字串開頭或結尾的空格，還有把字串的一部分替換成別的文字等等。

在這章你會學到：

- ▶ 用字串方法操作字串
- ▶ 處理使用者的輸入
- ▶ 處理數字字串
- ▶ 調整顯示的字串格式

4.1 字串是什麼？

你在第 3 章建立了一個 `"Hello, World"` 字串，用 `print()` 函式在 IDLE 的互動視窗顯示。這一節你會更深入了解什麼是字串，還有在 Python 創建字串的各種方式。

字串資料型別

字串是 Python 的**基本資料型別（fundamental data type）**之一。**資料型別**指的是特定值所代表的資料類型，而字串代表的是文字資料。

小提醒

Python 還有其他幾種內建的資料型別。例如，你會在第 5 章學到數值的資料型別，然後在第 8 章會學到布林（Boolean）資料型別。

字串之所以是一種基本資料型別，是因為字串不能再分解成更小的其他類型的值。不是所有的資料型別都是基本資料型別，在第 9 章你就會看到複合的資料型別，也稱為**資料結構（data structure）**。

字串資料型別在 Python 有一個專有的縮寫：`str`。你可以用 `type()` 這個函式來確認括號裡的值的資料型別。在 IDLE 的互動視窗輸入這行程式碼：

```
>>> type("Hello, World")
<class 'str'>
```

輸出的 `<class 'str'>` 代表 `"Hello, World"` 是 `str` 這個類別（class）的一個物件（object）。也就是說，`"Hello, World"` 是一個字串。

小提醒

目前，你可以把**類別(class)**這個詞當成資料型別的同義詞，儘管它實際上指的是更特定的東西。你會在第 10 章看到類別的更多說明。

type() 也可以用在已經被指派給變數的值：

```
>>> phrase = "Hello, World"
>>> type(phrase)
<class 'str'>
```

字串有 3 個重要的特性：

1. 字串的內容是**字元**，字元指的是一個一個的字母或符號。
2. 字串有**長度**，也就是字串裡的字元數量。
3. 字串裡的字元是有**順序**的，也就是說 "dog" 跟 "god" 是兩個不同的字串(其實字元在字串裡各有一個位置編號，不能更動)。

我們接著看看字串該怎麼創建。

字串字面值

我們之前學過，你可以用引號把一些文字括起來，創建一個字串：

```
string1 = 'Hello, World'
string2 = "1234"
```

你可以使用單引號或雙引號來創建字串，只要在字串的開頭和結尾使用相同的引號就好。

當我們透過「用引號把文字括起來」這種方式來創建字串，建立的字串就稱為**字串字面值** (**string literal**)，意思是這個字串的內容就如字面上顯示的那樣。目前為止，我們看到的所有字串都是字串字面值。

小提醒

不是每個字串都是字串字面值，有時字串是由使用者輸入或是從文件中讀取的。像這種不是在程式碼的引號裡面的，就不是字串字面值。

字串兩端的引號稱為**分隔號（delimiter）**，可以讓 Python 知道字串從哪裡開始、到哪裡結束。在字串內部，沒有當作分隔號的另一種引號，也可以出現在字串中（會是字串內容的字元之一）：

```
string3 = "We're #1!"
string4 = 'I said, "Put it over by the llama."'
```

Python 在讀取第一個分隔號後，會把後面的所有字都當做字串的一部分，直到碰見第二個相同的分隔號為止。這就是在雙引號分隔的字串裡可以有單引號的原因，反之亦然。

如果你在雙引號分隔的字串裡再次使用雙引號，就會出現錯誤：

```
>>> text = "She said, "What time is it?""
SyntaxError: invalid syntax
```

Python 會出現 SyntaxError，是因為它認為字串會在第二個雙引號就結束，因此 Python 不知道怎麼解讀剩下的部分。如果要讓字串裡出現和分隔號一樣的引號，也可以用反斜線（\）來**脫逸（escape）**字元，讓 Python 忽略字串裡的引號：

```
>>> text = "She said, \"What time is it?\""
>>> print(text)
She said, "What time is it?"
```

小提醒

在開發專案時，最好固定只使用一種引號來分隔所有字串。引號的種類並沒有錯誤或正確之分，只要保持一致就好，讓別人更容易於閱讀和理解你的程式碼。

字串裡可以包含任何有效的 Unicode 字元。例如，"We're #1!" 有 #，"1234" 有數字，甚至像 "×Pýŧħøŋ×" 也是一個合法的 Python 字串！

字串的長度

字串裡的字元數(包括空格)就是字串的**長度 (length)**。例如，字串 "abc" 的長度為 3，字串 "Don't Panic" 的長度為 11。

Python 有一個內建的 len() 函式，可以用來確認字串的長度。在 IDLE 的互動視窗輸入，看看這個函式的作用：

```
>>> len("abc")
3
```

另外，我們也可以用 len() 來取得指派給變數的字串長度：

```
>>> letters = "abc"
>>> len(letters)
3
```

先把字串 "abc" 指派給變數 letters，然後也能用 len() 取得 letters 的長度。

多行字串

PEP8 建議 Python 程式碼的每一行都不要超過 79 個字元(包含空格)。不過這只是個建議，不是強制規定，有些 Python 程式設計師喜歡稍微超過 79 個的限制，這也是無妨的。我們在這本書會嚴格遵循 PEP 8 建議的長度。

有時候，我們創建的字串長度會讓程式超過 79 這個限制。如果要處理這樣的長字串，你可以把字串做成**多行字串 (multiline string)** 就好。例如把這些文字放入字串字面值：

This planet has—or rather had—a problem, which was this: most of the people living on it were unhappy for pretty much of the time. Many solutions were suggested for this problem, but most of these were largely concerned with the movements of small green pieces of paper, which is odd because on the whole it wasn' t the small green pieces of paper that were unhappy.

- Douglas Adams, The Hitchhiker's Guide to the Galaxy

這段文章的字元數遠遠超過 79 個，想把這段作為字串字面值放在一行程式碼就肯定會違反 PEP 8。那麼，該怎麼做呢？

有一些方法可以解決這個問題。其中一種方法是把字串分成多行，然後在最後一行以外的每行結尾都加上一個反斜線（\）。要符合 PEP 8 的話，一行的總長度包括反斜線在內不能超過 79 個字元。

用反斜線寫多行字串的做法：

```
paragraph = "This planet has—or rather had—a problem, which was \
this: most of the people living on it were unhappy for pretty much \
of the time. Many solutions were suggested for this problem, but \
most of these were largely concerned with the movements of small \
green pieces of paper, which is odd because on the whole it wasn't \
the small green pieces of paper that were unhappy."
```

注意不要在每一行結尾都加引號。本來 Python 應該會在第一行的結尾就抱怨你又忘了寫第二個引號，但是用反斜線做結尾的話，你就可以在下一行繼續寫同一個字串。

如果用 `print()` 來顯示反斜線分隔的多行字串，輸出會顯示在同一行：

```
>>> long_string = "This multiline string is \
displayed on one line"
>>> print(long_string)
This multiline string is displayed on one line
```

你還可以用三重引號（""" 或 '''）來創建多行字串。用法是這樣：

```
paragraph = """This planet has—or rather had—a problem, which was
this: most of the people living on it were unhappy for pretty much
of the time. Many solutions were suggested for this problem, but
most of these were largely concerned with the movements of small
green pieces of paper, which is odd because on the whole it wasn't
the small green pieces of paper that were unhappy."""
```

三引號字串會保留空格和換行符號。也就是說，執行 `print(paragraph)` 也會顯示出很多行字串，和字串字面值的形式一樣。這可能不是你想要的結果，所以在選擇多行字串的形式之前，要先考慮自己想要怎樣的輸出。

在互動視窗輸入這段程式碼，看看三引號字串會怎麼保留空格：

```
>>> print("""An example of a
...     string that spans across multiple lines
...         and also preserves whitespace.""")
An example of a
    string that spans across multiple lines
        and also preserves whitespace.
```

仔細看看輸出結果的第 2 行和第 3 行，縮排的方式會和字串字面值完全相同。

練習題

你可以在 https://www.flag.com.tw/bk/st/F3747 找到這些練習題的解答：

1. **顯示出在字串內使用雙引號的字串。**
2. **顯示出在字串內使用單引號的字串。**
3. **顯示出一個跨越多行並保留空格的字串。**
4. **顯示出在程式碼裡有多行，但只輸出成一行的字串。**

4.2 串接、索引和切片

現在你知道什麼是字串，也知道怎麼在程式裡宣告字串字面值，我們接著來了解一下，可以用字串來做些什麼。

你會在這節學到 3 個基本的字串操作：

1. **串接**（**Concatenation**），把兩個字串連接在一起。
2. **索引**（**Indexing**），從字串取出單一字元。
3. **切片**（**Slicing**），從字串取出一部分字串。

字串串接

你可以使用 + 算符串接兩個字串：

```
>>> string1 = "abra"
>>> string2 = "cadabra"
>>> magic_string = string1 + string2
>>> magic_string
'abracadabra'
```

編註：這個 + 算符跟一般加法的作用不同，4-6 節會進一步說明比較。

這個範例的字串串接出現在第三行。我們把 `string1` 和 `string2` 用 + 串接，然後把結果指派給變數 `magic_string`。注意連接後的兩個字串之間沒有空格。

我們可以把兩個相關的字串串接起來，例如把名字和姓氏串接成全名：

```
>>> first_name = "Arthur"
>>> last_name = "Dent"
>>> full_name = first_name + " " + last_name
>>> full_name
'Arthur Dent'
```

這次我們在同一行用了兩次串接。首先把 `first_name` 和 `" "` 串接，好讓最後字串裡的姓名中間會有一個空格，這會產生字串 `"Arthur "`；然後再把 `last_name` 串接上去，完成全名 `"Arthur Dent"`。

字串索引

字串裡的每個字元都有一個位置編號，這個編號就稱為**索引（index）**。你可以把一個數字編號放在字串後面的兩個中括號（[]）裡面，取得那個編號位置的字元：

```
>>> flavor = "fig pie"
>>> flavor[1]
'i'
```

`flavor[1]` 會回傳 `"fig pie"` 字串裡編號是 `1` 的字元，也就是 `i`。等等，`f` 才應該是 `"fig pie"` 的第一個字元吧？

在 Python 和大多數程式語言裡，計數都是從 0 開始的。要用編號 0 才能取得字串最開頭的字元：

```
>>> flavor[0]
'f'
```

✔ 重要事項

不管是初學者還是老手，都常會忘記計數是從 0 開始，然後試圖用索引 1 來取字串的第一個字元。這種錯誤稱為「差一錯誤」(off-by-one error)，未來程式執行結果不如預期的話，可以留意是不是這個問題造成的。

下圖顯示了字串 "fig pie" 的每個字元的索引：

```
| f | i | g |   | p | i | e |
  0   1   2   3   4   5   6
```

如果你想取得超出字串結尾的索引，Python 會發出 IndexError 錯誤訊息。

```
>>> flavor[9]
Traceback (most recent call last):
  File "<pyshell#4>", line 1, in <module>
    flavor[9]
IndexError: string index out of range
```

字串的最大索引值會比字串的長度小 1。"fig pie" 的長度為 7，所以可以使用的最大索引就是 6。

字串索引也可以是負數，稱為**負索引（negative index）**功能。

```
>>> flavor[-1]
'e'
```

索引值 -1 指的是字串的最後一個字元，在 "fig pie" 這個字串，最後一個字元是字母 e。倒數第二個字元 i 的索引就是 -2，以此類推。

下圖是字串 "fig pie" 每個字元的負索引：

```
|  f |  i |  g |    |  p |  i |  e |
  -7   -6   -5   -4   -3   -2   -1
```

就像使用正索引一樣，如果你想取小於字串第一個字元的負索引，Python 會發出一個 IndexError 錯誤訊息：

```
>>> flavor[-10]
Traceback (most recent call last):
  File "<pyshell#5>", line 1, in <module>
    flavor[-10]
IndexError: string index out of range
```

用正索引就可以取得指定的字元了，乍看之下負索引好像沒什麼必要，但有時負索引會是比正索引更好的選擇。

例如，假設有個變數 user_input 被指派了使用者輸入的字串。如果需要取得字串的最後一個字元，要怎麼知道該使用什麼索引？

要用正索引取字串的最後一個字元，就必須透過 len() 計算出結尾的索引：

```
final_index = len(user_input) - 1
last_character = user_input[final_index]
```

改用索引 -1 的話，可以打比較少的字，而且也不需要多一個計算索引的步驟，就能取得最後一個字元：

```
last_character = user_input[-1]
```

字串切片

假設你需要一個字串，內容是 "fig pie" 字串的前 3 個字母，你可以使用索引取得每個字元，然後像這樣串接起來：

```
>>> first_three_letters = flavor[0] + flavor[1] + flavor[2]
>>> first_three_letters
'fig'
```

不過要是你需要的不只是字串的前幾個字母而已，那取得每個字元再串在一起就顯得笨拙又費時。幸好 Python 提供了一種方法，可以快速提取出一部分的字串（字串的一部分也稱為**子字串（substring）**）。

提取子字串的方法是在中括號裡面放入兩個索引，然後在兩個索引之間再插入一個冒號：

```
>>> flavor = "fig pie"
>>> flavor[0:3]
'fig'
```

flavor[0:3] 會回傳 flavor 字串的前三個字元，也就是從索引 0 開始，一直到索引 3 之間(但是不包括索引 3)的字元。flavor[0:3] 的 [0:3] 部分稱為**切片（slice）**，會傳回其中一片的 "fig pie"。

字串切片可能會有點難懂。為什麼切片傳回的子字串包含開頭索引的字元，但不包含結尾索引的字元呢？

關於切片的原理，可以把字串想成一整排的置物櫃。每個櫃子之間的隔板從零開始依次編號，每個櫃子則分別放進字串的一個字元。

下圖是字串 "fig pie" 在一排置物櫃裡的樣子：

```
| f | i | g |   | p | i | e |
0   1   2   3   4   5   6   7
```

所以就 "fig pie" 這個字串來說，切片 [0:3] 會傳回字串 "fig"，切片 [3:7] 會傳回字串 " pie"。

如果省略切片的第一個索引，Python 會預設你要從索引 0 開始：

```
>>> flavor[:3]
'fig'
```

切片 [:3] 的結果等同於切片 [0:3]，所以 flavor[:3] 會傳回字串 "fig pie" 的前 3 個字元 "fig"。

如果你省略切片的第二個索引，Python 會預設你要以最後一個字元做結尾：

```
>>> flavor[3:]
' pie'
```

對 `"fig pie"` 來說，切片 `[3:]` 的效果等同於切片 `[3:7]`。由於索引 `3` 的字元是空格，因此 `flavor[3:7]` 傳回以空格開頭、以最後一個字母結尾的子字串：`" pie"`。

如果把切片的兩個數字都省略，就會得到一個以索引 0 的字元開頭，以最後一個字元結尾的字串。換句話說，省略切片的兩個數字就會傳回整個字串：

```
>>> flavor[:]
'fig pie'
```

注意切片和索引字串不同，如果你超出字串開始或結束的邊界做切片，Python 也不會發出 IndexError 錯誤訊息：

```
>>> flavor[:14]
'fig pie'
>>> flavor[13:15]
''
```

這個例子的第 1 行會取得從字串開頭到第 14 個字元的切片。

`flavor` 的字串長度是 7，所以你可能以為 Python 會發出錯誤訊息，但是並沒有。Python 會忽略不存在的索引，傳回整個字串 `"fig pie"`。

第 3 行程式示範了要取的整個切片都超出範圍時會發生什麼事。`flavor[13:15]` 想取得不存在的第 13 和第 14 個字元。Python 不會發出錯誤訊息，而是傳回一個**空字串（empty string）**（`""`）。

小提醒

空字串叫作「空」字串，是因為裡面沒有任何字元。只要兩個引號中沒有任何東西，就是一個空字串：

```
empty_string = ""
```

有任何內容（包括空格）的字串都不是空的。以下所有字串都不是空字串：

```
non_empty_string1 = " "
non_empty_string2 = "      "
non_empty_string3 = "           "
```

儘管這些字串裡沒有任何看得到的字元，但它們都不是空字串，因為裡面還是有空格。

你也可以用負索引來做切片。負索引切片的規則和正索引完全相同。用負索引來標示置物櫃圖示，也可以更好理解負索引切片：

```
 |  f  |  i  |  g  |     |  p  |  i  |  e  |
-7    -6    -5    -4    -3    -2    -1
```

像之前一樣，切片 [x:y] 會傳回從索引 x 開始到 y 為止（不包括 y）的子字串。例如，切片 [-7:-4] 會傳回字串 "fig pie" 的前 3 個字母：

```
>>> flavor[-7:-4]
'fig'
```

但是要注意，字串切片最右邊的邊界不能使用負索引，因此上圖負索引隔板的示意圖裡，最右邊的隔板沒有數字。按順序來說數字應該是 0，但實際上卻不是這樣，你可以試試使用 [-7:0]，並不會傳回整個字串，而是會傳回空字串：

```
>>> flavor[-7:0]
''
```

這是因為索引 `0` 指的也是字串最左側的邊界，所以實際上 `-7` 和 `0` 都指到同一個位置，自然就會傳回空字串。

如果要讓切片包含字串的最後一個字元，可以省略第二個數字就好：

```
>>> flavor[-7:]
'fig pie'
```

當然，用沒有切片的變數 `flavor` 就可以取得整個字串，`flavor[-7:]` 感覺有點多此一舉。但是，負索引的切片在取字串的最後幾個字元時很有用。例如 `flavor[-3:]` 就是 `"pie"`。

字串是不可變的

在結束這一節前，我們來聊聊字串的一個重要屬性。字串是**不可變的（immutable）**，也就是說字串一旦創建了，就無法再做更改。試試看把字串的一個特定字元指派成新的字母會發生什麼事：

```
>>> word = "goal"
>>> word[0] = "f"
Traceback (most recent call last):
  File "<pyshell#16>", line 1, in <module>
    word[0] = "f"
TypeError: 'str' object does not support item assignment
```

Python 會發出一個 TypeError 錯誤訊息，意思就是字串物件不能使用賦值運算。

編註：物件 (object) 是 Python 很重要、卻又有點抽象的概念。我們目前只需要知道，在 Python 中**萬物皆物件**，字串也當然是一種物件。在第 10 章會有更詳細的說明。

如果想要修改字串，就必須先創建一個全新的字串。譬如要把字串 "goal" 修改為字串 "foal" 的話，可以用字串切片把 "f" 和字串 "goal" 的後 3 個字母串起來：

```
>>> word = "goal"
>>> word = "f" + word[1:]
>>> word
'foal'
```

首先把字串 "goal" 指派給變數 word。然後把切片 word[1:]（就是字串 "oal"）和字母 "f" 串接起來，得到字串 "foal"。如果你得到的不是 "foal"，確認你有沒有在字串切片加上冒號（:）。

練習題

你可以在 https://www.flag.com.tw/bk/st/F3747 找到這些練習題的解答：

1. **創建一個字串並使用 len() 來顯示長度。**
2. **創建兩個字串，串接起來，然後顯示結果。**
3. **創建兩個字串，用串接在中間加上一個空格，然後顯示結果。**
4. **用切片對字串 "bazinga" 指定正確的範圍，顯示 "zing" 字串。**

4.3 使用字串方法來操作字串

字串有附帶一些叫作**字串方法**（**string methods**）的特殊函式，可以用來處理和操作字串。字串方法有很多，我們會重點介紹一些最常用的。

在這節你會學到：

- 轉換字串的大小寫
- 刪除字串裡的空白
- 確認字串的開頭或結尾是不是某個特定字元

轉換字串字母的大小寫

用字串的 `.lower()` 方法可以把字串的每個字母都轉換成小寫。只要把 `.lower()` 接在字串後面就可以了：

```
>>> "Jean-Luc Picard".lower()
'jean-luc picard'
```

`lower()` 前面的點（`.`）會讓 Python 知道後面是一個方法的名稱，像是這裡的 `lower()` 方法。

小提醒

本書之後會在提到字串方法名稱的時候都加上點（`.`），像是 `.lower()`，不會寫成 `lower()`。

這樣可以更方便區分字串方法和內建函式（如 `print()` 和 `type()`）。

字串方法不只能用在字串字面值，你也可以在字串的變數上使用 `.lower()`：

```
>>> name = "Jean-Luc Picard"
>>> name.lower()
'jean-luc picard'
```

和 `.lower()` 對應的是 `.upper()`，可以把字串的每個字元都轉換成大寫：

```
>>> name.upper()
'JEAN-LUC PICARD'
```

比較一下 `.upper()` 和 `.lower()` 這些字串方法，還有你在上一節看到的 `len()` 函式。除了這些函式導出的結果不同之外，更重要的區別在於使用方式。

`len()` 是一個獨立的函式。如果要查看 `name` 字串的長度，就直接呼叫 `len()` 函式：

```
>>> len(name)
15
```

`.upper()` 和 `.lower()` 就必須接在字串後面使用。

刪除字串裡的空白

這裡說的空白是指任何顯示出來只有一片白的字元，包括空格和**換行符號（line feeds）**，換行符號是會把後續輸出移到下一行的特殊字元。

有時候你會需要在字串的開頭或結尾刪去空白。這在處理使用者輸入的字串時特別有用，使用者常會不小心在前後混入多餘的空白字元。

有 3 種字串方法可以刪除字串中的空白：

1. `.rstrip()`
2. `.lstrip()`
3. `.strip()`

.rstrip() 刪除字串右側的空白：

```
>>> name = "Jean-Luc Picard     "
>>> name
'Jean-Luc Picard     '
>>> name.rstrip()
'Jean-Luc Picard'
```

這個例子的字串 "Jean-Luc Picard   " 結尾有五個空格，你可以使用 .rstrip() 刪除。傳回的新字串 "Jean-Luc Picard" 結尾就不再有空格了。

.lstrip() 的運作方式和 .rstrip() 類似，差別只是變成從左側刪除空白：

```
>>> name = "     Jean-Luc Picard"
>>> name
'     Jean-Luc Picard'
>>> name.lstrip()
'Jean-Luc Picard'
```

要同時從字串的左側和右側刪除空格就用 .strip()：

```
>>> name = "     Jean-Luc Picard     "
>>> name
'     Jean-Luc Picard     '
>>> name.strip()
'Jean-Luc Picard'
```

注意 .rstrip()、.lstrip() 或 .strip() 都不會從字串中間刪除空格。每個例子的結果都保留了 "Jean-Luc" 和 "Picard" 之間的空格。

確認字串的開頭或結尾是不是特定字串

在處理文字時，有時會需要確定字串的開頭或結尾是不是某些特定字元。你可以用兩種字串方法來確認：.startswith() 和 .endswith()。

我們來看看字串 "Enterprise" 的例子，用 .startswith() 來確認字串是不是字母 "en" 開頭：

```
>>> starship = "Enterprise"
>>> starship.startswith("en")
False
```

我們呼叫 .startswith("en") 來確認 "Enterprise" 是不是 "en" 開頭。結果傳回了 False（編註：代表 "Enterprise" 並非以 en 開頭）。你認為這是為什麼呢？

如果你在想，.startswith("en") 傳回 False 是因為 "Enterprise" 是大寫字母 E 開頭，那你想的完全正確！.startswith() 方法會區分字母大小寫，要讓 .startswith() 傳回 True 的話，就要傳入字串 "En"：

```
>>> starship.startswith("En")
True
```

小提醒

True 和 False 不是字串，而是一種特殊的資料型別，稱為**布林值（Boolean value）**。你會在第 8 章了解有關布林值的更多資訊。

你可以用 .endswith() 來確認字串結尾是不是某些字元：

```
>>> starship.endswith("rise")
True
```

就像 .startswith() 一樣，.endswith() 方法也會區分字母大小寫：

```
>>> starship.endswith("risE")
False
```

字串方法和不可變性

還記得上一節提到，字串是不可變的，一旦創建就無法再更改。大多數修改字串的字串方法，如 .upper() 和 .lower()，實際上是把原始字串先複製一份，修改副本之後再傳回來。

你可能會不小心在程式犯下一些小錯誤。在 IDLE 的互動視窗試試這段程式：

```
>>> name = "Picard"
>>> name.upper()
'PICARD'
>>> name
'Picard'
```

你呼叫 name.upper() 之後，name 本身其實不會有任何變化。如果想要保留字串修改的結果，就要把修改後的字串指派給變數：

```
>>> name = "Picard"
>>> name = name.upper()
>>> name
'PICARD'
```

name.upper() 會傳回一個新字串 "PICARD"，我們把它重新指派給變數 name。這會覆蓋你之前指派給 name 的原始字串 "Picard"，就達到等同於修改字串的效果了。(當然也可以指派給 name 以外的其他變數。)

用 IDLE 發掘其他的字串方法

字串有很多方法可以使用，這一節介紹的只是其中很小的一部份。IDLE 可以幫助你找到其他的字串方法。我們先在互動視窗把字串字面值指派給一個變數，了解一下要怎麼操作：

```
>>> starship = "Enterprise"
```

接下來，輸入 `starship` 後，再輸入一個點，但不要按 Enter。你應該會在互動視窗看到這樣的內容：

```
>>> starship.
```

現在等個幾秒鐘。IDLE 就會顯示一個所有字串方法的列表，你可以用鍵盤上下鍵捲動瀏覽。

在 IDLE 還有一個小技巧，是用 Tab 來自動填充文字，就不用每次都打全部的字了。例如只輸入 `starship.u` 再點擊 Tab，IDLE 就會自動填入 `starship.upper`，因為 `starship` 的所有方法中只有一個是 u 開頭的。

這個快捷方法甚至可以用在變數名稱。試試看只輸入 `starship` 的前幾個字母，然後按 Tab。如果你沒有定義其他相同開頭字母的變數名稱，那麼 IDLE 就會自動完成名稱 `starship`。

練習題

你可以在 https://www.flag.com.tw/bk/st/F3747 找到這些練習題的解答：

1. **寫一個程式，把這些字串轉換成小寫：**

   `"Animals"`、`"Badger"`、`"Honey Bee"`、`"Honey Badger"`

   ，再把每個小寫字串分別顯示在不同行。

2. **重複練習 1，但改成把每個字串轉換為大寫。**

3. **寫一個程式，把這些字串前後的多餘空格刪除，然後顯示刪除空格後的字串：**

```
string1 = "    Filet Mignon"
string2 = "Brisket    "
string3 = "  Cheeseburger   "
```

4. **寫一個程式，對以下每個字串執行 .startswith("be")，然後顯示結果：**

```
string1 = "Becomes"
string2 = "becomes"
string3 = "BEAR"
string4 = "  bEautiful"
```

5. **寫一個程式，用字串方法來修改練習 4 的 4 個字串，讓每個字串執行 .startswith("be") 之後都會傳回 True。**

4.4 和使用者的輸入互動

現在你已經會使用字串方法，我們就可以來提高程式的互動性了！

你在這一節會學習使用 input() 讓使用者輸入資料。我們會寫程式要求使用者輸入一些文字，然後把文字改成大寫再顯示給使用者看。

在 IDLE 的互動視窗輸入：

```
>>> input()
```

在你按下 Enter 之後，互動視窗似乎沒有什麼反應。指標有移動到新的一行，但沒有出現新的 >>> 提示符號。這其實是 Python 正在等你輸入東西！

輸入一些文字之後再按 Enter：

```
>>> input()
Hello there!
'Hello there!'
>>>
```

你輸入的文字會在下一行用單引號顯示。這是因為 input() 會把使用者輸入的任何文字當成字串傳回。

我們可以在 input() 加上提示，讓使用者更好理解。所謂提示是一個放在 input() 括號裡的字串，任何你想放的字串都可以：一個字、一個符號、一段話，或是任何合法的 Python 字串。

input() 會顯示提示，然後等待使用者輸入內容。使用者按 Enter 之後，input() 會把使用者的輸入當成字串傳回；這個字串也可以指派給變數，然後在程式裡使用。

在 IDLE 的編輯視窗輸入這段程式碼，看看 input() 怎麼運作：

```
prompt = "Hey, what's up? "
user_input = input(prompt)
print("You said: " + user_input)
```

按 F5 執行這個程式。互動視窗會顯示文字 "Hey, what's up? "，後面會有閃爍的游標。

字串 "Hey, what's up? " 結尾加上一個空格，可以確保在使用者輸入時，輸入的文字和提示不會連在一起。使用者輸入回應再按 Enter 之後，輸入的文字會指派給變數 user_input。

以下是執行這個程式的示範：

```
Hey, what's up? Mind your own business.
You said: Mind your own business.
```

既然可以取得使用者的輸入了，那就可以拿來做一些操作。例如，這個程式會把使用者的輸入用 .upper() 轉換為大寫，然後顯示結果：

```
response = input("What should I shout? ")
shouted_response = response.upper()
print("Well, if you insist..." + shouted_response)
```

試試看在 IDLE 的編輯視窗輸入並執行這個程式。你還有想到可以對使用者的輸入做些什麼操作嗎？

練習題

你可以在 https://www.flag.com.tw/bk/st/F3747 找到這些練習題的解答：

1. **寫一個程式，讓使用者輸入文字再顯示使用者的輸入。**
2. **寫一個程式，讓使用者輸入文字再用小寫顯示使用者的輸入。**
3. **寫一個程式，讓使用者輸入文字再顯示使用者輸入的字數。**

4.5 挑戰：對使用者的輸入挑三揀四

寫一個叫作 `first_letter.py` 的程式，用提示字串 `"Tell me your password: "` 讓使用者輸入。之後程式會把使用者輸入的第一個字母轉換成大寫，然後貼心的顯示出來，提醒使用者記得首字母大寫。

例如，如果使用者輸入 `"no"`，那程式應該要顯示：

```
The first letter you entered was: N
```

如果使用者什麼都沒有輸入就直接按 Enter，那應該會讓你的程式發生錯誤，這沒有關係。之後的章節就可以學到解決這個問題的辦法。

你可以在 https://www.flag.com.tw/bk/st/F3747 找到這個挑戰題的解答。

4.6 處理字串和數字

只要你用 `input()` 來取得使用者的輸入，得到的結果就會是一個字串。在程式裡把輸入作為字串使用的情況有很多，但有時候這些字串裡會有要拿來計算的數字。

你會在這一節學習處理數字字串，還會知道用數學運算處理字串會發生什麼事，通常結果會令人有點意外。除此之外，你還會學到轉換字串和數字的資料型別。

用數學算符計算字串

你已經看過字串裡可以有各式各樣的字元，也包括數字。不過不要把字串裡的數字和真正的數字混淆了。例如，試試看在 IDLE 的互動視窗執行這段程式碼：

```
>>> num = "2"
>>> num + num
'22'
```

`+` 算符會把 2 個字串接在一起，所以 `"2" + "2"` 的結果是 `"22"` 而不是 `4`。

字串也可以和整數相乘。在互動視窗輸入：

```
>>> num = "12"
>>> num * 3
'121212'
```

`num * 3` 會串接 3 個 `"12"` 字串，傳回字串 `"121212"`。

我們來比較一下上面的程式運算和真正的數學乘法。數字 12 乘以數字 3 的結果，就是 3 個 12 相加的結果。字串的乘法也是如此，"12" * 3 可以看作是 "12" + "12" + "12"。總而言之，把字串乘以整數 n，就是把 n 個相同的字串串接起來。

你也可以把 num * 3 的數字移到左側，結果也一樣：

```
>>> 3 * num
'121212'
```

如果在 2 個字串之間使用 * 算符，你覺得會發生什麼事？

在互動視窗輸入 "12" * "3" 再按 Enter：

```
>>> "12" * "3"
Traceback (most recent call last):
  File "<stdin>", line 1, in <module>
    "12" * "3"
TypeError: can't multiply sequence by non-int of type 'str'
```

Python 發出 TypeError 錯誤訊息，告訴你不能把序列乘以非整數。

小提醒

只要是可以用索引來存取內容的物件，都是 Python 的序列 (sequence)。所以字串也是一種序列。你會在第 9 章學到其他序列資料型別。

你對字串使用 * 算符的時候，Python 會要求算符的另一側應該要是個整數。

如果把字串和數字相加，你覺得會發生什麼事？

```
>>> "3" + 3
Traceback (most recent call last):
  File "<stdin>", line 1, in <module>
    "3" + 3
TypeError: can only concatenate str (not "int") to str
```

Python 發出 TypeError 錯誤訊息，因為 `+` 算符兩側的物件型別應該要相同。

如果 `+` 兩側的物件都是字串，Python 就會串接這些字串。如果兩邊的物件都是數字，Python 就會執行加法。因此，要用 `"3" + 3` 得到 `6` 的話，就必須先把字串 `"3"` 轉換成數字才行。

把字串轉換成數字

上一節範例的 TypeError 突顯了一個常見的問題，就是把使用者輸入的字串直接用在數字運算時會遇到的：型別不符。

我們來看一個例子。儲存並執行這個程式：

```
num = input("輸入要加倍的數字：")
doubled_num = num * 2
print(doubled_num)
```

如果你在這個提示下輸入數字 2，可能會預期輸出結果是 4。但是在這個例子，你看到的會是 22。要記住 `input()` 只會傳回字串，所以如果你輸入 2，那麼指派給變數 `num` 的就是字串 `"2"`，而不是數字 `2`。因此，算式 `num * 2` 會傳回兩個字串 `"2"` 的串接結果，也就是 `"22"`。

字串裡的數字在進行數學運算之前，必須先從字串型別轉換成數字型別。有兩個函式可以做型別轉換：`int()` 和 `float()`。

`int()` 代表**整數**（**integer**），可以用來把物件轉換成整數；`float()` 代表**浮點數**（**floating-point number**），可以把物件轉換成小數。這是在互動視窗執行這 2 個函式的結果：

```
>>> int("12")
12
>>> float("12")
12.0
```

注意 `float()` 在數字加上小數點的方式。Python 的浮點數至少會有小數點後一位的精度，也因此不允許把小數字串轉換成整數，避免小數點後的數字資訊被忽略。

嘗試把字串 `"12.0"` 轉換成整數：

```
>>> int("12.0")
Traceback (most recent call last):
  File "<stdin>", line 1, in <module>
    int("12.0")
ValueError: invalid literal for int() with base 10: '12.0'
```

就算小數位的 `0` 不會真的影響數字的值，Python 也不會把 `12.0` 轉換為 `12`，因為這會損失小數的精度。

我們回頭看看這節開頭的程式要怎麼修改。再看一次程式碼：

```
num = input("輸入要加倍的數字：")
doubled_num = num * 2
print(doubled_num)
```

問題出在 `doubled_num = num * 2`，`num` 是一個字串，但應該要是整數。

你可以用 `int(num)` 或 `float(num)` 來解決這個問題。因為提示要求使用者輸入一個數字，並沒有特別要求整數，所以我們把 `num` 轉換成浮點數：

```
num = input("輸入要加倍的數字：")
doubled_num = float(num) * 2
print(doubled_num)
```

現在再執行程式然後輸入 2，就會按預期得到 4.0。動手試試看吧。

把數字轉換成字串

有時候你也會需要把數字轉換成字串。例如，有一些變數是數字型態的資料，而你需要用這些資料來組成字串。

前面已經看過，把數字和字串串接會發生 TypeError：

```
>>> num_pancakes = 10
>>> "I am going to eat " + num_pancakes + " pancakes."
Traceback (most recent call last):
  File "<stdin>", line 1, in <module>
    "I am going to eat " + num_pancakes + " pancakes."
TypeError: can only concatenate str (not "int") to str
```

`num_pancakes` 是一個數字，Python 不能把數字和字串 `"I'm going to eat"` 串接起來。要用 `str()` 把 `num_pancakes` 轉換成字串才能進行串接。

```
>>> num_pancakes = 10
>>> "I am going to eat " + str(num_pancakes) + " pancakes."
'I am going to eat 10 pancakes.'
```

你還可以呼叫 `str()` 來處理數字字面值（number literal）：

```
>>> "I am going to eat " + str(10) + " pancakes."
'I am going to eat 10 pancakes.'
```

`str()` 甚至可以處理算式：

```
>>> total_pancakes = 10
>>> pancakes_eaten = 5
>>> "Only " + str(total_pancakes - pancakes_eaten) + " pancakes left."
'Only 5 pancakes left.'
```

你會在下一節學到設定字串的格式，顯示成整齊、好讀的樣子。不過在繼續前進之前，要先完成這些練習題，加深你的理解。

練習題

你可以在 https://www.flag.com.tw/bk/st/F3747 找到這些練習題的解答：

1. 創建一個數字的字串，然後使用 int() 轉換成整數物件。把新物件乘以另一個數字再顯示結果，測試你的新物件是不是數字。
2. 重複上一個練習，但改成用 float() 轉換成浮點數。
3. 創建一個字串物件和一個整數物件，然後用 str() 在一行 print() 函式把兩個物件一起顯示出來。
4. 寫一個程式，用兩次 input() 讓使用者輸入兩個數字，再把這兩個數字相乘，顯示結果。如果使用者輸入 2 和 4，你的程式應該顯示以下文字：

```
The product of 2 and 4 is 8.0.
```

4.7 進階 print 用法

假設你有一個字串，name = "Zaphod"，還有兩個整數，heads = 2、arm = 3。用這些變數裡的資料顯示出字串 "Zaphod has 2 heads and 3 arms"，就叫做**字串插值（string interpolation）**。這只是聽起來很厲害，意思其實就是把一些變數插入到字串中的特定位置。

其中一種方法是使用字串串接：

```
>>> name + " has " + str(heads) + " heads and " + str(arms) + " arms"
'Zaphod has 2 heads and 3 arms'
```

不過這還不是最漂亮的寫法，而且視覺上很難區分哪些是字串字面值、哪些是變數。幸好還有另一種字串插值的方法：格式字串字面值（formatted string literals）（https://docs.python.org/3/reference/lexical_analysis.html#formatted-string-literals），通常簡稱為 **f- 字串（f-string）**。

了解 f- 字串最簡單的方式，就是直接看看實際的用法。這是剛才的字串寫成 f- 字串的樣子：

```
>>> f"{name} has {heads} heads and {arms} arms"
'Zaphod has 2 heads and 3 arms'
```

上面的例子有兩件重要的事情需要注意：

1. 字串字面值的左引號前面要以字母 `f` 開頭。
2. 用大括號（`{}`）括住的變數名稱，會被變數本身的值取代，不需要用 `str()`。

你還可以在大括號之間放入 Python 算式，在字串裡會以算式的運算結果來取代：

```
>>> n = 3
>>> m = 4
>>> f"{n} times {m} is {n*m}"
'3 times 4 is 12'
```

建議 f- 字串裡的算式要盡可能簡單一點。把一堆複雜的算式包進字串，會導致程式碼很難閱讀和維護。

f- 字串只能在 Python 3.6 或更高的版本使用。在舊版本的 Python，可以使用 `.format()` 來達到相同的結果。

```
>>> "{} has {} heads and {} arms".format(name, heads, arms)
'Zaphod has 2 heads and 3 arms'
```

f- 字串會比 `.format()` 更簡短，通常也更好懂。我們之後的範例會繼續使用 f- 字串。

有關 f- 字串的深入解說和字串格式功能的比較，可以查看 Real Python 網站上的 Python 3's f-Strings: An Improved String Formatting Syntax (Guide)（https://realpython.com/python-f-strings/）。

練習題

你可以在 https://www.flag.com.tw/bk/st/F3747 找到這些練習題的解答：

1. **創建一個浮點數物件，取名為 `weight`，數值是 `0.2`；再創建一個字串物件，取名為 `animal`，內容是 `"newt"`。然後用字串串接來顯示這個字串：**

   0.2 kg is the weight of the newt.

2. **使用 f- 字串來顯示相同的字串。**

4.8 在字串裡尋找或取代字串

有個非常實用的字串方法是 `.find()`。顧名思義，這個方法可以在一個字串裡尋找另一個字串（也就是子字串）的位置。

把 `.find()` 接在變數或字串後面，然後在括號裡填入你想找的字串，就可以使用了：

```
>>> phrase = "the surprise is in here somewhere"
>>> phrase.find("surprise")
4
```

.find() 傳回的值是一個索引，是你傳入的字串第一次出現的位置。在這個例子，"surprise" 是從字串 "the surprise is in here somewhere" 的第 5 個字元開始，索引是 4，因為索引是從 0 開始算的。

如果 .find() 沒有找到要找的子字串，就會傳回 -1：

```
>>> phrase = "the surprise is in here somewhere"
>>> phrase.find("eyjafjallajökull")
-1
```

要記住，這個尋找的比對會非常精確、一個一個字元比對，也有區分大小寫。例如尋找 "SURPRISE" 的話，.find() 就會傳回 -1：

```
>>> "the surprise is in here somewhere".find("SURPRISE")
-1
```

就算子字串在字串裡出現不只一次，.find() 也只會傳回從字串的開頭開始，第一次找到的索引：

```
>>> "I put a string in your string".find("string")
8
```

"I put a string in your string" 有兩個 "string" 子字串。第一個在索引 8，第二個在索引 23，但 .find() 只會傳回 8。

.find() 只接受字串輸入。如果要在字串裡尋找整數，就要把整數轉成字串再傳給 .find()，否則 Python 會發出 TypeError 錯誤訊息：

```
>>> "My number is 555-555-5555".find(5)
Traceback (most recent call last):
  File "<stdin>", line 1, in <module>
    "My number is 555-555-5555".find(5)
TypeError: must be str, not int
>>> "My number is 555-555-5555".find("5")
13
```

有時候你會需要把所有特定子字串都替換成另一個字串。因為 .find() 只會找到子字串第一次出現的位置，所以不適合用來處理這個問題。不過字串還有一個 .replace() 方法可以用。

就像使用 .find() 一樣，.replace() 也是接到變數或字串字面值的後面。不過這次你需要把兩個字串放在 .replace() 的括號裡，再用逗號分隔。第一個字串是要尋找的子字串，第二個字串是用來替換的子字串，然後找到的第一個字串會全部被取代成第二個字串。

例如，這段程式碼把字串 "I'm tell you the truth; nothing but the truth!" 每一個 "the truth" 都替換為字串 "lies"：

```
>>> my_story = "I'm telling you the truth; nothing but the truth!"
>>> my_story.replace("the truth", "lies")
"I'm telling you lies; nothing but lies!"
```

因為字串是不可變的物件，所以 .replace() 不會真的改變 my_story 的內容。如果你在互動視窗執行完上面的範例後立即輸入 my_story，你就會看到沒有任何更動的原始字串：

```
>>> my_story
"I'm telling you the truth; nothing but the truth!"
```

你要用 .replace() 傳回的新字串重新對 my_story 賦值，才會更改 my_story 的值：

```
>>> my_story = my_story.replace("the truth", "lies")
>>> my_story
"I'm telling you lies; nothing but lies!"
```

.replace() 可以一次把所有目標子字串替換掉。如果要替換的目標子字串不只一個，就只能多用幾次 .replace()：

```
>>> text = "some of the stuff"
>>> new_text = text.replace("some of", "all")
>>> new_text = new_text.replace("stuff", "things")
>>> new_text
'all the things'
```

你可以在下一節的挑戰體會 .replace() 的樂趣。

練習題

你可以在 https://www.flag.com.tw/bk/st/F3747 找到這些練習題的解答：

1. **用一行程式碼來顯示在字串 "AAA" 裡用 .find() 尋找子字串 "a" 的結果。結果應該是 -1。**
2. **在字串 "Somebody said something to Samantha" 裡，用字元 "x" 取代每個字元 "s"。**
3. **寫一個程式，用 input() 取得使用者的輸入，再顯示用 .find() 尋找輸入中某個字母的結果。**

4.9 挑戰：將你的使用者變成 L33t H4x0r

寫一個 translate.py 程式，用這個提示讓使用者輸入一些內容：

```
Enter some text:
```

再使用 .replace() 對小寫字母做以下的替換，把使用者輸入的文字轉換為 leet 語言（編註：可當成是鄉民的暗語，就像「豬頭」用「豕者豆頁」表示一樣）：

- 字母 a 變成 4
- 字母 b 變成 8
- 字母 e 變成 3
- 字母 l 變成 1
- 字母 o 變成 0
- 字母 s 變成 5
- 字母 t 變成 7

然後你的程式要輸出產生的字串。執行範例如下：

```
Enter some text: I like to eat eggs and spam.
I 1ik3 70 347 3gg5 4nd 5p4m.
```

你可以在 https://www.flag.com.tw/bk/st/F3747 找到這個挑戰題的解答。

4.10 摘要與額外資源

你在這章學到了 Python 字串物件的許多細節。你學會用索引和切片取得字串裡的字元，還有使用 `len()` 來確認字串的長度。

字串還有很多方法。`.upper()` 和 `.lower()` 方法分別把字串的所有字母轉換成大寫和小寫；`.rstrip()`、`.lstrip()` 和 `.strip()` 方法刪除字串裡的空格；`.startswith()` 和 `.endswith()` 方法告訴你字串的開頭或結尾是不是特定的子字串。

你還學到用 `input()` 函式取得使用者的輸入作為字串，還有用 `int()` 和 `float()` 把使用者輸入轉換成數字。反過來要把數字和其他物件轉換成字串的話，可以用 `str()`。

最後，你還會使用 `.find()` 和 `.replace()` 方法尋找子字串的位置，或是把子字串替換成新的字串。

互動式測驗

這一章有免費的線上測驗，可以確認你的學習進度。你可以使用手機或電腦到這個網址進行測驗：**https://realpython.com/quizzes/pybasics-strings/**

額外資源

想要了解更多內容，可以參考以下資源：

- Python String Formatting Best Practices（https://realpython.com/python-string-formatting/）
- Splitting, Concatenating, and Joining Strings in Python（https://realpython.com/python-string-split-concatenate-join/）

如果想進一步提升你的 Python 實力，歡迎查看 https://realpython.com/python-basics/resources/。

數字資料與算術運算

你不用是個數學學霸也可以把程式寫得很好。事實上，很多程式設計師也只會基本的代數運算。但數字依然是任何程式語言不可或缺的一部分，Python也不例外。

在這章你會學到：

- ▶ 建立整數和浮點數
- ▶ 把數字取整到指定的位數
- ▶ 在字串中顯示數字並調整格式

5.1 整數與浮點數

Python 有三種內建的數值資料型別：**整數**（**integer**）、**浮點數**（**floating-point number**）和**複數**（**complex number**）。你會在這節學到整數和浮點數，這是兩種最常用的數字型別；複數會在 5.7 節學到。

整數

整數（integer）是沒有小數位的數字，例如 1 是一個整數，但 1.0 不是。整數資料型別的名稱是 `int`，你可以用 `type()` 來查看：

```
>>> type(1)
<class 'int'>
```

只要直接輸入數字就可以建立整數物件，例如這行程式碼把整數 `25` 指派給變數 `num`：

```
>>> num = 25
```

在這裡的 `25` 就是一個**整數字面值**（**integer literal**），因為這個整數在程式碼裡就是個字面上的數字。

你已經在第 4 章學過用 `int()` 把內容是整數的字串轉換成數字。例如把字串 `"25"` 轉換為整數 `25`：

```
>>> int("25")
25
```

`int("25")` 就不是整數字面值了，因為這個整數的數值是經由字串轉換而來的。

在手寫很大的數字時，通常會每三個位數分成一組，以逗號來分隔。像數字 1,000,000 就會比 1000000 更容易看懂是多少。

Python 的整數字面值不能用逗號做位數分組，但可以用底線（_）。以下兩種方法都可以表示一百萬的整數字面值：

```
>>> 1000000
1000000
>>> 1_000_000
1000000
```

Python 的整數大小是沒有限制的，以電腦有限的記憶體（編註：實際上是 CPU 的暫存器（register））來說，這實在令人訝異。你可以試試在 IDLE 的互動視窗輸入你能想到的最大數字，Python 可以毫無問題的處理！

編註：Python 在 3.11 版新增了整數大小的預設限制：4300 位數，避免更大的數字讓電腦耗費大量時間運算。這個上限也可以自行調整，詳細可以參考官方說明（https://docs.python.org/3/library/stdtypes.html#integer-string-conversion-length-limitation）。

浮點數

浮點數（floating-point number，或簡稱 float），是帶小數位的數字。`1.0` 是浮點數，`-2.75` 也是。浮點數資料型別的名稱是 `float`：

```
>>> type(1.0)
<class 'float'>
```

和整數一樣，浮點數可以用**浮點字面值（floating-point literal）**來建立，或是用 `float()` 把字串轉換成浮點數：

```
>>> float("1.25")
1.25
```

有 3 種表示浮點字面值的方法。以下的程式碼，每一行都會建立一個一百萬的浮點字面值：

```
>>> 1000000.0
1000000.0
>>> 1_000_000.0
1000000.0
>>> 1e6
1000000.0
```

前 2 種方式類似於建立整數字面值的方法。第 3 種方法使用科學記號的 **E 表示法（E notation）** 來建立浮點字面值。

小提醒

E 表示法是**指數表示法（exponential notation）**的縮寫。你可能有看過計算機用這種方法來表示太大而無法顯示在螢幕上的數字。

浮點字面值的 E 表示法要先輸入一個數字，接著輸入小寫字母 `e`，然後輸入另一個數字。Python 會先取 `e` 左邊的數字，`e` 後面的數字則是 10 的次方。所以 `1e6` 等於 1×10^6。

Python 還會用 E 表示法來顯示數字很大的浮點數：

```
>>> 200000000000000000.0
2e+17
```

浮點數 `200000000000000000.0` 會顯示為 `2e+17`。`+` 號表示指數 `17` 是正數。你也可以使用負數作為指數：

```
>>> 1e-4
0.0001
```

字面值 `1e-4` 等於是 10 的 -4 次方，也就是 1/10000 或 0.0001。

和整數不一樣的是，浮點數有最大數值的限制。最大的浮點數大小取決於你的系統，但像 `2e400` 這樣的數字應該遠超出大多數電腦的能力範圍。`2e400` 是 2×10^{400}，遠遠超過宇宙中的原子總數！

達到系統能處理的最大浮點數時，Python 會傳回一個特殊的浮點值，`inf`：

```
>>> 2e400
inf
```

`inf` 是 infinity 的縮寫，意思是無限大，不過並不是數學定義上的無限大，在這裡只是表示你想建立的數字超出了電腦允許的最大浮點值。`inf` 的型別仍然是 `float`：

```
>>> n = 2e400
>>> n
inf
>>> type(n)
<class 'float'>
```

Python 也有 `-inf`，代表負無限大，用來表示小於最小浮點數限制的負浮點數：

```
>>> -2e400
-inf
```

一般來說不太容易遇到 `inf` 和 `-inf` ，除非你經常處理非常大的數字。

練習題

你可以在 https://www.flag.com.tw/bk/st/F3747 找到這些練習題的解答：

⬇

1. 寫一個程式，建立兩個變數 num1 和 num2。兩個變數都指派整數字面值 25000000，其中一個有底線，另一個沒有，然後分別印出 num1 和 num2。

2. 寫一個程式，使用 E 表示法把浮點字面值 175000.0 指派給變數 num，然後在互動視窗顯示 num。

3. 用 IDLE 的互動視窗試試看，在你的電腦會傳回 inf 的浮點數 2e<N> 中，找到最小的指數 N。

5.2 算術算符和運算式

這一節你會學到在 Python 用數字進行基本的算術運算，例如加法、減法、乘法和除法。你也會學到一些在程式碼裡寫數學運算式的慣例。

編註：算符 (operator) 也常稱為運算子，為了和運算元有所區分，本書將 operator 統稱為算符。

加法

加法運算使用 + 算符：

```
>>> 1 + 2
3
```

算符兩側的數字稱為運算元(operand)。上面例子的兩個運算元都是整數，但運算元不一定要是相同的型別，把整數與浮點數相加也完全沒問題：

```
>>> 1.0 + 2
3.0
```

注意 `1.0 + 2` 的結果是 `3.0`，得出的是一個浮點數。不管在什麼狀況，浮點數和另一個數字相加，結果都會是浮點數。兩個整數相加則一定是整數。

小提醒

PEP 8 建議用空格把兩個運算元與算符分開（https://pep8.org/#other-recommendations）。

Python 可以計算 **1+1** 沒有問題，但 **1 + 1** 是比較好的呈現方式，通常會更好閱讀。這個原則也適用於這一節的其他算符。

減法

用 - 算符對兩數做減法：

```
>>> 1 - 1
0
>>> 5.0 - 3
2.0
```

就像兩個整數相加一樣，兩個整數相減一定會得出一個整數。如果其中一個運算元是浮點數，結果也會是浮點數。

- 算符也會用於表示負數：

```
>>> -3
-3
```

你也可以減掉一個負數，但連續兩個 - 很容易混淆：

```
>>> 1 - -3
4
>>> 1 --3
```

Next

```
4
>>> 1- -3
4
>>> 1--3
4
```

在上面的四個例子中，第一個是最符合 PEP 8 的。不過你可以用括號把 -3 括起來，就能更清楚表明第二個 - 是跟著後面的 3：

```
>>> 1 - (-3)
4
```

善用括號會讓你的程式碼更清楚明白。程式碼是給電腦執行的，但也是給人類閱讀的。任何可以讓程式碼更好閱讀和理解的事情都是好事。

乘法

用 * 算符對兩個數字做乘法：

```
>>> 3 * 3
9
>>> 2 * 8.0
16.0
```

乘法得出的數字型別，遵循和加法、減法一樣的規則。兩個整數相乘是整數，一個整數乘以一個浮點數是浮點數。

除法

/ 算符用來對兩個數字做除法：

```
>>> 9 / 3
3.0
>>> 5.0 / 2
2.5
```

和加法、減法、乘法不同，使用 / 算符的除法結果一定會是浮點數。如果在兩數相除後想要整數的結果，可以用 int() 來轉換：

```
>>> int(9 / 3)
3
```

要記得 int() 會直接捨棄數字的小數部分：

```
>>> int(5.0 / 2)
2
```

5.0 / 2 會傳回浮點數 2.5，int(2.5) 會傳回整數 2，刪除 .5 的部分。

整數除法

如果 int(5.0 / 2) 對你來說有點冗長，Python 也提供了第二個除法算符：**整數除法算符**（//），也稱為**向下取整除法（floor division）算符**：

```
>>> 9 // 3
3
>>> 5.0 // 2
2.0
>>> -3 // 2
-2
```

// 算符會先把左邊的數字除以右邊的數字，然後再向下取整為整數（編註：也就是在最相近的兩個整數裡取較小的那個）。要特別注意，當其中一個數字是負數時，得到的結果可能會和你的預期不太一樣。

例如 -3 // 2 傳回的是 -2。-3 先除以 2 得到 -1.5，然後和 -1.5 相近的整數是 -1 或 -2，向下取整會取比較小的整數，所以得到 -2。在正數的狀況，3 // 2 傳回的則是 1，因為 1 和 2 兩個整數中較小的是 1。

從前面的例子也能發現，運算元之一是浮點數的時候，// 就會傳回浮點數。這就是 9 // 3 會傳回整數 3，但 5.0 // 2 會傳回浮點數 2.0 的原因。

來看看把一個數除以 0 會發生什麼事：

```
x>>> 1 / 0
Traceback (most recent call last):
  File "<stdin>", line 1, in <module>
    1 / 0
ZeroDivisionError: division by zero
```

Python 會發出一個 ZeroDivisionError 錯誤訊息，讓你知道你剛剛試圖打破宇宙的基本規則。

指數

你可以用 ** 算符來對數字做指數運算：

```
>>> 2 ** 2
4
>>> 2 ** 3
8
>>> 2 ** 4
16
```

指數不一定要是整數，也可以是浮點數：

```
>>> 3 ** 1.5
5.196152422706632
>>> 9 ** 0.5
3.0
```

一個數的 0.5 次方和取平方根的結果會相同，但要注意，就算平方根的結果是整數，Python 也會傳回浮點數型別，所以範例裡才會傳回 3.0。

總之，在運算元是正數的前提下，** 算符會在兩個整數運算元的情況傳回整數、任一運算元是浮點數的情況傳回浮點數。

你還可以對數字做負數指數的運算：

```
>>> 2 ** -1
0.5
>>> 2 ** -2
0.25
```

對一個數做負數的指數運算，就相當於做正數指數運算後再取倒數。因此，`2 ** -1` 等於 `1 / (2 ** 1)`，結果是 1/2，也就是 `0.5`；`2 ** -2` 等於 `1 / (2 ** 2)`，結果是 1/4，就是 `0.25`。

模數（取餘數）

`%` 算符是**模數**（**modulus**）運算，傳回左運算元除以右運算元的餘數：

```
>>> 5 % 3
2
>>> 20 % 7
6
>>> 16 % 8
0
```

5 除以 3，餘數為 2，所以 `5 % 3` 為 `2`。同樣的，20 除以 7 的餘數為 6。在最後一個例子，16 可以被 8 整除，所以 `16 % 8` 為 `0`。只要 `%` 左邊的運算元可以被右邊的運算元整除，結果就會是 `0`。

`%` 最常見的用途之一是確認一個數能不能被另一個數整除。舉例來說，數字 n 如果是偶數，`n % 2` 就會是 `0`。另外一個值得探討的問題是，您認為 `1 % 0` 會傳回什麼？我們來試一試：

```
>>> 1 % 0
Traceback (most recent call last):
  File "<stdin>", line 1, in <module>
    1 % 0
ZeroDivisionError: integer division or modulo by zero
```

這樣的回應很合理，因為 `1 % 0` 是要取得 1 除以 0 的餘數。但是 1 無法除以 0，所以 Python 發出 ZeroDivisionError 錯誤訊息。

小提醒

使用 IDLE 的互動視窗時，像 ZeroDivisionError 這樣的錯誤不會造成太大問題。視窗只會顯示錯誤訊息，然後再顯示一行新的提示符號，就可以繼續寫程式了。

但是如果是 Python 在執行程式時遇到錯誤，就會停止執行。換句話說，就是程式崩潰、當掉。在第 8 章就會學習處理這種錯誤，以免程式意外崩潰。

對負數使用 `%` 算符時，事情會變得有點棘手：

```
>>> 5 % -3
-1
>>> -5 % 3
1
>>> -5 % -3
-2
```

雖然第一眼看到可能會讓你覺得莫名其妙，但這些結果確實是 Python 標準、正確的執行結果。Python 計算數字 `x` 除以數字 `y` 所得的餘數 `r`，是使用算式 `r = x - (y * (x // y))` 得出的。

以 `5 % -3` 為例，Python 會先計算 `(5 // -3)`。`5 / -3` 大約是 `-1.67`，所以 `5 // -3` 向下取整是 `-2`。再來 Python 把 `-3` 乘以 `-2` 得到 `6`。最後，Python 計算 `5 - 6` 得到 `-1`。

算術運算式

你可以組合算符來建構複雜的運算式。**運算式（expression）**可以由數字、算符和括號組成，Python 會計算出值，傳回結果。

以下是一些算術運算式的範例：

```
>>> 2*3 - 1
5
>>> 4/2 + 2**3
10.0
>>> -1 + (-3*2 + 4)
-3
```

計算運算式的規則與日常的算術相同。你在學校學四則運算的時候就有學過「先乘除後加減」的運算順序。

`*`、`/`、`//`、`%` 算符在運算式都有相同的**順位**，這個順位高於 `+` 和 `-` 算符。也因此 `2*3 - 1` 傳回的是 `5` 而不是 `4`。

你可能有注意到，範例的運算式沒有在所有算符的兩側都加上空格。這是因為 PEP 8 對複雜運算式的空格有另外的說明：

> 如果同時使用不同順位的算符，可以考慮只在最低順位的算符兩側加入空格。原則上可以照自己的判斷處理，但是空格永遠不要超過一個，而且算符兩側的空白要一致。
>
> - PEP 8，"其他建議"（https://pep8.org/#other-recommendations）

另外一個不錯的做法是用括號把運算的先後順序全部標示出來，即使不需要括號的地方也是。例如，`(2 * 3) - 1` 就會比 `2*3 - 1` 更清楚。

5.3 挑戰：計算使用者輸入的內容

寫一個名為 exponent.py 的程式，讓使用者輸入兩個數字，顯示以第一個數字為底數、第二個數字為指數的指數運算結果。

這是程式的執行範例，包含使用者輸入：

```
Enter a base: 1.2
Enter an exponent: 3
1.2 to the power of 3 = 1.7279999999999998
```

記住以下幾點：

1. 在對使用者的輸入做任何運算之前，必須先把兩次呼叫 `input()` 得到的值指派給新的變數。
2. `input()` 傳回的是字串，你需要把使用者的輸入轉換為數字，才能進行算術運算。
3. 可以利用 f- 字串顯示結果。
4. 可以假設使用者只會輸入數字。

你可以在 https://www.flag.com.tw/bk/st/F3747 找到這個挑戰題的解答。

5.4 Python 也會欺騙你：浮點數的誤差

你覺得 0.1 + 0.2 會是多少？你會說 0.3，對吧？我們來問問 Python 的看法。在互動視窗試試這個：

```
>>> 0.1 + 0.2
0.30000000000000004
```

嗯，這可以算是「只差一點點」嗎？到底發生什麼事？難不成是 Python 故障了？

不，這可不是故障。這是一個**浮點數表示誤差（floating-point representation error）**，發生這個問題的原因和 Python 完全無關。這是浮點數在電腦記憶體內儲存的方式造成的。

小數 0.1 可以表示為分數 1/10。0.1 和 1/10 都是**十進位（decimal）表示法**。然而電腦是以二**進位（binary）表示法**來儲存浮點數的。

以二進位表示時，十進位數 0.1 就會發生一些你應該很熟悉但沒想到會發生在這的事情。分數 1/3 以十進位表示時是無限小數，也就是 1/3 = 0.3333...，小數點後有無限多個 3。同樣的事情也發生在分數 1/10 的二進位表示。

1/10 的二進位表示法是這個無限小數：

```
0.0001100110011001100110011001100110011...
```

電腦的記憶體有限，因此只能儲存 0.1 的近似值。儲存的近似值會略高於實際值，轉換回十進位的話就是這樣：

```
0.1000000000000000055511151231257827021181583404541015625
```

不過你可能也注意到，顯示 0.1 這個數字的時候，Python 印出的是 `0.1`，而不是上面那一大串近似值：

```
>>> 0.1
0.1
```

Python 不是簡單的把後面的位數砍掉而已，實際發生的事情還有更多細節。

雖然 0.1 在二進位的近似值就是剛剛提到的那一大串小數，但附近一小段範圍內的十進位數字也會對應到相同的二進位近似值，例如，0.1 和 0.10000000000000001 的二進位近似值就是同一個，可以在互動視窗測試看看：

```
>>> 0.10000000000000001
0.1
```

實際儲存的二進位近似值對應到很多不同的十進位數字的時候，Python 就會選擇最短的十進位數來當結果顯示。

這就解釋了這一節最開始的例子，0.1 + 0.2 不等於 0.3 的原因。Python 會把 0.1 和 0.2 各自的二進位近似值加起來，但得出的數字對應到的十進位數恰巧就不是 0.3，而是 0.30000000000000004。

如果這些問題開始讓你開始頭暈腦脹，也不用太擔心。除非你要寫的是金融或科學運算的程式，不然你不會需要擔心浮點運算的不精確。

5.5 數學函式與數字的方法

Python 有一些內建函式可以處理數字。在這一節，你會學到 3 個最常見的：

1. `round()`，把數字進位到指定小數位。

2. `abs()`，取得數字的絕對值。

3. `pow()`，對數字做指數運算。

你還會學到檢查浮點數是不是帶有小數的方法 is_integer()。

round() 函式

你可以用 round() 把數字取整到最接近的整數：

```
>>> round(2.3)
2
>>> round(2.7)
3
```

當數字剛好以 .5 結尾時，round() 的結果會有點難預料：

```
>>> round(2.5)
2
>>> round(3.5)
4
```

對數字 2.5，round() 捨去小數留下 2；對數字 3.5，round() 卻進位到 4。大多數人應該都會預期，按照四捨五入的原則，0.5 結尾的數字會進位才對。那麼究竟發生了什麼事？

其實 Python 3 對小數取整的策略不是四捨五入，而是「四捨六入五成雙」(rounding ties to even；https://en.wikipedia.org/wiki/IEEE_754#Roundings_to_nearest)。

四捨六入的意思是，要取整的小數位只要小於 5 就捨去(如 0.49)、大於 5 就進位(如 0.51)。如果不偏向任何一側，剛好是 5，就檢查 5 的前一位數字；如果前一位數是偶數，就把 5 捨去；如果前一位數是奇數，就讓 5 進位。這就是 2.5 捨去剩下 2、3.5 進位成 4 的原因，「五成雙」指的是「尾數是 5 的時候，就取整成偶數」的意思。

小提醒

四捨六入五成雙是 IEEE（電機電子工程師學會）建議的浮點數取整策略，因為這個策略能減少取整在運算大量數字的時候造成的影響。

IEEE 提出了 IEEE 754 標準，用於處理電腦上的浮點數。這個標準在 1985 年發布，至今仍被硬體製造商普遍使用。

你可以把第二個參數傳給 `round()`，讓數字取整到指定的小數位數：

```
>>> round(3.14159, 3)
3.142
>>> round(2.71828, 2)
2.72
```

數字 3.14159 取整到小數點後三位，得到 3.142（因為 0.00059 大於 0.0005，選擇進位），而數字 2.71828 取整到小數點後一位，得到 2.7（因為 0.01828 小於 0.05，選擇捨去）。

`round()` 的第二個參數必須是整數，不然 Python 會發出 TypeError 錯誤訊息：

```
>>> round(2.65, 1.4)
Traceback (most recent call last):
  File "<pyshell #0>", line 1, in <module>
    round(2.65, 1.4)
TypeError: 'float' object cannot be interpreted as an integer
```

有時 `round()` 產生的結果會不太正確：

```
>>> # 預期產生的數值：2.68
>>> round(2.675, 2)
2.67
```

2.675 取整到小數點後兩位時，要取整的 0.005 適用「五成雙」規則，所以根據 Python 的取整策略，你會預期 round(2.675, 2) 傳回 2.68，讓尾數成為偶數才對，但卻傳回了 2.67。這個錯誤又是浮點數表示誤差的結果，不是 round() 發生錯誤（編註：2.675 在電腦裡更接近 2.67499999999999982，不符合五成雙的條件）。

處理浮點數問題是一件麻煩事，但這並不是 Python 特有的。所有採用 IEEE 浮點數標準的程式語言都有相同的問題，包括 C/C++、Java 和 JavaScript。

在大多數情況下，浮點數發生的小錯誤都可以忽略不計，round() 依然是很實用的函式。

abs() 函式

如果 n 是正數，那 n 的絕對值就是 n；如果 n 是負數，絕對值就是 -n。例如，3 的絕對值是 3，-5 的絕對值是 5。

用 abs() 可以在 Python 取得數字的絕對值：

```
>>> abs(3)
3
>>> abs(-5.0)
5.0
```

abs() 會傳回一個和參數相同型別的正數。也就是說，整數的絕對值會是正整數，浮點數的絕對值會是正浮點數。

pow() 函式

你在第 5.2 節學過使用 ** 算符對數字做指數運算。你也可以使用 pow() 來獲得相同的結果。

pow() 有兩個參數。第一個參數是底數，也就是要進行指數運算的數字，第二個參數是指數，就是指數運算中的乘冪。

例如用 pow() 以 2 為底數、以 3 為指數：

```
>>> pow(2, 3)
8
```

就像 ** 一樣，pow() 的指數可以是負數：

```
>>> pow(2, -2)
0.25
```

那麼，** 和 pow() 有什麼區別？

pow() 函式還可以填入第三個參數，pow() 會以第一個數字為底數，對第二個數字做指數運算後，再對第三個數字做模數運算。簡單來說，pow(x, y, z) 等於 (x ** y) % z。

這是 x = 2、y = 3、z = 2 的範例：

```
>>> pow(2, 3, 2)
0
```

首先計算 2 的 3 次方得到 8，然後計算 8 除以 2 的餘數為 0。

檢查浮點數是不是整數值

在第 3 章你學了 .lower()、.upper()、.find() 這些字串方法。整數和浮點數也有專屬的方法可以使用。

數字方法沒有很常使用，但其中有一個特別實用的。浮點數有一個 .is_integer() 方法，如果浮點數的數值是整數（也就是小數點之後是 0）就傳回 True，不然就傳回 False：

```
>>> num = 2.5
>>> num.is_integer()
False
>>> num = 2.0
>>> num.is_integer()
True
```

`.is_integer()` 方法可以用來驗證使用者的輸入。例如你要為一家披薩店寫一個線上訂餐程式，那麼你就需要檢查客戶輸入的披薩數量是否為整數。你會在第 8 章學到怎麼做這種檢查。

練習題

你可以在 https://www.flag.com.tw/bk/st/F3747 找到這些練習題的解答：

1. **寫一個程式，讓使用者輸入一個數字，然後顯示這個數字取整到小數點後兩位的結果。程式執行的結果要像這樣：**

```
Enter a number: 5.432
5.432 rounded to 2 decimal places is 5.43
```

2. **寫一個程式，讓使用者輸入一個數字，然後顯示這個數字的絕對值。程式執行的結果要像這樣：**

```
Enter a number: -10
The absolute value of -10 is 10.0
```

3. **寫一個程式，用兩次 input() 讓使用者輸入兩個數字，然後顯示這兩個數字的差值是不是整數。程式執行的結果要像這樣：**

```
Enter a number: 1.5
Enter another number: .5
The difference between 1.5 and .5 is an integer? True!
```

如果使用者輸入的兩個數字差值不是整數，就會是這樣：

```
Enter a number: 1.5
Enter another number: 1.0
The difference between 1.5 and 1.0 is an integer? False!
```

5.6 顯示出不同格式的數字

你在第 3 章已經學過用大括號把數字變數放進 f- 字串：

```
>>> n = 7.125
>>> f"The value of n is {n}"
'The value of n is 7.125'
```

這個大括號裡支援一種簡單的格式語言（formatting language；https://docs.python.org/3/library/string.html#format-specification-mini-language），可以用來調整括號裡的內容最後輸出的格式。

例如要把上面例子的 `n` 值格式設定成只顯示兩位小數的話，就把 f-字串裡大括號的內容替換成 `{n:.2f}`：

```
>>> n = 7.125
>>> f"The value of n is {n:.2f}"
'The value of n is 7.12'
```

變數 `n` 後面的冒號（`:`）表示後面的文字都是用來指定格式。在這個例子，指定的格式是 `.2f`。

`.2f` 的 `.2` 就是把數字取整到小數點後兩位，`f` 告訴 Python 要把 `n` 顯示成定點數（fixed-point number），也就是即使本來數字的小數位數比較少，也要在後面補零到正好有兩位小數。

n = 7.125 時，{n:.2f} 的結果是 7.12。就像用 round() 一樣，Python 在設定字串裡的數字格式時，也是依照四捨六入五成雙原則。所以，如果改用 n = 7.126，那 {n:.2f} 的結果就會是 7.13：

```
>>> n = 7.126
>>> f"The value of n is {n:.2f}"
'The value of n is 7.13'
```

把 .2 換成 .1，就會變成取整到小數點後一位：

```
>>> n = 7.126
>>> f"The value of n is {n:.1f}"
'The value of n is 7.1'
```

把數字格式設為定點數，就會精確的顯示指定的小數位數：

```
>>> n = 1
>>> f"The value of n is {n:.2f}"
'The value of n is 1.00'
>>> f"The value of n is {n:.3f}"
'The value of n is 1.000'
```

你也可以設定 , 格式，把數字每三個位數分成一組，插入逗號標記：

```
>>> n = 1234567890
>>> f"The value of n is {n:,}"
'The value of n is 1,234,567,890'
```

如果要把小數部分取整到指定位數，又同時要對整數部分做千分組，那可以在格式設定把 , 放在 . 前面：

```
>>> n = 1234.56
>>> f"The value of n is {n:,.2f}"
'The value of n is 1,234.56'
```

格式說明符 `,.2f` 可用於顯示貨幣值：

```
>>> balance = 2000.0
>>> spent = 256.35
>>> remaining = balance - spent
>>> f"After spending ${spent:.2f}, I was left with ${remaining:,.2f}"
'After spending $256.35, I was left with $1,743.65'
```

另一個好用的格式是 `%`，用於顯示百分比。`%` 會把數字乘以 100，以定點格式顯示，後面再加上百分比符號。

`%` 只能放在格式設定的結尾，而且不能和 `f` 符號混合使用。舉例來說，`.1%` 指定數字顯示為百分比，小數顯示到小數點後一位：

```
>>> ratio = 0.9
>>> f"Over {ratio:.1%} of Pythonistas say 'Real Python rocks!'"
"Over 90.0% of Pythonistas say 'Real Python rocks!'"
>>> # 顯示小數點後兩位和百分比
>>> f"Over {ratio:.2%} of Pythonistas say 'Real Python rocks!'"
"Over 90.00% of Pythonistas say 'Real Python rocks!'"
```

格式語言的功能強大、應用面廣泛，這裡只能呈現一些基礎的功能。你可以閱讀官方的說明文件（https://docs.python.org/3/library/string.html#format-string-syntax_），了解更多內容。

練習題

你可以在 https://www.flag.com.tw/bk/st/F3747 找到這些練習題的解答：

1. **把 `3 ** .125` 的計算結果顯示為帶有三位小數的定點數。**
2. **把數字 `150000` 以貨幣格式顯示，每三位數字用逗號分組，小數固定為兩位。**
3. **把 `2 / 10` 的計算結果顯示為沒有小數位的百分比，輸出的樣子應該是 `20%`。**

5.7 複數

Python 是少數內建複數運算的程式語言。雖然複數通常只會出現在科學計算和電腦圖學領域，但也因此這兩者成為 Python 的強項。

小提醒

如果你對於 Python 的複數處理不感興趣，也可以跳過這一節。書裡的其他部分都不會用到這節的內容。

複數有兩個部分：**實部**（**real part**）和**虛部**（**imaginary part**）。

在 Python 建立複數只需要輸入實部、接上加號、再來輸入虛部、最後加上字母 `j`：

```
>>> n = 1 + 2j
```

當你檢視 `n` 的值，會發現 Python 用括號把數字括起來：

```
>>> n
(1+2j)
```

這個做法可以避免搞混輸出是虛數還是數學運算式。

虛數有兩個「屬性」，`.real` 和 `.imag`，分別會傳回數字的實部和虛部：

```
>>> n.real
1.0
>>> n.imag
2.0
```

注意 Python 會以浮點數型別傳回實部和虛部，就算一開始指派的是整數也一樣。

小提醒

`.real` 和 `.imag` 屬性不需要像 `.is_integer()` 那樣在後面加上括號。

`.is_integer()` 方法會對浮點數執行一些計算，但 `.real` 和 `.imag` 不會，就只是傳回數字的一些資訊。

方法和屬性之間的區別是**物件導向程式設計**的一個重點，你會在第 10 章學到。

複數還有一個 `.conjugate()` 方法，會傳回複數的共軛複數：

```
>>> n.conjugate()
(1-2j)
```

複數的共軛複數是實部相同，但虛部的正負符號相反的另一個複數。所以這個例子裡 `1 + 2j` 的共軛複數是 `1 - 2j`。

除了取整除法算符（`//`）以外，其他所有處理浮點數和整數的算術算符都適用於複數。

這畢竟不是一本數學書，我們就不討論複數算術的機制。我們直接示範複數使用算術算符的結果：

```
>>> a = 1 + 2j
>>> b = 3 - 4j
>>> a + b
(4-2j)
>>> a - b
(-2+6j)
>>> a * b
(11+2j)
>>> a ** b
(932.1391946432212+95.9465336603415j)
>>> a / b
(-0.2+0.4j)
>>> a // b
```

Next

```
Traceback (most recent call last):
  File "<stdin>", line 1, in <module>
    a // b
TypeError: unsupported operand type(s) for //: 'complex' and 'complex'
```

有趣的是，`int` 和 `float` 物件也有 `.real` 和 `.imag` 屬性，還有 `.conjugate()` 方法（雖然從數學的角度來看並不奇怪）：

```
>>> x = 42
>>> x.real
42
>>> x.imag
0
>>> x.conjugate()
42
>>> y = 3.14
>>> y.real
3.14
>>> y.imag
0.0
>>> y.conjugate()
3.14
```

在浮點數和整數上，`.real` 和 `.conjugate()` 只會傳回數字本身，`.imag` 也只會傳回 0。但要注意，如果 `n` 是整數，那 `n.real` 和 `n.imag` 傳回的就會是整數；如果 `n` 是浮點數，傳回的也是浮點數。

現在你學到了複數的基礎知識，可能想知道何時會需要用到。其實如果你學習 Python 是為了應用於網路開發、資料科學或一般的程式設計，很可能就永遠不需要用到複數。

不過複數在科學計算和電腦圖學等領域很重要。如果你曾經做過相關的應用，那麼你會發現 Python 對複數內建的支援很實用。

5.8 摘要與額外資源

在本章你學到用 Python 處理數字。你知道有兩種基本型別的數字，整數和浮點數，而且 Python 還內建對複數的運算功能。

首先，你學會用 `+`、`-`、`*`、`/`、`%` 算符對數字做基本算術運算。你也學會編寫算術運算式，還有 PEP 8 建議的算術運算式格式規範。

然後你學了浮點數，還學到浮點數不是 100% 精確的原因。這個限制和 Python 本身無關，這是現代電腦計算的必然問題，和浮點數在電腦記憶體中儲存的方式有關。

接下來，你學到使用 `round()` 把數字取整到給定的小數位，還知道 `round()` 是用四捨六入五成雙，這和大多數人在學校學的四捨五入不同。你還學到很多數字的顯示格式。

最後，你還學了 Python 內建的複數運算。

互動式測驗

這一章有免費的線上測驗，可以確認你的學習進度。你可以使用手機或電腦到這個網址進行測驗：**https://realpython.com/quizzes/pybasics-numbers/**

額外資源

想要了解更多內容，可以參考以下資源：

- Basic Data Types in Python（https://realpython.com/python-data-types/）

- How to Round Numbers in Python（https://realpython.com/python-rounding/）

如果想進一步提升你的 Python 實力，歡迎查看：https://realpython.com/python-basics/resources/。

MEMO

函式與迴圈

函式是大多數 Python 程式的根本，最重要的程式碼都是在函式裡運作。

你已經會使用很多函式，像是 print()、len() 和 round()，這些函式是 Python 內建的，所以稱為**內建函式（built-in function）**。你也可以建立自己的**使用者定義函式（user-defined function）**來完成特定的任務。

函式可以把程式碼拆分成比較小的區塊，而且很適合會在程式裡重複使用的操作。你不需要每次做相同的操作時，都寫一次相同的程式碼，只要呼叫函式就好。

有時候也會需要連續執行相同的程式碼好幾次，這就是迴圈該上場的時候了。

在這章你會學到：

- 建立使用者定義函式
- 使用 for 迴圈和 while 迴圈
- 變數範圍（scope）的概念和重要性

6.1 函式到底是什麼？

在過去幾章，我們使用了函式 `print()` 和 `len()` 來顯示文字、確認字串的長度。但函式到底是什麼？

這一節，我們就來仔細探究 `len()` 這個函式。

Python 如何執行函式

首先要注意，不能只用函式的名稱來執行函式。你必須加上括號呼叫（call）函式，才能告訴 Python 要實際執行。

```
>>> # 加上括號呼叫函式
>>> len()
Traceback (most recent call last):
  File "<pyshell#3>", line 1, in <module>
    len()
TypeError: len() takes exactly one argument (0 given)
```

在這個範例，Python 呼叫 `len()` 的時候發出了 TypeError，因為 `len()` 需要一個引數。

引數（argument）是傳遞給函式的輸入值。有些函式呼叫的時候可以不需要引數，也有些函式可以接受任意數量的引數。像 `len()` 這個函式只能接受恰好一個引數，先前用過的 `print()` 則可以接受 1 到 4 個不等的引數。

函式執行完成後會傳回一個輸出值。這個傳回值通常會因函式接收到的引數內容而有所不同，當然也不是每個函式都是這樣。

執行函式的過程可以概括為 3 個步驟：

1. **呼叫（call）**函式，引數傳遞給函式作為輸入。

2. **執行（execute）**函式，有一部分的執行過程會使用到引數。

3. **傳回（return）**函式的執行結果，原本對函式的呼叫會被替換成傳回值。

我們來看看 Python 怎麼執行這行程式碼，實際檢視這些步驟：

```
>>> num_letters = len("four")
```

首先，用引數 `"four"` 作為輸入呼叫 `len()`。再來計算字串 `"four"` 的長度，得出數字 `4`。然後 `len()` 傳回數字 `4`，用 `4` 取代原本的函式呼叫。

你可以想像成在函式執行之後，這行程式碼就等同於：

```
>>> num_letters = 4
```

之後 Python 把數值 `4` 指派給 `num_letters`，繼續執行剩下的程式碼。

函式的副作用

你已經知道怎麼呼叫函式，也知道函式會在執行完畢後傳回一個值。不過有時候，函式裡做的不只是傳回一個值而已。

當一個函式改變或影響到函式外部時，我們就說這是個有**副作用（side effect）**的函式。你已經看過一個副作用的例子，那就是 `print()`。

編註：副作用這個詞在日常生活使用上，通常會隱含負面的含義；但在許多領域（如醫藥），副作用代表的只是「主要目的以外的效果」，並無好壞區別。在 Python 也是一樣，副作用指的是主要目的（回傳值）以外的其他作用。

用一個字串當作引數來呼叫 `print()` 之後，字串會顯示在 Python shell，但是 `print()` 本身並沒有傳回任何值。

把 print() 的傳回值指派給一個變數，就可以確認 print() 傳回什麼：

```
>>> return_value = print("What do I return?")
What do I return?
>>> return_value
>>>
```

把 print("What do I return?") 指派給 return_value 這個變數的時候，畫面上顯示了字串 "What do I return?"。但是檢視 return_value 的值，卻不會顯示任何內容。

其實 print() 傳回的是一個特殊的值：None，用來表示「沒有資料」的狀況。None 的資料型別是 NoneType：

```
>>> type(return_value)
<class 'NoneType'>
>>> print(return_value)
None
```

所以，在呼叫 print() 之後顯示的字串並不是函式的回傳值，而是呼叫 print() 的副作用（side effect）。

函式也是「值」

Python 函式最重要的一個特性就是「函式也是值」，也可以指派給變數。

我們在前面提到，函式必須要加上括號才能呼叫。那麼如果不加括號會發生什麼事呢？

```
>>> len
<built-in function len>
```

在 IDLE 互動視窗輸入 `len`，會對 `len` 這個函式做變數檢視。Python 輸出的結果顯示 `len` 是一個內建函式。就像整數有一個型別叫做 `int`、字串有一個型別叫做 `str` 一樣，函式身為一個值，也會有一個型別：

```
>>> type(len)
<class 'builtin_function_or_method'>
```

如果你想要的話，也可以指派不同的值給 `len` 這個變數名稱：

```
>>> len = "I'm not the len you're looking for."
>>> len
"I'm not the len you're looking for."
```

現在 `len` 被指派了一個字串值，你可以用 `type()` 檢查，會顯示 `str`：

```
>>> type(len)
<class 'str'>
```

雖然你確實可以更改 `len` 這個名稱的值，但這通常不是個明智的做法。更改 `len` 的值會讓你的程式碼變得很難懂，因為新的 `len` 會被誤解成本來的內建函式。其他任何內建函式也一樣，不建議修改函式名稱的值。

重要事項

如果你輸入了前面的程式碼範例，**就會無法在 IDLE 裡存取內建的 `len` 函式**。

不過也可以輸入這行程式碼來重新取得內建 `len` 函式：

```
>>> del len
```

函式都有名稱，但這些名稱並沒有和函式本身綁死，而是可以直接指派不同的值。在建立變數或是自行定義函式時，都要特別留意，不要誤用了內建函式的名稱。

6.2 創造自己的函式

設計比較複雜的程式的時候，可能會需要重複使用同一段程式碼。例如，你可能需要重複用相同的公式來計算不同的值。

也許你會覺得，把這段程式碼複製貼上到每個需要用到的地方，再視情況修改就好。但這樣做通常會出大事的！如果你後來發現這段程式有錯，但又已經到處複製貼上，那你就必須修改所有複製貼上的程式碼。這會是個大工程。

你會在這節學會定義自己的函式，這樣在需要重複使用程式碼的時候，就不用一直重複已經做過的事情。

函式剖析

每個函式都有兩個部分：

1. **函式簽名（function signature）** 定義函式的名稱和需要的輸入。
2. **函式主體（function body）** 是每次使用函式時執行的程式碼。

我們來寫一個函式，可以輸入兩個數字再傳回乘積。這是這個函式的樣子，我們在註解標示了函式簽名和函式主體：

```
def multiply(x, y):   # 這行是函式簽名
    # 以下是函式主體
    product = x * y
    return product
```

特地為乘法這麼簡單的運算寫函式，好像有點小題大作。其實這個 multiply() 確實不像我們真的會寫來用的函式，但拿來當做自定義函式的第一個範例倒是不錯。

重要事項

在 IDLE 的互動視窗定義函式的時候，記得要在 return 那一行後面按兩次 Enter，讓 Python 登錄這個函式：

```
>>> def multiply(x, y):
...     product = x * y
...     return product
... # <--- 在這連續按兩次 Enter 鍵
>>>
```

接著，我們這個函式拆開來，看看裡面是怎麼運作的。

函式簽名

函式的第一行是**函式簽名（function signature）**。這一行會以 def 關鍵字開頭，def 是 define 的縮寫。

我們更仔細的看一下 multiply() 的簽名：

```
def multiply(x, y):
```

函式簽名有 4 個部分：

1. def 關鍵字
2. 函式名稱 multiply
3. 參數列表（x, y）
4. 結尾的冒號（:）

只要 Python 讀到 def 關鍵字開頭的一行程式碼，就會建立一個新函式。這個函式會被指派給一個同樣名稱的變數。

小提醒

因為函式名稱會變成一個變數，所以這個名稱就必須遵循在第 3 章提到的變數命名規則：函式名稱只能包含數字、英文字母和底線，而且不能以數字開頭。

參數列表是用括號括起來的一列參數名稱，定義了函式需要的輸入。(x, y) 是 multiply() 的參數列表，有 x 和 y 兩個參數。

參數（**parameter**）有點像變數，只是參數沒有值。參數的功用是預留位置，每當用引數呼叫函式，那些引數就會擺入參數預留的位置，變成實際的值。

函式主體的程式碼可以把參數當成具有實際值的變數一樣使用，例如函式主體會有 x * y 這樣的程式碼。

因為 x 和 y 都沒有值，所以 x * y 當然也沒有值。Python 會把運算式像模版一樣儲存起來，在函式執行時就把空缺的值用引數補上。

另外，函式可以有任意數量的參數，也可以完全沒有參數。

編註：參數（parameter）v.s. 引數（argument）

在口語上，參數和引數這兩個詞常會混為一談。嚴格來說，對一個函式而言，參數是函式裡面先寫好的那些沒有值的名稱，而引數是呼叫函式時傳入的值；函式被呼叫之後，引數的值就會填入參數的位置。本書的用法也是如此區分。

函式主體

函式主體是指使用函式時執行的程式碼，這是 multiply() 的函式主體：

```
def multiply(x, y):
    # 函式主體
    product = x * y
    return product
```

multiply() 是一個非常簡單的函式，主體只有兩行程式碼。第一行建立了一個 product 變數，再指派 x * y 做為值。因為 x 和 y 還沒有真的值，所以這行實際上只是一個模版，在執行函式時，實際的值才會指派給 product。

函式主體中的第二行是 return 敘述（return statement），以 return 關鍵字開頭，後面接著變數 product。Python 執行到這裡的時候，就會停止函式的運作，傳回 product 的值。

要注意，函式主體的兩行程式碼都有縮排，這非常重要！函式簽名底下縮排的每一行程式碼都會被 Python 當做是函式主體的一部分。

例如這個範例的 print() 函式就不是 multiply() 函式主體的一部分，因為沒有縮排：

```
def multiply(x, y):
    product = x * y
    return product
print("Where am I?")  # 不包含在函式主體裡
```

如果把 print() 縮排，那就算和前一行之間有空行，print() 也還是會成為函式主體的一部分：

```
def multiply(x, y):
    product = x * y
    return product

    print("Where am I?")  # 包含在函式主體裡
```

函式主體的程式碼縮排必須遵守一個規則：每一行都要用相同數量的空格縮排。

試試看把這段程式碼儲存成 `multiply.py` 檔案，用 IDLE 執行

```
def multiply(x, y):
    product = x * y
     return product  #額外縮排一個空格
```

IDLE 沒有執行程式！這時出現了一個對話框，顯示 "unexpected indent" 錯誤訊息。Python 預期 `return` 敘述的縮排應該和上一行程式碼的空格數量一樣。

如果一行程式碼的縮排少於前一行，而且和更前面的程式碼縮排也都不一樣，同樣會發生錯誤。把 multiply.py 的程式碼修改成：

```
def multiply(x, y):
    product = x * y
   return product  #比上一行少一個空格
```

儲存檔案再執行程式，IDLE 會停止執行程式，顯示錯誤訊息 "unindent does not match any outer indentation level"，告訴你 `return` 敘述的縮排和函式主體任何一行縮排的空格數都不同。

小提醒

儘管 Python 沒有規定函式主體的程式碼應該縮排多少空格，但 PEP 8 建議用 4 個空格縮排（https://pep8.org/#indentation）。

我們在書裡大致會遵循這個慣例，極少數可能會配合版面改成兩個空格。

一旦 Python 執行到 `return` 敘述，就會停止函式的運作，把值回傳。在 `return` 敘述後面的任何程式碼，就算比照函式主體來縮排，也永遠不會被執行。

例如，在這個函式的 print() 就永遠不會執行：

```
def multiply(x, y):
    product = x * y
    return product
    print("You can't see me!")
```

這個版本的 multiply() 不會顯示字串 "You can't see me!"。

呼叫使用者定義函式

你可以像呼叫其他函式一樣呼叫使用者定義的函式：輸入函式名稱，之後輸入用括號括起來的引數列表。

例如，像這樣就能用引數 2 和 4 呼叫 multiply()：

```
multiply(2, 4)
```

和內建函式不同的是，使用者定義函式在用 def 關鍵字定義之前，是不可以使用的。你必須先定義函式才能呼叫。

在 IDLE 的編輯視窗輸入這段程式碼：

```
num = multiply(2, 4)
print(num)

def multiply(x, y):
    product = x * y
    return product
```

儲存檔案再按 F5。因為 multiply() 是在定義之前呼叫的，Python 沒辦法識別 multiply 這個名稱，就會發出 NameError 錯誤訊息：

```
Traceback (most recent call last):
  File "C:Usersdaveamultiply.py", line 1, in <module>
```

Next

```
    num = multiply(2, 4)
NameError: name 'multiply' is not defined
```

把函式的定義移到程式碼的最上面就可以修好這個錯誤：

```
def multiply(x, y):
    product = x * y
    return product

num = multiply(2, 4)
print(num)
```

再次儲存檔案，按 F5 執行程式。這一次互動視窗會顯示數值 8。

參數預設值和指定傳入參數（編輯補充）

傳入的參數不夠的話，就會出現 TypeError 例外：

```
>>> num = multiply(2)
Traceback (most recent call last):
  File "<pyshell#0>", line 1, in <module>
    num = multiply(2)
TypeError: multiply() missing 1 required positional argument: 'y'
```

如果想避免這個錯誤，可以在設計函式的時候加入參數預設值。在參數列表裡的參數名稱後面加上等號和一個值，就能設定這個參數的預設值。設定 `multiply()` 的 `y` 參數預設值，然後改成只用一個引數呼叫，再來執行看看：

```
def multiply(x, y=1):
    product = x * y
    return product

num = multiply(2)
print(num)
```

結果會是 2，這是因為只傳一個引數的時候，引數會被當作 x 參數的值，另一個參數 y 會預設為 1。如果傳兩個值到 multiply() 的話，y 參數還是會被換成引數的值。我們也會說沒有設定預設值的參數是必要參數，有預設值的參數就是選填參數。

另外，呼叫函式時傳入的參數順序其實不一定要固定，有個改變順序的方法：

```
def display(x="x", y="y"):
    return f"x is {x}, y is {y}."

print(display(1, 2))
print(display(y=2, x=1))
```

傳入引數的時候只要先寫出參數名稱、加上一個等號、再寫上要傳入的引數，就可以指定要傳到哪個參數。

結合這兩個技巧，也可以只把引數傳給某個參數，剩下的參數保持預設值：

```
>>> print(display(y=2))
x is x, y is 2
```

這兩個技巧在呼叫比較大型的函式時會非常實用。某些函式可能會有多達十多個參數，如果我們把使用預設值的參數省略不傳，再把需要傳入的參數名稱都明確寫出來，閱讀起來就會一目瞭然，未來要修改也會方便許多。

不回傳的函式

Python 的所有函式都會傳回一個值，但不一定都是 return 的回傳值。我們用這個函式來證明，沒有 return 敘述，函式也可以運作：

```
def greet(name):
    print(f"Hello, {name}!")
```

greet() 沒有 return 敘述，但運作正常：

```
>>> greet("Dave")
Hello, Dave!
```

就算 greet() 沒有 return 敘述，也還是會有回傳值：

```
>>> return_value = greet("Dave")
Hello, Dave!
>>> print(return_value)
None
```

雖然我們是把 greet("Dave") 指派給一個變數，但字串 "Hello, Dave!" 還是會顯示在畫面上。如果你呼叫函式前沒有看過實際的程式碼，很可能就不會預料到顯示出 "Hello, Dave!"，這也就是函式副作用（side effect）的一大問題：難以預測。

自己建立函式的時候，一定要記得註記使用說明，這樣其他開發者才會知道怎麼使用，也才能預料到函式會有的行為。

編輯函式說明

在 IDLE 的互動視窗使用 help()，就能取得函式的說明：

```
>>> help(len)
Help on built-in function len in module builtins:

len(obj, /)
    Return the number of items in a container.
```

把變數或函式的名稱傳給 help() 之後，會顯示這些變數或函式的資訊。這個範例的 help() 告訴你 len() 是一個內建函式，會傳回容器裡的元素數量。

小提醒

容器（container）就是可以容納其他物件的物件。字串是一個容器，因為字串可以容納字元。

你會在第 9 章學到其他容器物件。

來看看對 multiply() 呼叫 help() 會發生什麼事。

```
>>> help(multiply)
Help on function multiply in module __main__:

multiply(x, y)
```

help() 只顯示了函式簽名，沒有任何關於函式用途的資訊。我們要加上一個**文件字串（docstring）**，讓 multiply() 有更完整的說明。文件字串是放在函式主體最上方的三引號字串字面值。

我們可以用文件字串來說明函式的功用和應該傳入的參數類型：

```
def multiply(x, y):
    """Return the product of two numbers x and y."""
    product = x * y
    return product
```

把文件字串加到 multiply() 函式，然後在互動視窗用 help() 查看：

```
>>> help(multiply)
Help on function multiply in module __main__:

multiply(x, y)
    Return the product of two numbers x and y.
```

PEP 8 對文件字串沒有什麼特別的建議，只建議每個函式都應該要有一個文件字串（https://pep8.org/#documentation-strings）。

文件字串有很多不同的格式標準，但我們不會在這裡討論。你可以在 PEP 257（https://www.python.org/dev/peps/pep-0257/）找到一些關於編輯文件字串的建議。

練習題

你可以在 https://www.flag.com.tw/bk/st/F3747 找到這些練習題的解答：

1. **寫一個 `cube()` 函式，取一個數字參數，傳回數字的 3 次方。用一些不同的數字測試呼叫 `cube()` 函式，在螢幕顯示函式的結果。**
2. **寫一個 `greet()` 函式，取一個字串參數 `name`，再顯示文字 `"Hello <name>!"`，其中 `<name>` 以 `name` 參數的值來替換。**

6.3 挑戰：溫度換算

寫一個 temperature.py 程式，定義兩個函式：

1. `convert_cel_to_far()`，取一個表示攝氏溫度的浮點數參數，再用這個公式換算，然後傳回一個表示華氏溫度的浮點數：

   `F = C * 9/5 + 32`

2. `convert_far_to_cel()`，取一個表示華氏溫度的浮點數參數，再用這個公式換算，然後傳回一個表示攝氏溫度的浮點數：

   `C = (F - 32) * 5/9`

程式應該要進行以下的操作：

1. 讓使用者以華氏單位輸入溫度，然後顯示換算為攝氏的溫度。

2. 讓使用者以攝氏單位輸入溫度，然後顯示換算為華氏的溫度。

3. 換算後的溫度要取整到小數點後兩位。

以下是這個程式的執行示範：

```
Enter a temperature in degrees F: 72
72 degrees F = 22.22 degrees C
Enter a temperature in degrees C: 37
37 degrees C = 98.60 degrees F
```

你可以在 https://www.flag.com.tw/bk/st/F3747 找到這個挑戰題的解答。

6.4 迴圈

電腦的一大優點是可以一遍又一遍做同樣的事情，而且還從來不會抱怨！

迴圈（**loop**）就是可以重複執行指令的程式區塊，你可以指定執行的次數或持續執行到滿足某個條件為止。Python 有兩種迴圈：`while` 迴圈和 `for` 迴圈，兩種迴圈都會在這一節學到。

while 迴圈

`while` 迴圈在符合某個指定條件時，會不斷重複一段程式碼。每個 `while` 迴圈都有兩個部分：

1. **while 敘述**（**while statement**）以 `while` 關鍵字開頭，後面接著**測試條件**（**test condition**），再以冒號(:)結尾。

2. **迴圈主體**（**loop body**）裡面是在迴圈的每一步都會重複執行的程式碼，每行都縮排 4 個空格。

Python 在執行 `while` 迴圈之前，會先確認測試條件是不是成立。如果測試條件成立，Python 就執行迴圈主體的程式碼，然後回頭再次檢查測試條件；如果測試條件不成立，就會跳過迴圈主體的程式碼，執行後面的其他程式碼。

我們來看一個例子。在互動視窗輸入這些程式碼：

```
>>> n = 1
>>> while n < 5:
...     print(n)
...     n = n + 1
...
1
2
3
4
```

首先，把整數 `1` 指派給變數 `n`。然後用測試條件 `n < 5` 建立一個 `while` 迴圈，檢查 `n` 是不是小於 `5`。迴圈主體有兩行程式碼，第一行會把 `n` 的值顯示在螢幕上，第二行會讓 `n` 的值增加 `1`。

這個迴圈的主體總共執行了 4 次：

次數	n 的值	測試結果	執行內容
1	1	1 < 5（成立）	顯示 1、 n 增加為 2
2	2	2 < 5（成立）	顯示 2、 n 增加為 3
3	3	3 < 5（成立）	顯示 3、 n 增加為 4
4	4	4 < 5（成立）	顯示 4、 n 增加為 5
5	5	5 < 5（不成立）	無（迴圈結束）

有時候可能會因為粗心，就不小心產生**無窮迴圈（infinite loop）**，也就是測試條件的測試結果永遠都成立，那迴圈就不會停下，迴圈主體會一直重複執行下去。

這是一個無窮迴圈的範例，這次我們先刪除掉 `n = n + 1`，再直接執行迴圈：

```
>>> n = 1
>>> while n < 5:
...     print(n)
...
```

這個 `while` 迴圈和前一個迴圈的差別只在於，`n` 的值在迴圈主體永遠不會增加。在迴圈的每一步，`n` 的值都是 `1`，所以測試條件 `n < 5` 永遠都成立，程式會一次又一次的顯示數字 `1`。

小提醒

無窮迴圈也不完全是個壞東西，我們有時候也會需要無窮迴圈。例如，和硬體互動的程式碼可能會用無窮迴圈來持續檢查按鈕或開關是不是被啟動了。

如果你執行的程式進入無窮迴圈，可以按 Ctrl+C 來強制 Python 退出。Python 會停止執行程式，發出 KeyboardInterrupt 錯誤訊息：

```
Traceback (most recent call last):
  File "<pyshell#8>", line 2, in <module>
    print(n)
KeyboardInterrupt
```

我們來看一個實際的 `while` 迴圈範例。`while` 迴圈的其中一個用途是檢查使用者的輸入有沒有滿足某些條件，如果不滿足，就反覆要求重新輸入，直到收到正確的輸入為止。

例如，這個程式會不斷要求使用者輸入正數，一直到使用者輸入正數為止。在編輯視窗輸入並執行看看：

```
num = float(input("Enter a positive number: "))

while num <= 0:
    print("That's not a positive number!")
    num = float(input("Enter a positive number: "))
```

首先，程式會提示使用者輸入一個正數。測試條件 `num <= 0` 會檢查 `num` 是不是小於或等於 0。如果 `num` 是正數，測試條件就會失敗，迴圈主體會被跳過，程式結束。

不過如果 `num` 是 0 或負數，就會執行迴圈主體的程式碼。這段程式碼會通知使用者輸入不正確，讓使用者再輸入一個數。

`while` 迴圈非常適合在某些條件下，重複執行一段程式碼。但是要以指定次數重複執行的話，就不太適合了。

for 迴圈

`for` 迴圈會對一堆東西裡的每一個東西（如字串裡的每個字元）各執行一段程式碼。程式碼執行的次數就由那堆東西的數量決定。

就像 `while` 迴圈一樣，`for` 迴圈有兩個主要部分：

1. **for 敘述（for statement）** 以 `for` 關鍵字開頭，後面接著**成員運算式（membership expression）**，再以冒號（:）結尾。
2. **迴圈主體（loop body）** 裡是每一步要重複執行的程式碼，每行都縮排 4 個空格。

我們來看一個範例，這個 `for` 迴圈會把字串 `"Python"` 的字母一個一個顯示出來：

```
for letter in "Python":
    print(letter)
```

這個範例的 for 敘述是 for letter in "Python"，其中的 letter in "Python" 就是成員運算式。

在迴圈的每一步，字串 "Python" 裡的字母會按順序一個一個指派給變數 letter，然後顯示 letter 的值。

迴圈對字串 "Python" 的每個字元都會執行一次，所以迴圈主體執行了 6 次。這個表格整理了每一次的迴圈執行結果：

次數	letter 的值	執行結果
1	"P"	顯示 P
2	"y"	顯示 y
3	"t"	顯示 t
4	"h"	顯示 h
5	"o"	顯示 o
6	"n"	顯示 n

我們試試看把這個範例的 for 迴圈改寫為 while 迴圈，就能了解為什麼 for 迴圈更適合用在這種一系列的項目(像字串)。

為了改成 while 迴圈，我們要多用一個變數來儲存下一個字元的索引。在迴圈的每一步，顯示出目前索引的字元，然後把索引增加 1。

要是索引變數的值等於字串的長度，就代表索引已經到字串盡頭，可以停止迴圈。記得索引是從 0 開始，所以字串 "Python" 最後一個字元的索引是 5。

如果不用 for 迴圈，程式碼可能就會這樣寫：

```
word = "Python"
index = 0

while index < len(word):
```

Next

```
    print(word[index])
    index = index + 1
```

可以清楚看出，這個程式碼比使用 for 迴圈複雜多了！

for 迴圈不但比較簡潔，程式碼看起來也會比較自然。你可能有發現，for 迴圈的語法看起來很像真實英語的句子。

小提醒

你可能聽過別人說某些程式碼特別「Pythonic」。**Pythonic** 這個詞通常是指清晰、簡潔，而且充分利用 Python 內建功能的程式碼。

所以我們可以說，用 for 迴圈來處理一系列的項目會比用 while 迴圈更 Pythonic。

搭配 range() 使用 for 迴圈

有些工作要執行的次數可以事先得知，這時候可以對相同數量的一列數字執行迴圈。Python 有一個實用的內建函式 range()，正好就能用來產生指定範圍內的一列數字！

例如 range(3) 會傳回範圍 0 到 3（但不包括 3）的整數。也就是說，range(3) 包含了數字 0、1、2。

你可以使用 range(n)（其中 n 是任何正數）來精確執行 n 次迴圈。例如下面這個 for 迴圈會印出字串 "Python" 三次：

```
for n in range(3):
    print("Python")
```

你也可以設定起點的數字，例如，range(1, 5) 的範圍是數字 1、2、3、4。第一個引數是起點，第二個引數是終點，終點不會包含在範圍內。

編註：你可能有發現，這和 4.2 節提到的字串切片是同樣的規則。如果你覺得這個規則不好記，可以回頭複習一下當時提到的置物櫃圖示。

這個 `for` 迴圈用兩個引數呼叫的 `range()`，顯示出從 10 到 20（不含 20）每個數字的平方：

```
for n in range(10, 20):
    print(n * n)
```

我們來看一個比較現實的例子。這個程式會讓使用者輸入一個金額，然後分別顯示 2 個、3 個、4 個、5 個人的場合該怎麼分攤這筆金額：

```
amount = float(input("Enter an amount: "))

for num_people in range(2, 6):
    print(f"{num_people} people: ${amount / num_people:,.2f} each")
```

`for` 迴圈會「走訪」數字 2、3、4、5，顯示出人數和每個人應支付的金額。格式 `,.2f` 會把金額取整到小數後兩位，千分位以逗號分開。

執行程式，輸入 10，就會產生這樣的輸出：

```
Enter an amount: 10
2 people: $5.00 each
3 people: $3.33 each
4 people: $2.50 each
5 people: $2.00 each
```

Python 的 `for` 迴圈通常會比 `while` 迴圈更常用到。大多數情況下，`for` 迴圈會比同樣效果的 `while` 迴圈更簡潔、更容易閱讀，就像前面示範過的那樣。

編註：我們常會形容迴圈「走訪」一個範圍的數字，或是「走訪」一個字串等等。**走訪（loop over）**指的就是 for 迴圈逐一處理每個物件的過程，就像挨家挨戶的輪流拜訪一樣。之後會提到的**迭代（iterate）**也是類似的概念。

巢狀迴圈

只要程式碼的縮排正確，你甚至可以把另一個迴圈也放進迴圈裡。

在 IDLE 的互動視窗像下面這樣輸入：

```
for n in range(1, 4):
    for j in range(4, 7):
        print(f"n = {n} and j = {j}")
```

注意！在程式碼第三行要再多 4 個空格，總共是 8 個，表示這行屬於第 2 個 for 迴圈的主體。

當 Python 執行第一個 for 迴圈時，會把數值 1 指派給變數 n，然後執行第二個 for 迴圈，把數值 4 指派給 j。顯示出的第一個結果就是 n = 1 and j = 4。

執行 print() 後，Python 回到「內層」的 for 迴圈，把 5 指派給 j，再顯示出 n = 1 and j = 5。這時，Python 還不會回去外層的 for 迴圈，因為內層的 for 迴圈還沒執行完畢。

接下來，Python 把 6 指派給 j，印出 n = 1 and j = 6。到這個時候，內層 for 迴圈就執行完畢了，因此回到外層的 for 迴圈。Python 把 2 指派給變數 n，然後內部 for 迴圈會再全部執行一次。這個過程會在 n 被指派成 3 的時候又重複一次。

最終輸出會像這樣：

```
n = 1 and j = 4
n = 1 and j = 5
n = 1 and j = 6
n = 2 and j = 4
n = 2 and j = 5
n = 2 and j = 6
n = 3 and j = 4
```

Next

```
n = 3 and j = 5
n = 3 and j = 6
```

在一個迴圈裡加入另一個迴圈，就稱為**巢狀迴圈**（**nested loop**），這可能會比你想像的常見很多。你可以在 for 迴圈中套入 while 迴圈，或是反過來也行。你甚至也可以寫出超過兩層的巢狀迴圈！

重要事項

原則上來説，巢狀迴圈確實會讓程式碼變得更複雜。你也看到了，迴圈的執行步驟在巢狀迴圈的範例裡大幅的增加，遠多於更前面的單層 for 迴圈。

雖然有時使用巢狀迴圈是解決問題的唯一方法，但過多的巢狀迴圈也會對程式的效能產生負面影響。

迴圈是一個很強大的工具，充分活用了電腦作為計算機器的最大優勢：可以任勞任怨的進行極大量的重複任務。

練習題

你可以在 https://www.flag.com.tw/bk/st/F3747 找到這些練習題的解答：

1. **寫一個 for 迴圈，用 range() 顯示整數 2 到 10，每個數字都獨立一行。**
2. **寫一個 while 迴圈，顯示整數 2 到 10。(提示：要先建立一個新的整數變數)。**
3. **寫一個 doubles() 函式，可以輸入一個數字，然後把數字加倍。再來在迴圈裡用 doubles() 把數字 2 加倍三次，每次的結果都單獨顯示一行。這是輸出的範例：**

```
4
8
16
```

6.5 挑戰：追蹤投資狀況

在這個挑戰，你會寫一個程式 invest.py，用來追蹤隨時間增加的投資金額。投資的初始存款稱為本金。存款每年會以固定百分比增加，稱為年化投資報酬率。

例如，本金是 100.00 元，年化投資報酬率是 5%，第一年就會增加 5.00 元存款，存款來到 105.00 元。第二年又會增加 105.00 元的 5%，也就是 5.25 元，讓存款總額達到 110.25 元。

寫一個函式，命名為 `invest`，設計三個參數：本金金額、年化投資報酬率和計算的年數。函式簽名可以參考：

```
def invest(amount, rate, years):
```

函式要顯示每年年底的存款總額，取整到小數點後兩位。

例如，呼叫 `invest(100, 1.05, 4)` 應該會顯示：

```
year 1: $105.00
year 2: $110.25
year 3: $115.76
year 4: $121.55
```

整個程式的功能是：提示使用者輸入本金金額、年化投資報酬率和年數，然後呼叫 `invest()` 來顯示用使用者的輸入來計算所得出的結果。

你可以在 https://www.flag.com.tw/bk/st/F3747 找到這個挑戰題的解答。

6.6 Python 的變數範圍

如果漏掉了**變數範圍**（**scope**），那我們在 Python 函式和迴圈的學習可以說是功虧一簣。

變數範圍是個比較難理解的程式設計概念，這一節我們只會做基本的介紹。

讀完這一節，你會了解變數範圍是什麼，還有為什麼變數範圍這麼重要。你還會學到**範圍解析**（**scope resolution**）的 LEGB 規則。

變數範圍是什麼？

在你把值指派給一個變數的時候，就是給這個值一個名稱。名稱是獨一無二的，例如你不能對同一個名稱指派兩個不同的數字：

```
>>> x = 2
>>> x
2
>>> x = 3
>>> x
3
```

把 3 指派給 x 之後，就不能再用名稱 x 來找回 2 這個值。這種結果也很合理，畢竟，如果變數 x 同時有 2 和 3 兩個值，那該怎麼計算 x + 2？結果是 4 還是 5？

不過，我們其實還是有辦法對同一個名稱指派兩個不同的值，只是需要耍一點小聰明。

在 IDLE 開啟一個新的編輯視窗，輸入這段程式：

```
x = "Hello, World"

def func():
    x = 2
    print(f"Inside 'func', x has the value {x}")

func()
print(f"Outside 'func', x has the value {x}")
```

在這個範例，變數 `x` 被指派了兩個不同的值：開頭的 `"Hello, World"` 還有 `func()` 裡面的 `2`。

程式碼的輸出像這樣，也許你會有點驚訝：

```
Inside 'func', x has the value 2
Outside 'func', x has the value Hello, World
```

呼叫 `func()` 後，`x` 的值應該被指派成 `2` 了才對，為什麼在最後 `x` 的值還會是 `"Hello, World"`？

答案是 `func()` 函式內部的程式碼和外部的程式碼具有不同的**變數範圍（scope）**。也就是說，在 `func()` 的內部和外部可以使用相同的名稱來指派不同的值，Python 有辦法把兩邊分開處理。

函式主體的變數範圍是**區域範圍（local scope）**，有自己的一組名稱可以使用。函式主體之外的程式碼則屬於**全域範圍（global scope）**。

可以想像變數範圍就像一張點名單一樣，裡面有一組名稱和對應的物件。當你在程式碼裡面使用特定名稱（例如變數或函式名稱），Python 就會像點名一樣，檢查目前的變數範圍，確認你點到的名稱是不是在名單上。

範圍解析

變數範圍有階層結構。舉例來說就像這樣：

```
x = 5

def outer_func():
    y = 3

    def inner_func():
        z = x + y
        return z

    return inner_func()
```

小提醒

inner_func() 在這裡是一個**內部函式（inner function）**，因為它是定義在另一個函式裡的。就像巢狀迴圈一樣，你也可以在函式裡定義其他函式！

你可以在 Real Python 網站上的文章 "Inner Functions—What Are They Good For?"（https://realpython.com/inner-functions-what-are-they-good-for/）閱讀關於內部函式的更多資訊。

變數 z 在 inner_func() 的區域範圍內，Python 執行 z = x + y 這一行的時候，就會在區域範圍裡尋找變數 x 和 y。發現找不到之後，Python 就會向外移動到 outer_func() 的範圍繼續尋找。這個範圍既不是真正的全域範圍，也不是 inner_func() 的區域範圍，而是介於兩者之間。因此我們把 outer_func() 的變數範圍稱為是 inner_func() 的**閉包範圍（enclosing scope）**。

變數 y 定義在 outer_func() 的變數範圍，被指派的值是 3。但是 x 不在這個範圍內，所以 Python 又一次向外移動到全域範圍，然後找到名稱 x，被指派的值是 5。現在名稱 x 和 y 都已經解析好了，Python 就可以執行 z = x + y，把 8 指派給 z。

LEGB 規則

LEGB 規則指的是 Python 解析變數範圍的順序，也就是 **L**ocal、**E**nclosure、**G**lobal、**B**uilt-in 的首字母縮寫。

我們來快速了解一下這 4 個變數範圍：

1. **區域範圍（Local）**：區域範圍指的就是 Python 直譯器當前的作業範圍，可以是一個函式的主體，也可以是全域範圍。
2. **閉包範圍（Enclosing）**：閉包範圍是在區域範圍外面一層的變數範圍，會隨著區域範圍的位置而跟著改變位置。如果目前的區域範圍是一個在函式內層的函式，那麼閉包範圍就是外面那層函式。如果區域範圍已經是最外層的函式，那閉包範圍就是全域範圍。
3. **全域範圍（Global）**：全域範圍是程式最外層的變數範圍，是固定不動的。所有在程式碼裡定義、但不在函式主體裡的名稱都包含在內。
4. **內建範圍（Built-in）**：內建範圍包含 Python 內建的所有名稱，像是關鍵字，或是 `round()` 和 `abs()` 這些函式。總而言之，不需要由你自己定義就可以使用的名稱都包含在內建範圍裡。

一開始弄不懂變數範圍的概念也是很正常的，不用太擔心，累積一些實作經驗之後自然就會比較能掌握了。

打破 LEGB 規則

想想看底下的程式碼會有什麼樣的輸出：

```
total = 0

def add_to_total(n):
    total = total + n
```

Next

```
add_to_total(5)
print(total)
```

你可能認為會輸出 5，對吧？請執行這個程式，看看會發生什麼事。

結果居然出現了一個意想不到的錯誤訊息：

```
Traceback (most recent call last):
  File "C:/Users/davea/stuff/python/scope.py", line 6, in <module>
    add_to_total(5)
  File "C:/Users/davea/stuff/python/scope.py", line 4, in add_to_total
    total = total + n
UnboundLocalError: local variable 'total' referenced before assignment
```

等一下！根據 LEGB 規則，Python 應該會先發現 `add_to_total()` 函式的區域範圍中沒有 `total` 這個名稱，然後就向外移動到全域範圍來解析名稱，對吧？

這裡發生的問題是在 `total = total + n` 這一行的等號左邊，程式想要把值指派給變數 `total`，於是就先在區域範圍裡建立了一個新的名稱。然後，當 Python 到等號的右邊做運算的時候，就會在區域範圍裡找到（剛剛才建立的）`total`，但這個 `total` 還沒有被指派任何值。

如此一來，就發生了「在賦值前存取」的錯誤（referenced before assignment）。

這種類型的錯誤很棘手，所以不管你在哪個變數範圍，最好都要讓變數和函式有個獨一無二的名稱。

這個問題還可以用 `global` 關鍵字來解決：

```
total = 0

def add_to_total(n):
    global total
    total = total + n
```

Next

```
add_to_total(5)
print(total)
```

這一次就得到了預期的輸出 5，但這是為什麼呢？

global total 這一行是告訴 Python，要在全域範圍尋找名稱 total。這樣一來，total = total + n 這一行就不會建立新的區域變數了。

儘管把程式順利「修好了」，但使用 global 關鍵字通常會被當成是很不好的程式設計習慣。

如果你用了 global 來解決像這樣的問題，最好還是停下來思考一下，是不是有更好的解決方式？很多時候，你會發現其實有其他更好的寫法！

6.7 摘要與額外資源

在這一章，你學會了程式設計中最重要的兩個概念：函式和迴圈。

首先，你學會定義自己的函式，函式由兩個部分組成：

1. **函式簽名**以 def 關鍵字開頭，裡面包含函式名稱和函式參數。
2. **函式主體**是每次使用函式會執行的程式碼。

用函式來設計可以重複使用的程式碼部件，就可以免去在整個程式裡重複寫類似程式碼的麻煩，還能讓你的程式碼更容易閱讀和維護。

然後你學了 Python 的兩種迴圈：

1. **while 迴圈**在給定條件成立的時候重複執行程式碼。
2. **for 迴圈**對一組物件裡的每個元素重複執行程式碼。

最後，你學到**變數範圍（scope）**，還有 Python 用來解析變數範圍的 LEGB 規則。

互動式測驗

這一章有免費的線上測驗，可以確認你的學習進度。你可以使用手機或電腦到這個網址進行測驗：**https://realpython.com/quizzes/pybasics-functions-loops/**

額外資源

想要了解更多內容，可以參考以下資源：

- Python "while" Loops (Indefinite Iteration)（https://realpython.com/python-while-loop/）
- Python "for" Loops (Definite Iteration)（https://realpython.com/python-for-loop/）

如果想進一步提升你的 Python 實力，歡迎查看：https://realpython.com/python-basics/resources/。

MEMO

尋找與修復程式碼錯誤

每個人都會犯錯——即使是經驗老到的工程師也會！

IDLE 很擅長找出語法錯誤（syntax error）和執行期錯誤（runtime error）（編註：可以複習 3.2 節）。不過還有第三種錯誤，就是你很可能已經遇過的**邏輯錯誤**（**logic error**）。邏輯錯誤就是指程式可以順利運行，但執行之後的結果卻不是你預期的結果。

邏輯錯誤會導致程式出現各種預料之外的行為，程式設計師通常把這種錯誤稱為 bug。去除程式的錯誤則稱為除錯，又叫 debug。而可以幫忙找出程式錯誤、釐清原因的工具就是除錯器，英文是 debugger。

尋找和修復程式碼的 bug 是你整個程式設計生涯都會用到的技能！

在這章你會學到：

- ▶ 使用 IDLE 的除錯控制視窗
- ▶ 用有程式錯誤的函式練習除錯

7.1 使用除錯控制視窗

IDLE 的除錯器主要操作介面是**除錯控制視窗（Debug Control window）**，我們接下來簡稱為除錯視窗。你可以從互動視窗的選單選擇 Debug → Debugger 來開啟除錯視窗。

每當除錯視窗開啟時，互動視窗都會在提示符號旁邊顯示 [DEBUG ON]，提示除錯器已經開啟。現在開啟一個新的編輯視窗，然後在螢幕上把這 3 個視窗排列成可以同時看到的樣子。

你在這一節會學到除錯視窗介面的用法、如何使用除錯器一次一行地測試程式碼，還有如何設置中斷點來加快除錯。

簡介除錯控制視窗

為了瞭解除錯器怎麼運作，我們從一個沒有任何錯誤的簡單程式開始。在編輯視窗輸入這些程式碼：

```
for i in range(1, 4):
    j = i * 2
    print(f"i is {i} and j is {j}")
```

儲存檔案，保持除錯視窗開啟，然後按 F5。

你會發現程式執行後馬上就停下來，而除錯視窗看起來會像這樣：

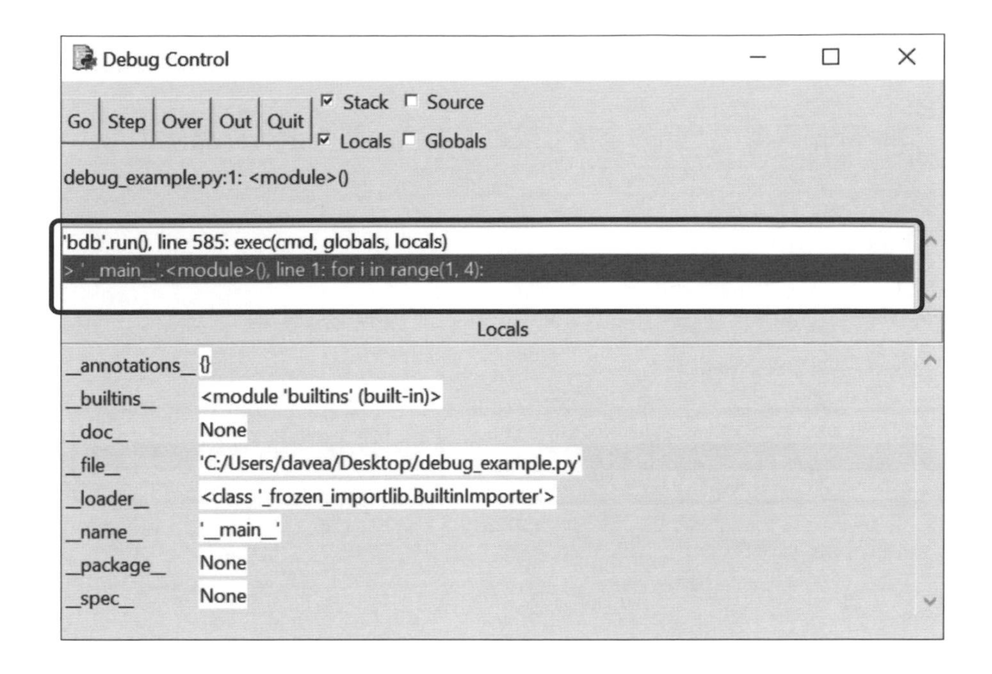

注意圖片中選取的藍底訊息：

```
> '__main__'.<module>(), line 1: for i in range(1, 4):
```

顯示這行訊息的區塊叫作 **Stack 區塊**，從這裡可以知道現在程式執行到哪裡了。像是這行訊息就告訴你，第 1 行（`for i in range(1, 4)`）即將執行，但還沒開始。訊息裡的 '__main__'.module() 表示你現在正在主程式的部分，不是其他地方，譬如主程式之外的某個函式裡。

Stack 區塊的下方是 **Locals 區塊**，裡面列出了一些看起來很奇怪的東西，例如 __annotations__、__builtins__、__doc__ 等等，這些是你目前可以先忽略的內部系統變數。你的程式在執行的時候，就會看到宣告的變數顯示在這裡，讓你可以持續確認變數的值。

除錯視窗的左上角有 5 個按鈕：Go、Step、Over、Out 和 Quit，這些按鈕可以用來控制除錯器在程式碼裡的移動方式。

接下來，我們會從 Step 開始研究每個按鈕的功能。

Step 按鈕

點擊除錯視窗左上角的 Step 按鈕，看看除錯視窗有什麼變化：

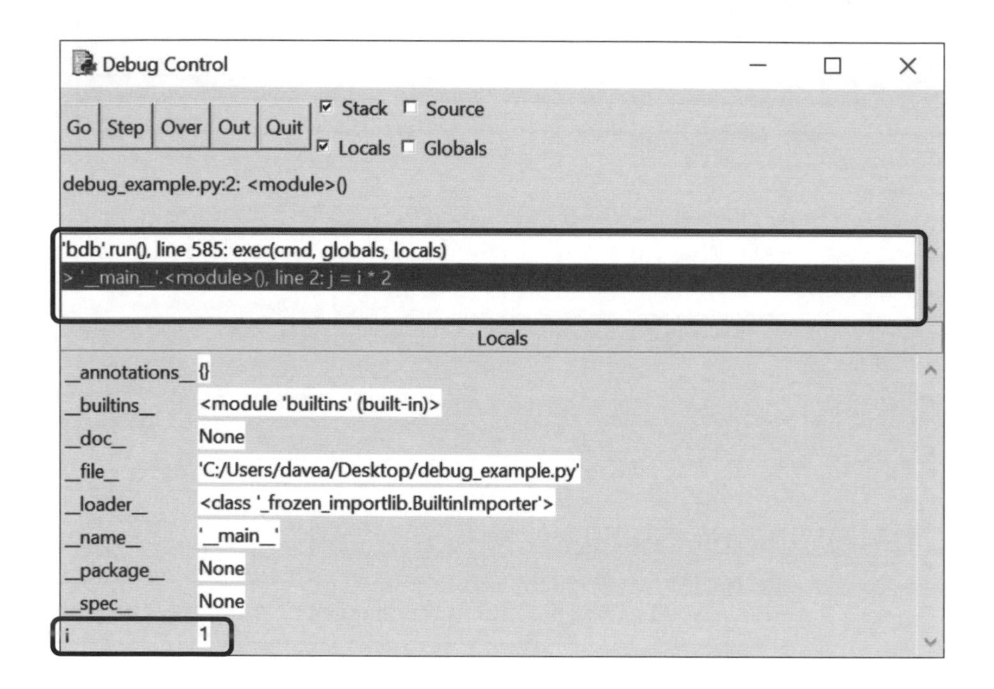

這裡有兩個變化要注意。首先，Stack 區塊的訊息變成這樣：

```
> '__main__'.<module>(), line 2: j = i * 2:
```

意思是，現在程式碼的第 1 行已經執行完了，除錯器停在執行第 2 行之前。

第二個要注意的變化是在 Locals 區塊，新變數 i 被指派了數字 1。這是因為 `for` 迴圈在第一行程式碼建立了變數 `i`，再把 `1` 指派給 `i`。

繼續點擊 Step 按鈕，就可以逐行瀏覽程式碼，同時觀察除錯器視窗發生的變化。你每次執行到 `print(f"i is {i} and j is {j}")` 這一行，就會在互動視窗看到一個輸出。

更重要的是，你可以追蹤 `i` 和 `j` 的值在 `for` 迴圈過程裡的增長。想想看這個功能在尋找程式的錯誤來源時多有幫助，了解每個變數值在每一行程式碼發生什麼變化，就能查明問題出在哪裡。

中斷點和 Go 按鈕

有時候，你可能會知道錯誤一定在程式碼的某個部分，只是不確定確切的位置。這種狀況就可以設定一個**中斷點（breakpoint）**，讓除錯器持續執行程式碼到中斷點的位置，這樣就不用一直點擊 Step 按鈕點到天荒地老。

除錯器會在中斷點暫停程式碼的執行，讓你可以查看程式的狀態。中斷點只是把程式暫停，不會真的中斷程式執行。

在編輯視窗裡找到要設定中斷點的那一行程式碼，點擊滑鼠右鍵，選擇 Set Breakpoint（Mac 使用者請按住 Ctrl 鍵，點擊要設定的那行程式碼），就可以設定中斷點。IDLE 會以黃色突顯那一行，表示中斷點已經設定。要移除中斷點的話，就在有中斷點的那一行點擊滑鼠右鍵，選擇 Clear Breakpoint。

現在先點擊除錯視窗上方的 Quit 按鈕，讓 debugger 停止運作。這不會把除錯視窗關閉，而且我們稍後就會再次使用，所以先保持開著就好。

接著，在 `print()` 那一行設定中斷點。編輯視窗看起來應該會像這樣：

```
for i in range(1, 4):
    j = i * 2
    print(f"i is {i} and j is {j}")
```

儲存檔案並執行。像之前一樣，除錯視窗的 Stack 區塊會顯示除錯器已經啟動，正在等待執行第 1 行。點擊 Go 按鈕，看看除錯視窗會發生什麼事：

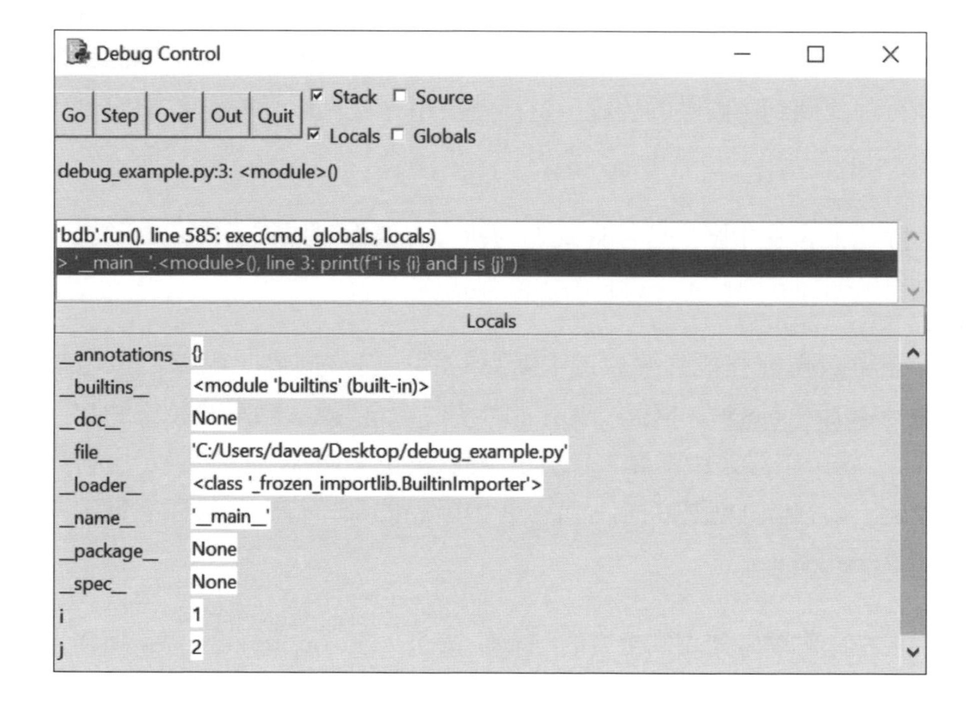

Stack 區塊現在顯示這行訊息，表示它正在等待執行第 3 行：

```
> '__main__'.<module>(), line 3: print(f"i is {i} and j is {j}")
```

在 Locals 區塊，你會看到變數 i 和 j 的值分別是 1 和 2。點擊 Go 按鈕，就是讓除錯器直接執行你的程式碼，直到遇到中斷點或程式結尾為止。現在再按一次 Go，除錯視窗看起來應該會像這樣：

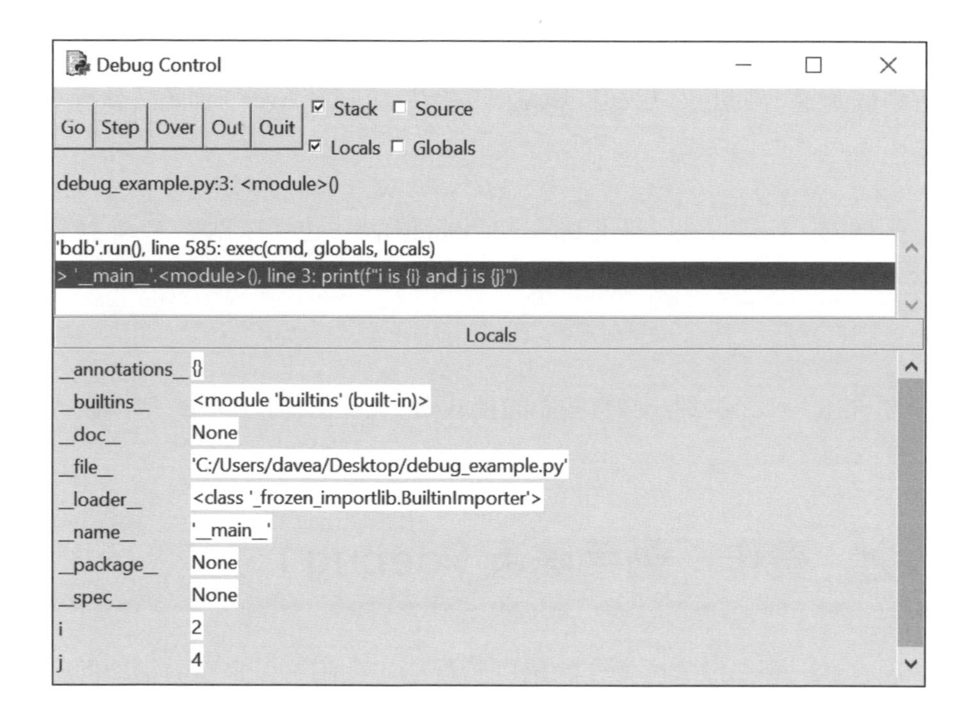

你有發現什麼改變嗎？Stack 區塊顯示的訊息和之前一樣，表示除錯器正在等待再次執行第 3 行。但是，變數 i 和 j 的值現在分別是 2 和 4，互動視窗也出現了 `print()` 在迴圈第一次執行時的輸出。

每次按下 Go 按鈕，除錯器都會繼續執行程式碼，直到下一個中斷點為止。因為你在 `for` 迴圈的第 3 行設定了中斷點，所以除錯器每次執行迴圈都會在這一行停止。

按下 Go 按鈕第三次，i 和 j 的值會分別變成 3 和 6。如果再按一次 Go 會發生什麼事呢？因為這個 `for` 迴圈只會執行 3 次，所以你再按下 Go 之後，程式就會執行完畢。

Over 按鈕與 Out 按鈕

Over 按鈕的功能有點像 Step 和 Go 的組合。Over 會一行一行執行程式，不過就算碰到迴圈或函式呼叫，也一樣會直接前進到下一行。也就是說，如果你不想要用 Step 進到（**step** into）一個函式的內部、一步一步執行整個函式，那就可以改用 Over 直接跳（jump **over**）到函式執行的結果。

同樣的，如果程式已經進到函式或迴圈內部，也可以點擊 Out 按鈕，把當下所在的函式主體或迴圈主體的剩餘部分一口氣執行完，然後暫停程式。

你會在下一節看到一些有問題的程式碼，學習使用 IDLE 來修復。

7.2 實作：動手除蟲（debug）

現在你已經知道怎麼操作除錯控制視窗，我們可以來看看需要除錯的程式了。

下面的程式碼定義了一個函式 `add_underscores()`，這個函式以一個字串作為引數，會在引數字串的每個字元前後加上底線，再把結果回傳。例如，`add_underscores("python")` 應該回傳 `"_p_y_t_h_o_n_"`。

這是有 bug 的程式碼：

```
def add_underscores(word):
    new_word = "_"
    for i in range(len(word)):
        new_word = word[i] + "_"
    return new_word

phrase = "hello"
print(add_underscores(phrase))
```

在編輯視窗輸入這份程式碼，儲存檔案再按 F5 執行程式。預期的輸出是 `_h_e_l_l_o_`，但你看到的結果卻只有 `o_`，也就是字母 o 加上一個底線。

如果你已經看到程式碼的問題所在，先不要修改錯誤。這一節的重點是用 IDLE 的除錯器來找出問題。

如果你沒有看出問題，那也不用擔心！你會在這一節找到 bug，同時學會找出其他程式碼的類似問題。

小提醒

除錯既困難又耗時，程式錯誤可能會很細微又很難找到。

雖然這節處理的是一個相對簡單的 bug，不過這些檢查程式碼和尋找錯誤的方法，在更複雜的問題也是相同的。

除錯就是解決問題，隨著經驗越來越豐富，你會發展出自己的方法。在這一節，我們會用簡單的 4 個步驟做為除錯的入門：

1. 猜測程式碼可能有錯的段落。
2. 設定中斷點，跳到猜測的段落，然後一次一行執行、檢查程式碼，同時在過程中注意重要變數的變化。
3. 找出有錯誤的程式碼，然後修改錯誤。
4. 重複步驟 1 到 3 直到程式跑出預期的結果。

步驟 1：猜測程式碼可能有錯的段落

第 1 個步驟是尋找可能有錯誤的程式碼區塊。一開始你可能無法準確找到錯誤在哪裡，但錯誤的位置通常有跡可循。

範例的這個程式分為兩個部分：一個函式的定義（定義了 add_underscores()）和一個主程式區塊（定義了一個變數 phrase，值為 "hello"，然後顯示出呼叫 add_underscores(phrase) 的結果）。

先來看主程式：

```
phrase = "hello"
print(add_underscores(phrase))
```

你認為問題可能出在這裡嗎？看起來不像，對吧？這兩行程式碼看起來都沒有錯。所以，問題一定出在函式定義上：

```
def add_underscores(word):
    new_word = "_"
    for i in range(len(word)):
        new_word = word[i] + "_"
    return new_word
```

函式主體的第一行程式碼建立了一個值為 "_" 的變數 new_word。這邊看起來也沒問題，所以你可以推測，問題出在 for 迴圈的某個地方。

步驟 2：設定中斷點，檢查程式碼

現在你定位出 bug 的位置了，在 for 迴圈的開始處設定一個中斷點，就可以用除錯視窗來準確追蹤程式碼內部的情況：

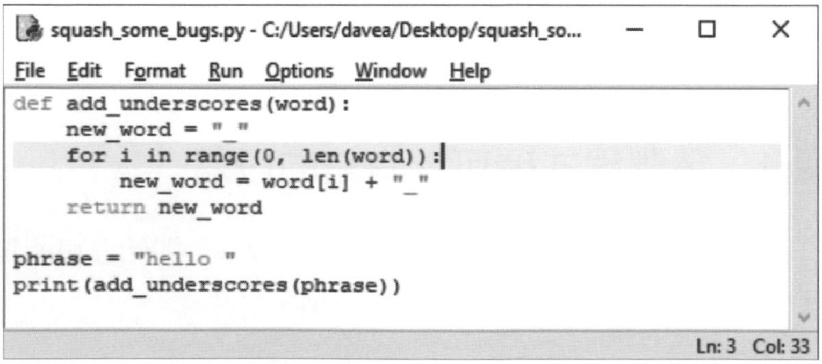

```
squash_some_bugs.py - C:/Users/davea/Desktop/squash_so...
File  Edit  Format  Run  Options  Window  Help
def add_underscores(word):
    new_word = "_"
    for i in range(0, len(word)):
        new_word = word[i] + "_"
    return new_word

phrase = "hello"
print(add_underscores(phrase))
Ln: 3  Col: 33
```

開啟除錯視窗，再執行檔案。程式的執行會停在第一行，也就是函式的定義。

點擊 Go 按鈕執行程式碼，直到遇到中斷點。除錯視窗看起來會像這樣：

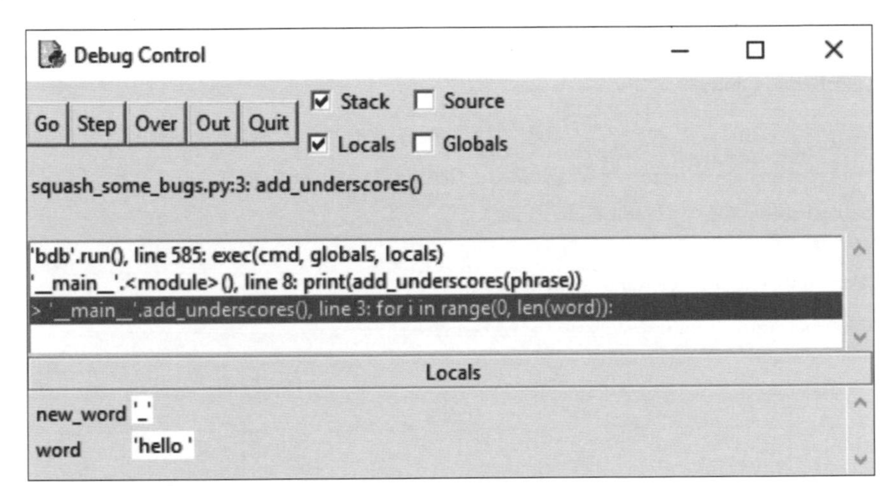

在這個當下，程式停在 `add_underscores()` 函式進入 `for` 迴圈之前。注意 Locals 區塊上顯示了兩個區域變數，`word` 和 `new_word`。目前正如預期，`word` 的值是 `"hello"`，`new_word` 的值是 `"_"`。

點擊 Step 進入 `for` 迴圈。除錯視窗有了變化：Locals 區塊顯示一個值是 `0` 的新變數 `i`：

i 是這個 for 迴圈使用的計數器，剛好可以用來追蹤現在的 for 迴圈是第幾次執行。

再次點擊 Step。在 Locals 區塊上，你會看到變數 new_word 的值變成 "h_"：

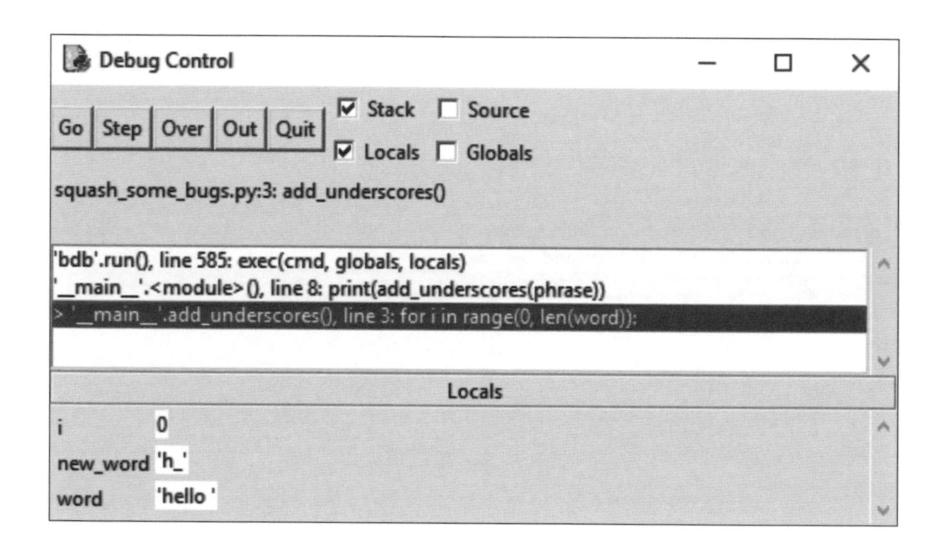

這個值是錯的。一開始 new_word 的值是 "_"，在 for 迴圈執行第二次之後，應該要變成 "_h_" 才對。如果你再點擊幾次 Step，你會看到 new_word 的值變成 e_，然後是 l_，像這樣依序變化。

步驟 3：找出錯誤，嘗試修改

整理到目前為止的進度可以知道，在 for 迴圈的每次執行之後，new_word 值會依序變成字串 "hello" 的某一個字元加一個底線。由於 for 迴圈裡只有一行程式碼，所以問題一定就出在這行程式碼：

```
new_word = word[i] + "_"
```

仔細看看這行程式碼，它取出 word 的下一個字元，在結尾加上一個底線，再把這個新字串指派給變數 new_word。這確實就是你在逐步執行 for 迴圈的時候看到的！

現在來解決這個問題，你要改成把字串 word[i] + "_" 串接到 new_word 現有的字串後面。現在在除錯視窗按 Quit，但不要關閉視窗。打開編輯視窗，然後把 for 迴圈的主體程式碼改成這樣：

```
new_word = new_word + word[i] + "_"
```

步驟 4：重複步驟 1 到 3 直到錯誤消失

儲存修改後的程式，然後再次執行程式。在除錯視窗按 Go 按鈕讓程式執行到中斷點。

小提醒

如果你沒有按下 Quit 按鈕就直接關閉除錯器的話，重新開啟除錯視窗的時候可能會看到這個錯誤：

```
You can only toggle the debugger when idle
```

完成除錯之後，要記得點擊 Go 或 Quit，不要直接關閉除錯器，不然重新開啟的時候就可能遇到這個問題。如果真的出現這個錯誤，試試看關閉再重新開啟 IDLE。

程式在 add_underscores() 函式要進入 for 迴圈之前暫停了。重複按 Step，觀察 new_word 變數在每次迴圈有什麼變化。這次成功了！一切都如預期執行！

你在第一次嘗試就成功修復錯誤了，不用再重複步驟 1 到 3。不過情況不會總是這麼順利。有時候，你需要在成功修復錯誤之前重複好幾次才行。

找出錯誤的另一種方法

使用除錯器可能既麻煩又耗時，但這是最嚴謹的除錯方法。然而，除錯器也不是隨處都有。一些資源不足的系統，例如小型物聯網設備，通常不會有內建的除錯器。

在這種情況下，你可以使用 **print 除錯法**來找出程式的錯誤。print 除錯法就是用 `print()` 在互動視窗顯示文字，用顯示的訊息來確認目前程式執行的位置和變數的狀態。

例如前面作為範例的錯誤程式，也可以在 `add_underscores()` 的 `for` 迴圈結尾多加入一行程式碼：

```
print(f"i = {i}; new_word = {new_word}")
```

更改後的程式碼看起來像這樣：

```
def add_underscores(word):
    new_word = "_"
    for i in range(len(word)):
        new_word = word[i] + "_"
        print(f"i = {i}; new_word = {new_word}")
    return new_word

phrase = "hello"
print(add_underscores(phrase))
```

執行這個程式，互動視窗會顯示這些輸出：

```
i = 0; new_word = h_
i = 1; new_word = e_
```

Next

```
i = 2; new_word = l_
i = 3; new_word = l_
i = 4; new_word = o_
o_
```

這樣就顯示了每次 for 迴圈執行之後的 new_word 的值。最後一行的 o_ 是因為程式結束時執行了 print(add_underscore(phrase))。

透過這樣的輸出，你就可以歸納出使用除錯視窗的時候得到的答案：new_word 的值在每次迴圈都會被重新指派。

Print 除錯法雖然有效，但跟除錯器相比之下有幾個缺點。首先，每次檢查變數的值都必須執行整個程式。比起使用中斷點，這可能會浪費很大量的時間。其次，你還要記得在除錯完之後，刪除那些用來除錯的 print() 程式碼！

編註：善用 3.5 節提到的**註解排除**，就可以避免執行時顯示出除錯用的訊息，也不用直接刪除 print() 的程式碼。未來需要除錯的話，只要解除註解就好，不需要再寫一次。

說個題外話，這一節用來當作示範的迴圈，雖然是說明除錯過程的一個好範例，但卻不是 Pythonic 程式碼的典範。比起用變數 i 當作索引，其實還有更好的迴圈設計方式。

其中一種改進方法是直接把 word 放進迴圈的成員運算式，像這樣：

```
def add_underscores(word):
    new_word = "_"
    for letter in word:
        new_word = new_word + letter + "_"
    return new_word
```

把現有的程式碼改寫得更清晰、更容易閱讀和理解、或更符合團隊設定的標準，這樣的過程稱為**重構（refactoring）**。我們不會在這本書對重構做太多討論，但這是設計專業級程式碼的重要過程。

7.3 摘要與額外資源

在這章，你學會使用 IDLE 的除錯視窗。你學到檢查變數的值、插入中斷點還有使用 Step、Go、Over 和 Out 按鈕。

你還練習了用 4 個步驟來尋找和修復函式裡的錯誤：

1. 猜測程式碼可能有錯的段落。
2. 設定中斷點，檢查程式碼。
3. 找出錯誤，嘗試修改。
4. 重複步驟 1 到 3 直到錯誤消失。

除錯既是一門科學，也是一種藝術。要掌握除錯的技巧，唯一的方法是大量練習！

其中一種練習，就是在你進行這本書後續的練習題和挑戰題時都開啟除錯控制視窗，使用除錯器來逐步檢查你的程式碼。

互動式測驗

這一章有免費的線上測驗，可以確認你的學習進度。你可以使用手機或電腦到這個網址進行測驗：**https://realpython.com/quizzes/pybasics-debugging/**

額外資源

想要了解更多內容，可以參考以下資源：

- Python Debugging With Pdb（文章）（https://realpython.com/python-debugging-pdb/）

- Python Debugging With Pdb（課程影片）（https://realpython.com/courses/python-debugging-pdb/）

如果想進一步提升你的 Python 實力，歡迎查看：https://realpython.com/python-basics/resources/。

MEMO

條件邏輯和流程控制

到目前為止，你在這本書看到的程式碼幾乎都會按照前後順序或函式的呼叫來執行，至於在迴圈裡的程式碼可能就會重複執行。

在這章，你會學習使用**條件邏輯**（conditional logic），設計根據不同條件執行不同運算的程式。把條件邏輯結合函式和迴圈，寫出的程式就可以處理各種不同的複雜情況。

在這章你會學到：

- 比較不同變數的值
- 設計 `if` 條件式來控制程式的流程
- 用 `try` 和 `except` 來處理例外狀況
- 用條件邏輯做出簡單的模擬程式

8.1 數值比較

條件邏輯的基礎是依據一種特別的運算式，也就是**條件式**（**conditional**）的運算結果，來執行不同的操作。這樣的概念不只會在電腦上使用，在日常生活中就充斥著各種條件邏輯的判斷。

例如，在台灣購買酒類的合法年齡是 18 歲。「如果你年滿 18 歲，那麼你就可以購買啤酒」這句話就是一種條件邏輯。「你年滿 18 歲」這個子句是一個條件式，因為這設下了一個條件：年齡必須是 18 歲或更大。這個條件可能成立、也可能不成立。在邏輯或數學領域，我們會說成立的條件式是**真**（**true**）、不成立的條件式是**假**（**false**）。

在程式設計中，條件式的形式通常會是比較兩個值，例如比較一個值是不是大於另一個值，或比較兩個值是不是相等。Python 裡有一組用來比較兩個值的符號叫作**布林比較算符**（**Boolean comparator**），其中大部分的符號你應該都不陌生。

布林比較算符	舉例	意義
>	a > b	a 大於 b
<	a < b	a 小於 b
>=	a >= b	a 大於等於 b
<=	a <= b	a 小於等於 b
!=	a != b	a 不等於 b
==	a == b	a 等於 b

Boolean 一詞源自英國數學家喬治．布爾（George Boole），他的著作為現代計算奠定了基礎。為了紀念布爾，條件邏輯也稱為**布林邏輯**（**Boolean logic**），條件式也稱為**布林運算式**（**Boolean expression**）。

還有一種基本資料型別就叫**布林型別（Boolean）**，在程式裡會簡稱為 `bool`。布林型別只有兩種值，也就是代表條件式運算結果的「真」和「假」，在 Python 寫成 `True` 和 `False`：

```
>>> type(True)
<class 'bool'>
>>> type(False)
<class 'bool'>
```

注意 `True` 和 `False` 的第一個字母都是大寫。

條件式運算的結果也都是布林值：

```
>>> 1 == 1
True
>>> 3 > 5
False
```

在第一個範例，因為 1 等於 1，所以 `1 == 1` 的結果是 `True`。在第二個範例，3 沒有大於 5，所以 `3 > 5` 的結果是 `False`。

編註：可以回頭複習一下 4.3 節的 `.startswith()` 和 `.endswith()` 字串方法，回傳的值就是布林值。

重要事項

設計條件式的一個常見錯誤是把比較算符 ==（兩個等號）寫成賦值算符 =（一個等號）。

還好 Python 在遇到這個錯誤的時候會提醒有語法錯誤，所以你在執行程式之前就會發現問題。

你也可以把布林比較算符想成是在「詢問」關於兩個值的問題。像 `a == b` 就是詢問這兩個值是不是相等，`a != b` 就是詢問這兩個值是不是不同。

條件運算式不只能用來比較數字，也可以用來比較其他的型別，像是字串：

```
>>> "a" == "a"
True
>>> "a" == "b"
False
>>> "a" < "b"
True
>>> "a" > "b"
False
```

你可能會覺得上面的最後兩個例子有點怪。一個字串怎麼可能大於或小於另一個字串？

在比對數字的時候，比較算符 `<` 和 `>` 確實是表示小於和大於，不過廣義來說，其實是表示順序的概念，也就是要比較「哪一個排在前面」。所以說，`"a" < "b"` 也是檢查字串 `"a"` 是不是排序在字串 `"b"` 的前面，但是字串要怎麼排序呢？

Python 的字串是按照字**典序**（**lexicographic**）排列的，你可以把 `"a" < "b"` 看成是在問「小寫字母 a 在字典裡是否排序在小寫字母 b 之前」。

編註：和英文字典不同的是，電腦程式字典序的小寫字母全部都排在大寫字母後面。也就是說 `"Z" < "a"` 會是 `True`，大寫字母一律小於小寫字母。另外，字串裡的數字又一律小於字母。

超過一個字元的字串也可以比較字典序。就像字典的編排一樣，字串裡的每個字母會被依序拿來比較。如果第 1 個字母相同就會比較第 2 個、第 2 個也相同的話就比較第 3 個，以此類推；如果一個字串完全等於另一個字串的開頭，那短的字串會排在前面：

```
>>> "compare" < "comparison"
True
>>> "Python" < "Pythonic"
True
```

字串內容還可以有英文字母以外的字元，所以其他字元也當然可以排序。每個字元都會有一個對應的數字，稱為 **Unicode 碼位**（**Unicode code point**；https://zh.wikipedia.org/wiki/ 碼位）。Python 比較兩個字元之前，會先把字元轉換成碼位的數字，再來比較這兩個數字的大小。

我們不會更深入討論 Unicode 碼位。雖然比較算符可以比較字串的順序，不過實務上多半還是只會用來比較數字的大小。

練習題

你可以在 https://www.flag.com.tw/bk/st/F3747 找到這些練習題的解答：

1. **先猜猜看以下每個條件運算式的結果是 `True` 還是 `False`，然後輸入到互動視窗，檢查是否正確：**
   - `1 <= 1`
   - `1 != 1`
   - `1 != 2`
   - `"good" != "bad"`
   - `"good" != "Good"`
   - `123 == "123"`

⬇

2. **在每個運算式的空白處(以 __ 表示)填入適當的布林比較算符,讓運算式的結果為 `True`:**

- `3 __ 4`
- `10 __ 5`
- `"jack" __ "jill"`
- `42 __ "42"`

8.2 邏輯算符

除了布林比較算符外,Python 還有稱為**邏輯算符(logical operator)**的特殊關鍵字,可以組合成布林運算式。邏輯算符有 3 個:`and`、`or` 和 `not`。

邏輯算符通常會用來組成複合的邏輯運算式。雖然這些算符在 Python 裡有很精確的使用規則,但在大多數情況下,用法都和英文字面上的含義很接近。

and 算符

這裡先來介紹第一個邏輯算符 `and`,字面上的意思就是「且」。先看看這些陳述:

1. 貓有四隻腳
2. 貓有尾巴

一般來說,這兩個陳述都是「真」的。

我們使用「且」來組合這兩個陳述之後，產生的新陳述「貓有四隻腳且有尾巴」也是「真」的。如果兩個陳述都是反過來的「假」陳述的話，結合起來的結果「貓沒有四隻腳且沒有尾巴」也會是假的。

就算兩個陳述之中，一個是「真」，另一個是「假」，用「且」組合的陳述也還是「假」的。「貓有四隻腳且沒有尾巴」、「貓沒有四隻腳且有尾巴」兩個陳述都是「假」陳述。

總而言之，兩個陳述甲、乙用「且」組合之後，如果甲、乙各自都是「真」，那組合出來的「甲且乙」也會是「真」；而且也只有在甲和乙分別也是「真」的狀況下，組合的「甲且乙」才會是「真」的。

Python 的 `and` 算符運算結果也完全一樣。下面是 4 個用 `and` 組合的條件運算式：

兩個條件式都是 `True`，組合的結果也是 `True`。

```
>>> 1 < 2 and 3 < 4  # 兩者都是 True
True
```

兩個條件式都是 `False`，組合的結果也是 `False`。

```
>>> 2 < 1 and 4 < 3  # 兩者都是 False
False
```

`1 < 2` 是 `True`，但 `4 < 3` 是 `False`，組合的結果是 `False`。

```
>>> 1 < 2 and 4 < 3  # 第二個條件式是 False
False
```

`2 < 1` 是 `False`，`3 < 4` 是 `True`，組合的結果是 `False`。

```
>>> 2 < 1 and 3 < 4  # 第一個條件式是 False
False
```

下表是 and 算符規則的整理：

and 組合	結果
True and True	True
True and False	False
False and True	False
False and False	False

你可以在互動視窗測試這些規則：

```
>>> True and True
True
>>> True and False
False
>>> False and True
False
>>> False and False
False
```

or 算符

or 的意思是「或」，我們在日常對話使用「或」這個詞的時候，常常是「互斥」的意思。例如「留下來，或者我跟你走」就是互斥的，因為不可能既留下來又跟對方走，兩個選項不可能都是「真」。

不過 Python 的 or 算符就不是互斥的。也就是說，按照 Python 的規則的話，只要滿足下面任何一個條件，那「甲或乙」就會是「真」：

1. 甲是「真」。
2. 乙是「真」。
3. 甲和乙兩個都是「真」。

我們來看看寫成程式碼的範例：

```
>>> 1 < 2 or 3 < 4  # 兩者都是 True
True
>>> 2 < 1 or 4 < 3  # 兩者都是 False
False
>>> 1 < 2 or 4 < 3  # 第二個條件式是 False
True
>>> 2 < 1 or 3 < 4  # 第一個條件式是 False
True
```

只要條件式的一部分是 `True`，就算另一部分是 `False`，結果也一樣是 `True`。

下表是 Python 的 `or` 算符規則整理：

or 組合	結果
True or True	True
True or False	True
False or True	True
False or False	False

你一樣可以在互動視窗測試這些規則：

```
>>> True or True
True
>>> True or False
True
>>> False or True
True
>>> False or False
False
```

not 算符

not 算符會反轉一個運算式的布林值：

not 組合	結果
not True	False
not False	True

你可以在互動視窗測試這些規則：

```
>>> not True
False
>>> not False
True
```

但是要記得，not 和 == 之類的比較算符結合使用的時候，結果可能不會很直觀。例如，not True == False 會傳回 True，但 False == not True 卻會引發例外訊息：

```
>>> not True == False
True
>>> False == not True
SyntaxError: invalid syntax
```

這是因為 Python 會根據算符的順位（operator precedence；https://docs.python.org/3/reference/expressions.html#operator-precedence）來處理邏輯算符，就像數學運算的加減乘除有優先順序一樣。

下表是邏輯算符和布林算符從高到低的優先順序，同一排的算符有相同的順位。

算符順位（由高至低）
<, <=, ==, >=, >
not
and
or

再回來看看運算式 `False == not True`。因為 `not` 的順位低於 `==`，所以 Python 會優先運算 `False == not`，這顯然是不合語法的。

你可以用括號把 `not True` 括起來，避免 SyntaxError：

```
>>> False == (not True)
True
```

用括號把運算式分組，就可以很有效率的區分哪些算符要組成哪些運算式。就算是不需要括號也可以正常運作的條件運算式，加上括號之後也會更好閱讀。

建構複雜運算式

你可以把 `and`、`or`、`not` 這些邏輯算符和 `True`、`False` 組合起來，建構更複雜的運算式。這是一個比較複雜的運算式：

```
True and not (1 != 1)
```

你覺得這個運算式的最終結果是什麼？

這個式子可以從最右側開始分解。`1 != 1` 是 `False`，因為 `1` 和自己相同，所以你可以把運算式簡化成這樣：

```
True and not (False)
```

再來，not (False) 就等於 not False，就是 True，所以你可以再次簡化：

```
True and True
```

最後，True and True 就是 True。經過幾步運算之後，你可以得出 True and not (1 != 1) 的運算結果是 True。

在處理複雜的運算式的時候，最好的策略是從運算式最複雜的部分開始，然後逐步向外分析。

再試試這個運算式：

```
("A" != "A") or not (2 >= 3)
```

首先分析括號裡的兩個運算式。因為 "A" 跟 "A" 相等，所以 "A" != "A" 是 False。再來 2 >= 3 也是 False，代換之後就能得出更簡單的運算式：

```
(False) or not (False)
```

not 的順位高於 or，所以這個運算式可以再改成：

```
False or (not False)
```

not False 就是 True，所以可以進一步簡化：

```
False or True
```

最後，or 的其中一側是 True 的時候，運算結果就會是 True，所以可以得出 ("A" != "A") or not (2 >= 3) 是 True。

用括號把複合條件式裡的運算式分組，可以大大提高解讀效率。有時候也會必須用括號才能產生本來想要的值。

例如，大多數人在乍看之下會認為這個運算式的結果是 `True`，但實際上的結果卻會是 `False`：

```
>>> True and False == True and False
False
```

結果是 `False` 的原因是 `==` 運算符的順位高於 `and`，所以 Python 把運算式解析成 `True and (False == True) and False`。`False == True` 是 `False`，所以就相當於 `True and False and False`，結果就是 `False`。

加上括號就可以讓運算式的結果變成 `True`：

```
>>> (True and False) == (True and False)
True
```

第一次遇到邏輯算符和布林比較算符的時候，可能會感到很困難，所以如果你覺得這節的內容不太符合你的第一直覺，也不需要擔心！多做一些練習之後，你就會理解其中的原理，也能在需要的時候建構自己的複合條件式。

練習題

你可以在 https://www.flag.com.tw/bk/st/F3747 找到這些練習題的解答：

1. **先自己計算這些運算式的結果 (`True` 或 `False`)，然後在互動視窗檢查你的答案：**
   - `(1 <= 1) and (1 != 1)`
   - `not (1 != 2)`
   - `("good" != "bad") or False`
   - `("good" != "Good") and not (1 == 1)`

2. **在每個運算式加上需要的括號，讓計算結果變成 True：**

- False == not True
- True and False == True and False
- not True and "A" == "B"

8.3 控制程式的流程

現在你會用布林比較算符來比較各種值，也會用邏輯算符來建構複雜的條件式，就可以在程式碼針對不同的條件執行不同運算了。

if 敘述

`if` 敘述會讓 Python 只在滿足特定條件的時候才執行某個部分的程式碼。

例如，如果條件式 `2 + 2 == 4` 是 `True`，這段 `if` 敘述就會輸出「二加二等於四」：

```
if 2 + 2 == 4:
    print("二加二等於四")
```

用文字表達的話就是：「如果 2 加 2 等於 4 的話，就顯示『二加二等於四』」。

就像 `while` 迴圈一樣，`if` 敘述也分成 3 個部分：

1. `if` 關鍵字
2. 測試條件，後面加上冒號
3. 縮排的程式區塊，如果測試條件是 `True` 就會執行

上面例子的測試條件是 `2 + 2 == 4`。這個測試條件是 `True`，所以在 IDLE 視窗執行 `if` 敘述後，就會顯示「二加二等於四」。

如果測試條件是 `False`（例如，`2 + 2 == 5`），那 Python 就會跳過縮排的程式區塊，繼續執行下一行沒有縮排的程式碼。

例如，這段 `if` 敘述就不會輸出任何內容：

```
if 2 + 2 == 5:
    print("我們來到了另一個世界嗎？")
```

2 + 2 等於 5 的世界真的是有點奇怪！

小提醒

如果漏掉 `if` 敘述測試條件後面的冒號，會引發 SyntaxError：

```
>>> if 2 + 2 == 4
SyntaxError: expected ':'
```

只要執行完 `if` 敘述的縮排程式碼區塊，Python 就會立刻繼續執行後面的程式碼。

例如這段程式碼：

```
grade = 95

if grade >= 70:
```

Next

```
    print("你及格了！")

print("謝謝你的參與。")
```

輸出看起來會像這樣：

```
你及格了！
謝謝你的參與。
```

因為 `grade` 是 95，所以測試條件 `grade >= 70` 是 `True`，然後會輸出字串 "你及格了！"。接著 Python 繼續執行剩下的程式碼，輸出字串 "謝謝你的參與。"。

如果把 `grade` 的值更改成 40，輸出就會變成：

```
謝謝你的參與。
```

不管 `grade` 有沒有大於等於 70，都會執行 `print("謝謝你的參與。")`，因為這段放在 `if` 敘述的縮排程式區塊後面。

被當掉的學生只會看到「謝謝你的參與。」，不會知道自己被當了。所以我們增加另一個 `if` 敘述來告訴成績低於 70 分的學生，他們沒有通過考試：

```
grade = 40

if grade >= 70:
    print("你及格了！")

if grade < 70:
    print("你沒有通過考試 :(")

print("謝謝你的參與。")
```

輸出現在看起來像這樣：

```
你沒有通過考試 :(
謝謝你的參與。
```

不過在口語上，我們不太會連著說兩次「如果(if)」。我們會說「如果」怎麼樣，「那就」怎麼樣，「要不然」就怎麼樣。譬如，「如果成績在 70 分以上，那就會及格，要不然就是被當掉。」

還好，在 Python 也有類似的語法可以讓程式更精簡。

else 關鍵字

`else` 關鍵字用在 `if` 敘述的後面，在 `if` 敘述的測試條件是 `False` 的時候，就會執行另外一段程式碼。

用 `else` 來縮短計算學生是否及格的程式碼：

```
grade = 40

if grade >= 70:
    print("你及格了！")

else:
    print("你沒有通過考試 :(")

print("謝謝你的參與。")
```

這段 `if` 和 `else` 敘述的意思就是：如果分數有至少 70 分，那就顯示「你及格了！」；要不然就顯示「你沒有通過考試 :(」；最後不管分數怎麼樣，都顯示「謝謝你的參與。」

要注意 `else` 關鍵字沒有測試條件，還有後面也要有一個冒號。因為只要 `if` 敘述的測試條件沒通過就會執行 `else` 敘述，所以不需要另外的測試條件。

重要事項

把 else 關鍵字後面的冒號去掉會產生 SyntaxError：

```
>>> if 2 + 2 == 5:
...     print("Who broke my math?")
... else
SyntaxError: expected ':'
```

剛才的例子會輸出：

```
你沒有通過考試 :(
謝謝你的參與。
```

執行完 else 後面的縮排程式區塊之後，Python 還是會執行 print(" 謝謝你的參與。")。

在你的條件式只有兩個狀態的時候，只用 if 和 else 就可以處理得很好。不過有時候你會需要檢測三個以上的狀態，這時就該用上 elif 了。

elif 關鍵字

elif 關鍵字是 else if 的縮寫，可以在 if 敘述後面增加額外的條件。

就像 if 敘述一樣，elif 敘述由 3 個部分組成：

1. elif 關鍵字
2. 測試條件，後面加上冒號
3. 縮排的程式區塊，如果測試條件是 True 就會執行

重要事項

把 `elif` 關鍵字後面的冒號去掉，會產生 SyntaxError：

```
>>> if 2 + 2 == 5:
...     print("Who broke my math?")
... elif 2 + 2 == 4
SyntaxError: expected ':'
```

這個程式結合了 `if`、`elif` 和 `else` 來輸出學生在課堂的成績評等：

```
grade = 85  #1

if grade >= 90:  #2
    print("你的成績是 A。")
elif grade >= 80:  #3
    print("你的成績是 B。")
elif grade >= 70:  #4
    print("你的成績是 C。")
else:  #5
    print("你沒有通過考試 :(")

print("謝謝你的參與。")  #6
```

分數是 85 的時候，測試條件 `grade >= 80` 和 `grade >= 70` 都會是 `True`，你可能覺得程式碼的 `#3` 和 `#4` 兩個 `elif` 程式區塊都會執行。

但是實際執行的其實只有第一個測試條件是 `True` 的程式區塊，其他的 `elif` 和 `else` 的程式區塊都會跳過。這個程式的輸出會是：

```
你的成績是 B。
謝謝你的參與。
```

我們來一步一步分析這段程式碼：

1. 在 #1 把值 85 指派給 grade。

2. grade >= 90 是 False，所以就略過 #2 的 if 敘述。

3. grade >= 80 是 True，所以執行 #3 的 elif 敘述的程式區塊，輸出 " 你的成績是B 。"。

4. 因為 #3 的 elif 測試條件已經符合，#4 的 elif 和 #5 的 else 敘述就直接略過。

5. 最後，執行 #6 的程式，輸出 " 謝謝你的參與。"。

if、elif 和 else 是 Python 特別常用的關鍵字，可以寫出針對不同條件做出不同反應的程式碼。

比起沒有使用條件邏輯的程式碼，用 if 敘述可以解決複雜很多的問題。你甚至可以在一個 if 敘述裡加入另一個 if 敘述，設計結構極其複雜的程式碼！

巢狀 if 敘述

就像 for 和 while 迴圈可以一層套一層，你也可以把 if 敘述套在另一個 if 敘述裡，建立複雜的分支選項結構。這種層層加疊的 if 敘述就是巢狀 if 敘述。

試想這樣的場景。兩個人進行一對一的比賽，你要根據他們的分數和他們參加的運動來決定哪一位獲勝：

- 如果是打籃球，那分數高的人獲勝。
- 如果是打高爾夫球，那分數(桿數)低的人獲勝。
- 不論哪一項運動，如果分數相等，兩人就平手。

這個程式把上述的條件寫成巢狀 if 敘述：

```
sport = input("輸入運動類型：")
p1_score = int(input("輸入一號選手的分數："))
p2_score = int(input("輸入二號選手的分數："))

#1
if sport == "籃球":
    if p1_score == p2_score:
        print("雙方平手。")
    elif p1_score > p2_score:
        print("一號選手獲勝。")
    else:
        print("二號選手獲勝。")
#2
elif sport == "高爾夫球":
    if p1_score == p2_score:
        print("雙方平手。")
    elif p1_score < p2_score:
        print("一號選手獲勝。")
    else:
        print("二號選手獲勝。")
#3
else:
    print("請輸入籃球或高爾夫球。")
```

這個程式會先要求使用者輸入一項運動和兩人的得分。#1 的 if 敘述會在 sport 等於 "籃球" 時執行。根據題目設定，如果雙方得分相同，比賽就是平手，否則得分較高的選手獲勝。

#2 的 elif 敘述會在 sport 等於 "高爾夫球" 的時候執行，如果雙方得分相同，比賽就平手，不然就是得分低的選手獲勝。

#3 的 else 敘述在 sport 不等於 "籃球" 也不等於 "高爾夫球" 的時候執行，這時候會顯示 "請輸入籃球或高爾夫球。"。

這個程式的輸出會隨輸入的值改變。這是輸入 "籃球" 的示範：

```
輸入運動類型： 籃球
輸入一號選手的分數： 75
輸入二號選手的分數： 64
一號選手獲勝。
```

這是有相同球員得分但運動變成 " 高爾夫球 " 的輸出：

```
輸入運動類型： 高爾夫球
輸入一號選手的分數： 75
輸入二號選手的分數： 64
二號選手獲勝。
```

如果你在一開始輸入籃球或高爾夫球以外的任何內容，程式就會顯示 " 請輸入籃球或高爾夫球。"。

總共有 7 種可能的程式運行過程：

運動類型	比賽結果
籃球	p1_score == p2_score
籃球	p1_score > p2_score
籃球	p1_score < p2_score
高爾夫球	p1_score == p2_score
高爾夫球	p1_score > p2_score
高爾夫球	p1_score < p2_score
其他	任何比賽結果

巢狀 `if` 敘述讓程式碼多了很多可能的執行路徑。如果放了很多層的巢狀 `if` 敘述，那程式碼可以執行的路線會增加得非常迅速。

小提醒

使用越多層巢狀 `if` 敘述會讓程式變得越複雜，也會越難預測程式在特定條件下的行為。

也因此，通常不建議過度使用巢狀 `if` 敘述。

我們來看看怎麼簡化前面程式的巢狀 if 敘述。

首先，無論是哪一種運動，如果 p1_score 等於 p2_score 就會平手。所以我們可以從兩個運動的巢狀 if 敘述裡，把相等的檢查移到外面，做成一個 if 敘述：

```
if p1_score == p2_score:
    print("雙方平手。")

elif sport == "籃球":
    if p1_score > p2_score:
        print("一號選手獲勝。")
    else:
        print("二號選手獲勝。")

elif sport == "高爾夫球":
    if p1_score < p2_score:
        print("一號選手獲勝。")
    else:
        print("二號選手獲勝。")

else:
    print("請輸入籃球或高爾夫球。")
```

現在程式只剩 6 種執行路徑了。

6 種還是很多，你能想出別的簡化方式嗎？

這裡還有一種。一號選手只要滿足以下其中一個條件，就可以獲勝：

1. sport 是 "籃球" 而且 p1_score 大於 p2_score。
2. sport 是 "高爾夫球" 而且 p1_score 小於 p2_score。

我們可以用複合條件運算式來描述這兩個條件：

```
p1_wins_basketball = (sport == "籃球") and (p1_score > p2_score)
p1_wins_golf = (sport == "高爾夫球") and (p1_score < p2_score)
p1_wins = p1_wins_basketball or p1_wins_golf
```

這段程式碼寫得有點擁擠，我們把各個部份分開來仔細查看一下。

第一行的結構看起來可能有點奇怪。先是有一個賦值算符（=），之後是一個複合條件式。這行程式碼會計算這個複合條件式，再把計算結果指派給 p1_wins_basketball 變數：

```
(sport == "籃球") and (p1_score > p2_score)
```

如果 sport 是 "籃球" 而且 p1_score 的分數大於 p2_score，那 p1_wins_basketball 就會是 True。

接下來對 p1_wins_golf 那一行進行類似的運算。如果 sport 是 "高爾夫球" 而且 p1_score 小於 p2_score，那 p1_wins_golf 就是 True。

最後，如果一號選手贏得其中一個比賽，那 p1_wins 就是 True，要不然就是 False。

這樣的程式碼大大簡化了流程：

```
if p1_score == p2_score:
    print("The game is a draw.")
elif (sport == "籃球") or (sport == "高爾夫球"):
    p1_wins_basketball = (sport == "籃球") and (p1_score > p2_score)
    p1_wins_golf = (sport == "高爾夫球") and (p1_score < p2_score)
    p1_wins = p1_wins_basketball or p1_wins_golf
    if p1_wins:
        print("一號選手獲勝。")
    else:
        print("二號選手獲勝。")
else:
    print("請輸入籃球或高爾夫球。")
```

這個修訂版程式的執行路徑只有 4 種，而且程式碼也更好理解。

巢狀 `if` 敘述有時候還是有必要的，但是如果你發現自己已經寫了大量的巢狀 `if` 敘述，那麼建議還是停下來思考一下怎麼簡化程式碼比較好。

練習題

你可以在 https://www.flag.com.tw/bk/st/F3747 找到這些練習題的解答：

1. **寫一個程式，先讓使用者用函式 `input()` 輸入一個單詞，再來比較這個單詞的長度和數字 5，最後依據比較結果顯示其中一個輸出：**

- "你輸入的字串長度大於 5"
- "你輸入的字串長度小於 5"
- "你輸入的字串長度等於 5"

2. **寫一個程式，顯示 "我想的數字介於 1 到 10 之間，猜猜看。" 然後用函式 `input()` 讓使用者輸入一個數字。如果使用者輸入數字 3，程式就顯示 "你贏了！" 如果輸入其他數字，就顯示 "你輸了。"。**

8.4 挑戰：因數分解

正整數 n 的因數是指任何小於或等於 n 而且能被 n 整除的正整數。例如 3 是 12 的因數，因為 12 除以 3 得 4，沒有餘數。但是 5 不是 12 的因數，因為 12 除以 5 得 2，餘數為 2。

寫一個 factor.py 程式，讓使用者輸入一個正整數，然後輸出這個數字的因數。這是範例程式輸出的結果：

```
Enter a positive integer: 12
1 is a factor of 12
2 is a factor of 12
3 is a factor of 12
4 is a factor of 12
6 is a factor of 12
12 is a factor of 12
```

提示：可以複習第 5 章的 % 算符，% 算符可以取兩數相除的餘數。

你可以在 https://www.flag.com.tw/bk/st/F3747 找到這個挑戰題的解答。

8.5 跳脫迴圈

你在第 6 章學過使用 for 或 while 迴圈來重複執行程式區塊。迴圈在執行重複性任務或是用固定方式處理不同輸入的時候都很好用。

在這一節，你會學到在 for 迴圈裡加入 if 敘述。你還會學到兩個關鍵字，break 和 continue，可以更精確的控制迴圈裡的流程。

if 敘述與 for 迴圈

for 迴圈裡的程式區塊功能和其他程式區塊都一樣，所以你也可以在 for 迴圈裡加入 if 敘述。

這個範例用 for 迴圈裡的 if 敘述來計算、顯示小於等於 100 的所有偶數和：

```
sum_of_evens = 0

for n in range(101):
```

Next

```
    if n % 2 == 0:
        sum_of_evens = sum_of_evens + n

print(sum_of_evens)
```

首先把 sum_of_evens 初始化設定成 0，然後用迴圈走訪數字 0 到 100，把偶數值加到 sum_of_evens。最後 sum_of_evens 的值是 2550。

break 關鍵字

break 關鍵字會打破 Python 的迴圈。也就是完全停止迴圈，直接執行迴圈後面的程式碼。

例如，這個程式的 for 敘述本來應該會走訪數字 0 到 3，但實際執行時，迴圈到數字 2 就會停止：

```
for n in range(4):
    if n == 2:
        break
    print(n)

print(f"Finished with n = {n}")
```

程式執行後，只會顯示前兩個數字：

```
0
1
Finished with n = 2
```

continue 關鍵字

continue 關鍵字會跳過這一次迴圈剩下的程式碼，繼續進行下一次的迴圈。

例如，這個程式碼的迴圈走訪數字 0 到 3，輸出每個數字，但跳過數字 2：

```
for i in range(4):
    if i == 2:
        continue
    print(i)

print(f"Finished with i = {i}")
```

除了 2 之外的所有數字都會輸出：

```
0
1
3
Finished with i = 3
```

小提醒

為變數命名的時候，應該要取一個簡短但有意義的名稱，這樣才能方便判斷變數代表什麼意思。

不過字母 i、j、k 和 n 是例外，因為在程式設計上實在太常見了。

如果需要一個用完即丟的變數，多半就會使用這些字母，通常是用在迴圈計數。

總而言之，break 可以在符合特定條件時停止整個迴圈，continue 用在跳過目前這一次迴圈剩餘的程式碼。

for...else 迴圈

Python 的迴圈也可以有 else 敘述（雖然並不是很常用）。我們來看一個例子：

```
phrase = "it marks the spot"
```

Next

```
for character in phrase:
    if character == "X":
        break
else:
    print("句子裡找不到 'X'")
```

for 迴圈會走訪 "it marks the spot" 字串裡的每個字元，然後在找到大寫字母 "X" 的時候停止。執行範例程式，你會看到互動視窗顯示的是 "There was no 'X' in the phrase."。

現在把 phrase 改成 "X marks the spot." 再重新執行程式，你會發現互動視窗沒有顯示任何輸出。這是怎麼回事？

其實是因為，只有在前面的 for 迴圈完整跑完、沒有遇到 break 敘述的狀況下，程式才會執行 else 區塊裡的程式碼。

第 1 次執行時，你用 phrase = "it marks the spot" 來執行程式，因為句子裡沒有 X 這個字元，所以 break 那一行就不會被執行到。迴圈執行完之後，程式會去執行 else 敘述的程式區塊，顯示 "There was no 'X' in the phrase"。

第 2 次執行時，改用 phrase = "X marks the spot" 來跑程式，就會執行到 break，所以永遠不會執行到 else 的程式區塊，也就不會顯示任何輸出。

下面是另一個現實的範例，讓使用者有 3 次輸入密碼的機會：

```
for n in range(3):
    password = input("密碼：")
    if password == "I<3Bieber":
        break
    print("密碼錯誤。")
else:
    print("偵測到可疑行為。已經通知管理員。")
```

這個範例的迴圈走訪數字 `0` 到 `2`，每一次的迴圈都會讓使用者輸入密碼。如果輸入的密碼正確，就使用 `break` 跳出迴圈；如果密碼錯誤，就會告知使用者密碼不正確，請使用者再次輸入。

如果 3 次嘗試都失敗，`for` 迴圈就會終止，不會執行到 `break` 那一行程式碼。這時就會執行 `else` 的程式區塊，告訴使用者已經向管理員提出警示。

小提醒

因為 `for` 是最常見的迴圈類型，所以這一節的重點才會放在 `for` 迴圈上；其實 `while` 迴圈也可以使用 `break` 和 `continue` 關鍵字還有 `else` 敘述，效果也都是一樣的。

在迴圈裡加上條件邏輯，開拓了許多程式執行方式的可能性。你可以用 `break` 停止迴圈或是用 `continue` 跳過某次迴圈，甚至可以確保某些程式碼只會在迴圈完整跑完、沒有遇到 `break` 敘述的狀況才執行。

這些都是你寫程式會用到的強大工具！

練習題

你可以在 https://www.flag.com.tw/bk/st/F3747 找到這些練習題的解答：

1. **用 `break` 寫一個程式，反覆要求使用者輸入文字，只有在使用者輸入 "q" 或 "Q" 的時候，才能退出程式。**
2. **用 `continue` 寫一個程式，讓迴圈走訪數字 `1` 到 `50`，顯示所有不是 `3` 的倍數的數字。**

8.6 讓程式自己處理錯誤

自己寫的程式發生錯誤的時候當然會讓人感到氣餒，但出錯是很尋常的事情！最好的程式設計師也會有出錯的時候。

程式的執行期錯誤（runtime error，可以複習 3.2 節）也常被稱為**例外（exception）**。設計完善的程式應該要有一些例外的檢查機制，協助工程師在錯誤發生時快速解決問題。

為了寫出嚴謹、穩定的程式，你要能夠處理使用者無效輸入等各種難以預料的錯誤。

例外的種類

程式遇到例外的時候，先了解出了什麼樣的問題很重要。Python 有很多內建的例外類型，用來描述不同種類的錯誤。

你在這本書已經看過很多種不同的錯誤了，我們把這些錯誤整理如下，再加入一些還沒遇到的類型。

ValueError

程式遇到無法處理的值，就會發出 ValueError 例外訊息。例如要把字串 `"not a number"` 轉換成整數，就會導致 ValueError：

```
>>> int("not a number")
Traceback (most recent call last):
  File "<pyshell#1>", line 1, in <module>
    int("not a number")
ValueError: invalid literal for int() with base 10: 'not a number'
```

最後一行會顯示例外的名稱、描述問題，這是 Python 顯示例外訊息的通用格式。

TypeError

程式要執行的操作遇到錯誤的型別，就會發出 TypeError 例外訊息。例如把一個字串和一個整數相加，就會導致 TypeError：

```
>>> "1" + 2
Traceback (most recent call last):
  File "<pyshell#1>", line 1, in <module>
    "1" + 2
TypeError: can only concatenate str (not "int") to str
```

NameError

程式使用還沒定義的變數名稱，就會發出 NameError 例外訊息。

```
>>> print(does_not_exist)
Traceback (most recent call last):
  File "<pyshell#3>", line 1, in <module>
    print(does_not_exist)
NameError: name 'does_not_exist' is not defined
```

ZeroDivisionError

程式裡的運算出現除以 0 的狀況，就會發出 ZeroDivisionError 例外訊息。

```
>>> 1 / 0
Traceback (most recent call last):
  File "<pyshell#4>", line 1, in <module>
    1 / 0
ZeroDivisionError: division by zero
```

OverflowError

算術運算的結果太大的時候，就會發出 OverflowError 例外訊息。例如，計算 `2.0` 的 `1000000` 次方，就會導致 OverflowError：

```
>>> pow(2.0, 1_000_000)
Traceback (most recent call last):
  File "<pyshell#6>", line 1, in <module>
    pow(2.0, 1_000_000)
OverflowError: (34, 'Result too large')
```

你可能還記得在第 5 章有提到，Python 的整數有無限的精度。所以說 OverflowError 只會發生在浮點數上。計算整數 2 的 1,000,000 次方不會導致 OverflowError！

編註：Python 在 3.11 版新增了整數大小的預設限制：4300 位數，但超過整數上限的錯誤是 ValueError，不是 OverflowError。可以參考 5.1 節的說明。

你可以在官方文件（https://docs.python.org/3/library/exceptions.html）找到 Python 內建例外類型的完整列表。

try 與 except 關鍵字

有時你會事先就預期到程式可能發生某種例外。與其讓程式直接當掉，不如在錯誤發生前就及時發現，改為用其他操作來避開問題。

例如，你請使用者輸入一個整數，但使用者輸入了一個不是整數的值，像是字串 `"a"`，那程式就需要讓使用者知道自己輸入了一個無效的值，而不是照樣用 `"a"` 執行程式然後當掉。

在這種情況，你可以使用 `try` 和 `except` 關鍵字防止程式當掉。我們來看一個範例：

```
try:
    number = int(input("輸入一個整數："))
except ValueError:
    print("這不是整數")
```

try 關鍵字後面要接著一個冒號，下一行再加上一個縮排的程式區塊，裡面的程式碼會先被執行。在這個範例，程式讓使用者輸入一個整數。因為函式 input() 會傳回一個字串，所以我們先用函式 int() 把這個字串轉換成整數，再把結果指派給變數 number。

如果使用者輸入的不是整數值，那函式 int() 在執行的時候就會引發 ValueError。這時，程式就會執行在 except ValueError: 那一行底下的縮排程式碼區塊。這麼一來，程式就不會直接當掉，而是會顯示字串 "這不是整數"。

如果使用者輸入的是整數值，那程式就永遠不會執行 except ValueError: 區塊裡的程式碼。

但是如果是不同類型的例外，例如 TypeError，那這個程式還是會當掉。上面的例子只處理了 ValueError 一種類型的例外。

你可以用逗號分隔例外的名稱，再把名稱都放在括號裡，就可以一次處理很多種例外類型：

```
def divide(num1, num2):
    try:
        print(num1 / num2)
    except (TypeError, ZeroDivisionError):
        print("發生錯誤")
```

在這個範例，函式 divide() 會取兩個參數 num1 和 num2，輸出 num1 除以 num2 的結果。

如果呼叫函式 divide() 的時候把字串當成引數傳入，除法運算就會導致 TypeError。另外，如果 num2 是 0，就會導致 ZeroDivisionError。

except (TypeError, ZeroDivisionError) 這一行程式會監測這兩個例外，在這兩個例外發生的時候，顯示字串 "發生錯誤"。

不過在大部分的時候，單獨抓出各個類型的錯誤會比較有用，因為這樣可以為使用者顯示更有幫助的訊息。你可以在 try 程式區塊後面使用好幾個 except 區塊：

```
def divide(num1, num2):
    try:
        print(num1 / num2)
    except TypeError:
        print("兩個引數都必須是數字")
    except ZeroDivisionError:
        print("除數不得為 0")
```

這個範例的 TypeError 和 ZeroDivisionError 是分開處理的。這樣在出現問題的時候，就能顯示更具體的描述。

如果 num1 或 num2 的其中一個不是數字，就會導致 TypeError，顯示出訊息 "兩個引數都必須是數字"。如果 num2 是 0，則會導致 ZeroDivisionError，顯示訊息 "除數不得為 0"。

泛用 except 敘述

except 關鍵字也可以單獨使用，不指定例外的種類：

```
try:
    # 各種會讓程式當掉的危險舉動
except:
    print("出問題了！")
```

如果執行 `try` 程式區塊的程式觸發了任何例外，`except` 區塊都會執行，顯示 "出問題了！" 訊息。

這聽起來好像很棒，可以確保程式永遠不會當掉，**但這其實是普遍禁止的糟糕做法！**

原因有好幾個，其中對於新手程式設計師最重要的是，如果每個例外都直接攔截下來的話，反而可能隱藏程式碼的錯誤，讓你產生程式碼沒有問題的錯覺。

如果你只抓出特定的例外，那其他沒預料到的例外就會出現在 Python 預設的 traceback 資訊，讓你有更詳細的訊息可以用來除錯。

練習題

你可以在 https://www.flag.com.tw/bk/st/F3747 找到這些練習題的解答：

1. 寫一個程式，重複要求使用者輸入一個整數。如果使用者輸入的不是整數，那程式應該偵測出 ValueError 例外，顯示 "再試一次" 訊息。只要使用者輸入一次整數，就把數字顯示出來，然後結束程式。
2. 寫一個程式，讓使用者輸入一個字串和一個整數 n，然後顯示字串裡索引 n 的字元。

   使用錯誤處理來確保，就算使用者輸入的不是整數，或是索引值超過字串長度，程式也不會當掉。程式要根據發生的錯誤類型顯示不同的訊息。

8.7 模擬事件並計算機率

你在這一節會把迴圈和條件邏輯的概念應用在現實問題：模擬事件和計算機率。

我們會跑一個叫作**蒙地卡羅實驗**（**Monte Carlo experiment**；https://zh.wikipedia.org/wiki/蒙地卡羅方法）的簡單模擬。這個實驗裡會有一種測試，測試會是一個可以重複的程序，例如拋硬幣。每次測試會產生一個結果，例如硬幣是正面或反面。測試會一次又一次重複，藉此計算特定結果發生的機率。

為了這個測試，我們需要在程式裡加入亂數功能。

random 模組

Python 在 `random` 模組裡提供了幾個用來生成隨機數的函式。可以先把**模組**（**module**）想成是一整包關於某個主題的程式碼，至於 Python 的標準函式庫（standard library）就是一個整理過的模組倉庫，你可以從標準函式庫把模組**的導入**（**import**）到自己的程式，用來處理各種問題。

小提醒

你會在第 11 章「模組與套件」學到關於模組和 `import` 敘述的詳細知識。

在 IDLE 的互動視窗輸入這行程式碼，就可以導入 `random` 模組：

```
>>> import random
```

現在你就可以在程式裡使用 `random` 模組的函式了。

random 模組裡的函式 randint() 有兩個必要的參數 a 和 b，兩個都必須是整數。這個函式會傳回一個大於等於 a、小於等於 b 的隨機整數。

例如，這行程式碼會產生 1 到 10 之間的隨機整數：

```
>>> random.randint(1, 10)
9
```

因為結果是隨機的，所以你看到的輸出很可能不會是 9。如果你再次輸入相同的程式碼，也很可能會得到不同的數字。

由於函式 randint() 是 random 模組裡的函式，你必須先輸入 random，後面加上一個點（.），接著輸入函式名稱 randint() 才能使用。

使用 randint() 的時候，記得兩個參數 a 和 b 都必須是整數，而且結果可能會是 a、b 或介於兩者之間的任何整數。例如，random.randint(0, 1) 就會隨機傳回 0 或 1。

而且，randint() 傳回每一個 a 和 b 之間整數的機率都是一樣的。因此，在 randint(1, 10) 的狀況，1 到 10 的每個整數都有 10% 機率傳回；在 randint(0, 1) 的狀況，分別就會有 50% 的機率傳回 0 或 1。

模擬拋擲公正硬幣

我們來看看要怎麼用 randint() 模擬拋擲硬幣。所謂公正硬幣指的是一種硬幣，在拋擲的時候出現正面或反面的機率是相等的。

在這個實驗，每次測試就是擲硬幣一次，結果不是正面就是反面。我們的問題是，擲硬幣很多次以後，正面與反面的比例是多少？

我們來想想怎麼處理這個題目。你需要記錄硬幣出現正面和反面的次數，所以需要正面的計數與反面的計數。每次測試會有 2 個步驟：

1. 拋硬幣。
2. 如果硬幣正面朝上，就更新正面的計數；如果硬幣反面朝上，就更新反面的計數。

這個測試需要重複很多次，比如說 10,000 次。用 `for` 迴圈設定 `range(10_000)` 應該是個好方法。

現在我們有想法了，就可以開始寫這個 `coin_flip()` 函式。這個函式會隨機傳回字串 "正面" 或 "反面"。我們可以利用 `random.randint(0, 1)` 來實作，用 `0` 表示正面，`1` 表示反面。這樣呼叫一次 `coin_flip()` 就相當於丟了一次硬幣。

這是函式 `coin_flip()` 的程式碼：

```
import random

def coin_flip():
    """隨機傳回 '正面' 或 '反面'。"""
    if random.randint(0, 1) == 0:
        return "正面"
    else:
        return "反面"
```

如果 `random.randint(0, 1)` 傳回 `0`，`coin_flip()` 就會傳回字串 "正面"，不然就是傳回 "反面"。

現在可以寫一個 `for` 迴圈拋一萬次硬幣，同步更新正面或反面的計數：

```
# 首先把計數歸零
heads_tally = 0
tails_tally = 0

for trial in range(10_000):
    if coin_flip() == "正面":
        heads_tally = heads_tally + 1
    else:
        tails_tally = tails_tally + 1
```

首先建立兩個變數 head_tally 和 tails_tally，初始要設定成 0。

之後讓 for 迴圈執行 10,000 次，每次都呼叫函式 coin_flip()。如果 coin_flip() 傳回字串 "正面"，那 head_tally 變數的值就增加 1；要不然就讓 tails_tally 增加 1。

最後，程式輸出正面和反面的比例：

```
ratio = heads_tally / tails_tally
print(f"正面和反面的比值是 {ratio}")
```

如果你把這段程式碼存到一個檔案，多執行幾次，你看到的結果應該大多會在 0.98 到 1.02 之間。如果把 for 迴圈的 range(10_000) 增加到 range(50_000)，那結果應該會更接近 1.0。

這樣的結果很合理。既然硬幣是公平的，我們自然會預期在非常多次拋擲之後，正面的數量會大致和反面的數量一樣。

模擬機率不均的硬幣

randint() 會以相同的機率傳回 0 或 1。如果 0 代表反面，1 代表正面，那你只要增加傳回 0 或 1 的機率，就能模擬一個不公正的硬幣。

函式 random() 沒有引數，傳回的是一個大於等於 0.0 但小於 1.0 的浮點數，每個傳回值的機率都是相等的。在機率論中，這叫作**均勻機率分布**（**uniform probability distribution**；https://zh.wikipedia.org/wiki/ 連續型均勻分布）。

從這個性質可以發現，random() 傳回的數字小於 n（n 是介於 0 和 1 之間的數字）的機率，就是 n 本身。例如，random() 小於 0.8 的機率是 80%，random() 小於 0.25 的機率是 25%。

我們可以利用這一點，寫一個模擬擲硬幣的函式，但是擲出反面的機率可以是自己指定的：

```
import random

def unfair_coin_flip(probability_of_tails):
    if random.random() < probability_of_tails:
        return "反面"
    else:
        return "正面"
```

譬如 unfair_coin_flip(0.7) 就會有 70% 的機率傳回 "反面"。

我們重寫之前的擲硬幣實驗，改用函式 unfair_coin_flip() 來執行不公正硬幣的測試：

```
heads_tally = 0
tails_tally= 0

for trial in range(10_000):
    if unfair_coin_flip(0.7) == "正面":
        heads_tally = heads_tally + 1
    else:
        tails_tally = tails_tally + 1

ratio = heads_tally / tails_tally
print(f"正面和反面的比值是 {ratio}")
```

執行這個模擬就會看到，正面和反面的比值從公正硬幣實驗的 1 降到大約 0.43。

這節你學到了 `random` 模組裡的函式 `randint()` 和 `random()`，也瞭解了如何用條件邏輯和迴圈來設計擲硬幣的模擬。很多學科都會運用像這樣的模擬來建構數學模型，對真實世界的事件進行預測和測試。

`random` 模組提供了很多關於隨機數和模擬的實用函式。你可以在 Real Python 網站的 Generating Random Data in Python (Guide)（https://realpython.com/python-random/）了解更多有關 `random` 的資訊。

練習題

你可以在 https://www.flag.com.tw/bk/st/F3747 找到這些練習題的解答：

1. **寫一個 `roll()` 函式，用 `randint()` 回傳整數 1 到 6，模擬投擲一顆公正骰子的結果。**
2. **寫一個程式，模擬投擲公正骰子 10,000 次，再顯示這 10,000 次結果的平均值。**

8.8 挑戰：模擬擲硬幣實驗

現在我們來重覆擲一枚公正的硬幣，直到正面和反面各出現至少一次為止。換句話說，就是在第一次拋擲之後，就繼續拋擲硬幣直到出現另一面。

這樣做的結果會是一串正面和反面組成的序列。例如，第一次做這個實驗得到的序列可能是正面、正面、反面。

平均來說，要擲硬幣多少次才會有包含正面和反面的序列呢？

寫一個模擬程式，執行 10,000 次測試(注意不是擲一萬次)，輸出平均的拋擲次數。

你可以在 https://www.flag.com.tw/bk/st/F3747 找到這個挑戰題的解答。

8.9 挑戰：選舉模擬

你可以透過 `random` 模組和一些條件邏輯來模擬兩個候選人的選舉結果。

假設有 A 和 B 兩個候選人正在競選市長，而這個城市有 3 個投票區。最近的民意調查顯示，候選人 A 在每個地區獲勝的機會如下所示：

- **投票區 1**：獲勝機率 87%。
- **投票區 2**：獲勝機率 65%。
- **投票區 3**：獲勝機率 17%。

寫一個程式，模擬一萬次選舉，顯示候選人 A 獲勝次數的百分比。

為了簡化題目，我們假設候選人在 3 個投票區中有 2 個地區獲勝就會贏得選舉。

你可以在 https://www.flag.com.tw/bk/st/F3747 找到這個挑戰題的解答。

8.10 摘要與額外資源

你在這章學到了條件敘述和條件邏輯。你學會使用 <、>、<=、>=、!= 和 == 這些比較算符來比較值的大小或順序。你也學會使用 and、or、not 來建構複雜的條件敘述。

你還學到使用 if 敘述來控制流程。你會用 if ... else 和 if ... elif ... else 在程式裡建立分支流程，也會用 break 和 continue，在 if 程式區塊裡精確控制程式的執行方式。

你學到用 try ... except 來處理程式執行時可能會發生的錯誤。這是一個很重要的結構，讓你的程式可以漂亮的處理意外情況，避免程式直接當掉。

最後，你應用在這章學到的程式技巧，用 random 模組建立了一些簡單的模擬程式。

互動式測驗

這一章有免費的線上測驗，可以確認你的學習進度。你可以使用手機或電腦到這個網址進行測驗：**https://realpython.com/quizzes/pybasics-conditional-logic/**

額外資源

有個聰明的瓦肯人（Vulcan）如是說：

> 邏輯是智慧的開始…不是結束。
>
> —史巴克，星艦迷航記

想要了解更多內容，可以參考以下資源：

- Operators and Expressions in Python（https://realpython.com/python-operators-expressions/#logical-operators）
- Conditional Statements in Python（https://realpython.com/python-conditional-statements/）

如果想進一步提升你的 Python 實力，歡迎查看：https://realpython.com/python-basics/resources/。

MEMO

tuple、list 和字典

到目前為止，我們使用的都是基本資料型別，像是 `str`、`int` 和 `float`。把這些簡單的資料型別組合成更複雜的資料結構的話，就可以更容易的解決很多問題。

資料結構（data structure）是對各種資料儲存方式的模擬，例如模擬一串數字的清單、模擬試算表，或是模擬資料庫裡的資料。用正確的資料結構模擬程式要使用的資料，通常是程式碼簡潔有效率的關鍵。

這章會介紹 Python 內建的 3 種資料結構：**tuple**、**list** 和**字典（dictionary）**。

在這章你會學到：

- ▶ 使用 tuple、list 和字典
- ▶ 不可變（immutable）性質的重要性
- ▶ 使用不同資料結構的時機

9.1 不可變的序列：tuple

序列（**sequence**）可以說是一種最基本的複合資料結構。

所謂的序列是有順序的一列值，序列裡的值就稱為序列的「元素」。序列裡的每個元素都會有一個**索引**（**index**），索引是一個整數，用來表示元素在序列裡的位置。就像字串一樣，序列裡第一個元素的索引是 `0`。

例如，英文字母表就是一個由字母 A 到 Z 構成的序列。字串也是一種序列，像字串 `"Python"` 有 6 個元素，從索引 `0` 的 `"P"` 開始，到索引 `5` 的 `"n"` 結尾。

現實世界到處都是序列，舉例來說像是電子感測器每秒偵測到的數值、學生在學年中各項考試的成績，或是某公司在一段時間內每日股票的價格等等。

tuple 是什麼？

tuple（編註：這個詞常譯為「元組」或「序對」，但也常常直接稱作 tuple，本書接下來也會以 tuple 稱呼）一詞來自於數學，指的是一組有限、有序的值。數學領域通常把 tuple 寫成一組括號，括號裡用逗號分隔每個元素。例如，(1, 2, 3) 就是一個內含 3 個整數的 tuple，第 1 個元素是 1、第 2 個元素是 2、第 3 個元素是 3。

在 Python 裡，tuple 的名稱和表示符號都是比照數學的用法。

創建 tuple

我們會介紹兩種在 Python 創建 tuple 的方法：

1. tuple 字面值

2. 內建函式 tuple()

tuple 字面值

字串字面值是直接用文字加上引號創建的字串，tuple 字面值（tuple literal）也類似，是直接把一串逗號分隔的值加上括號建立的 tuple。

這是 tuple 字面值的範例：

```
>>> my_first_tuple = (1, 2, 3)
```

這會建立一個內容是整數 1、2、3 的 tuple，指派給變數 my_first_tuple。

你可以用函式 type() 來檢查 my_first_tuple 是不是 tuple：

```
>>> type(my_first_tuple)
<class 'tuple'>
```

字串只能由字元組成，tuple 則不一樣，可以包含任何型別的值，像是 (1, 2.0, "three") 這樣的 tuple 也是完全符合規則的。

另外還有一種不含任何值的特殊 tuple，稱為**空 tuple（empty tuple）**，輸入一組括號就可以建立：

```
>>> empty_tuple = ()
```

乍看之下，空 tuple 可能是個奇怪又沒什麼用的東西，但其實這非常實用。例如，你可能會需要傳回一個 tuple，裡面包含所有既是奇數也是偶數的整數。這樣的整數根本不存在，所以空 tuple 正好就是符合這個需求的 tuple。

該怎麼建立只有一個元素的 tuple 呢？試試看這樣輸入：

```
>>> x = (1)
>>> type(x)
<class 'int'>
```

如果用括號把值括起來，但括號裡沒有逗號，那 Python 就不會把這解讀成 tuple，而是會當成括號裡的一個值。所以這個範例的 `(1)` 只是整數 `1` 的一種奇怪的表示方式。

如果要建立只有 `1` 一個值的 tuple，要在 `1` 的後面再加上一個逗號：

```
>>> x = (1,)
>>> type(x)
<class 'tuple'>
```

只有一個元素的 tuple 看起來可能和空 tuple 一樣奇怪，難道就不能把這個 tuple 丟一邊，直接用裡面的值就好了嗎？

假如程式需要給出一個包含所有偶數質數的 tuple，那你就一定需要 `(2,)`，因為 2 是唯一的偶數質數。整數 `2` 不是標準答案，因為這樣就不是 tuple 了。

內建函式 tuple()

你也可以透過內建函式 `tuple()` 用其他序列來建立 tuple，例如用字串：

```
>>> tuple("Python")
('P', 'y', 't', 'h', 'o', 'n')
```

`tuple()` 只能接受一個引數，所以不可以直接把想放進 tuple 的值都列為引數，不然 Python 會發出 TypeError：

```
>>> tuple(1, 2, 3)
Traceback (most recent call last):
  File "<pyshell#0>", line 1, in <module>
    tuple(1, 2, 3)
TypeError: tuple expected at most 1 argument, got 3
```

如果傳給 `tuple()` 的引數不能被轉換成一串資料，也會出現 TypeError 例外：

```
>>> tuple(1)
Traceback (most recent call last):
  File "<pyshell#1>", line 1, in <module>
    tuple(1)
TypeError: 'int' object is not iterable
```

traceback 訊息表示整數不是**可迭代的（iterable）**，也就是說整數這個資料型別裡面沒有可以逐一存取出來的值。

`tuple()` 也可以不放引數，這樣會產生一個空 tuple：

```
>>> tuple()
()
```

不過大多數的 Python 程式設計師都傾向於用比較簡短的 `()` 來建立空 tuple。

tuple 與字串相似處

tuple 和字串有很多共同點，兩個都是序列、都支援索引和切片、都是不可變的，而且都可以在迴圈裡迭代（iterate）。

字串和 tuple 的主要區別在於 tuple 的元素可以是任何型別的值，但字串裡只能有字元。

我們來更深入討論一下字串和 tuple 的相似之處。

tuple 具有長度

字串和 tuple 都有長度。字串的長度是指裡面的字元數量，tuple 的長度是裡面的元素個數。

就像字串一樣，你可以用函式 `len()` 來確認 tuple 的長度：

```
>>> numbers = (1, 2, 3)
>>> len(numbers)
3
```

tuple 支援索引和切片

在第 4 章有說明過，可以用索引符號來存取字串裡的字元：

```
>>> name = "David"
>>> name[1]
'a'
```

變數名稱後面的 `[1]` 會取字串 `"David"` 裡索引 `1` 的字元。因為索引的計數是從零開始，所以索引 `1` 的字元是字母 `"a"`。

tuple 也一樣支援索引：

```
>>> values = (1, 3, 5, 7, 9)
>>> values[2]
5
```

字串和 tuple 的另一個共同點是切片，回憶一下怎麼用切片符號從字串裡提取子字串：

```
>>> name = "David"
>>> name[2:4]
"vi"
```

變數 name 後面的 [2:4] 會建立一個新的字串，內容是字串 "David" 裡面索引 2 到索引 4（不包含索引 4）的字元。

切片也適用於 tuple：

```
>>> values = (1, 3, 5, 7, 9)
>>> values[2:4]
(5, 7)
```

切片 values[2:4] 會建立一個新的 tuple，內容是從索引 2 開始到索引 4（不包含索引 4）的所有元素。

字串切片的操作也都適用於 tuple 切片，你可以回去查看第 4 章的切片範例，然後改用 tuple 來試試看。

tuple 是不可變的

跟字串一樣，tuple 是不可變的。一旦 tuple 建立以後，就不能改變 tuple 的元素。

如果你真的嘗試更改 tuple 某個索引的值，Python 就會發出 TypeError 例外訊息：

```
>>> values[0] = 2
Traceback (most recent call last):
  File "<pyshell#1>", line 1, in <module>
    values[0] = 2
TypeError: 'tuple' object does not support item assignment
```

tuple 可以迭代

跟字串一樣，tuple 是可以迭代的，也就是我們過去說的，可以用迴圈「走訪」tuple：

```
>>> vowels = ("a", "e", "i", "o", "u")
>>> for vowel in vowels:
...     print(vowel.upper())
...
A
E
I
O
U
```

這個範例的 for 迴圈運作方式，就和第 6 章在 range() 指定的範圍內走訪所有值的 for 迴圈一樣。

迴圈的第 1 步是從 tuple vowels 裡取得字串 "a"，然後用第 4 章提到的 .upper() 字串方法轉換成大寫字母，再用 print() 顯示出來。

迴圈的第 2 步是取得字串 "e"，轉換成大寫，再顯示出來。接下來對字串 "i"、"o"、"u" 都重複這樣的步驟。

現在你已經瞭解如何建立 tuple 還有使用 tuple 支援的一些基本操作，我們來看看 tuple 有哪些常見用途。

tuple 的打包與解包

其實還有第 3 種建立 tuple 的方式，只是比較少用。你可以只輸入用逗號分隔的一串值，不需要括號：

```
>>> coordinates = 4.21, 9.29
>>> type(coordinates)
<class 'tuple'>
```

這看起來像是要把兩個值都指派給 coordinates 這一個變數。從某個意義來說，也確實如此，但更準確來說是這兩個值被**打包（pack）**成一個 tuple，這個 tuple 再被指派給變數 coordinates。可以用 type() 來驗證，coordinates 確實是一個 tuple。

如果可以把值打包成 tuple，那當然也可以把 tuple **解包**（**unpack**）：

```
>>> x, y = coordinates
>>> x
4.21
>>> y
9.29
```

原先被打包成 tuple 指派給 `coordinates` 的值被解包成兩個獨立的變數 `x` 和 `y`，`x` 是 `4.21`，`y` 是 `9.29`。

組合 tuple 打包和解包的功能，就可以用一行程式碼完成很多個變數的指派：

```
>>> name, age, occupation = "David", 34, "programmer"
>>> name
'David'
>>> age
34
>>> occupation
'programmer'
```

我們能這樣做指派的原理是，先把要指派的值 `"David"`、`34` 和 `"programmer"` 打包成一個 tuple，接著再把這些值依序解包成 3 個變數 `name`、`age` 和 `occupation`。

小提醒

雖然用一行指派很多個變數可以縮短程式的長度，但還是要避免一次指派太多值。

用這種方式指派超過 3 個變數的話，可能就會有點難分辨哪個值是分配給哪個變數名稱。

要記住，賦值算符（=）左側的變數名稱數量，一定要等於右側值的數量。要不然 Python 會發出 ValueError 例外訊息：

```
>>> a, b, c, d = 1, 2, 3
Traceback (most recent call last):
  File "<pyshell#0>", line 1, in <module>
    a, b, c, d = 1, 2, 3
ValueError: not enough values to unpack (expected 4, got 3)
```

這個例外訊息表示，右邊的 tuple 沒有足夠的 4 個變數名稱來解包。

如果右邊的值比變數名稱還多，Python 也會發出 ValueError 例外：

```
>>> a, b, c = 1, 2, 3, 4
Traceback (most recent call last):
  File "<pyshell#1>", line 1, in <module>
    a, b, c = 1, 2, 3, 4
ValueError: too many values to unpack (expected 3)
```

現在這個例外訊息表示 tuple 的值太多，沒辦法解包給 3 個變數。

使用 in 關鍵字

你可以用 `in` 關鍵字檢查某個值有沒有在 tuple 裡：

```
>>> vowels = ("a", "e", "i", "o", "u")
>>> "o" in vowels
True
>>> "x" in vowels
False
```

如果 `in` 左邊的值有在右邊的 tuple 裡，那結果就會是 `True`；不然結果就是 `False`。

從函式傳回不只一個值

tuple 的另一種常見用途是從函式傳回超過一個的值：

```
>>> def adder_subtractor(num1, num2):
...     return (num1 + num2, num1 - num2)
...
>>> adder_subtractor(3, 2)
(5, 1)
```

函式 adder_subtractor() 有兩個參數，num1 和 num2。它會傳回一個 tuple，第一個元素是兩個數字的總和，第二個元素是兩個數字的差。

字串和 tuple 都是 Python 內建的序列資料結構。兩者都不可變、兩者都可以迭代，而且都可以使用索引和切片符號。

在下一節，你會學到第三種序列，它和字串、tuple 有一個非常大的差別：可變性。

練習題

你可以在 https://www.flag.com.tw/bk/st/F3747 找到這些練習題的解答：

1. **使用 tuple 字面值建立一個名為 cardinal_numbers 的 tuple，裡面的元素依序是字串 "first"、"second" 和 "third"。**
2. **用索引符號和 print()，顯示 cardinal_numbers 裡索引 1 的字串。**
3. **用一行程式碼把 cardinal_numbers 解包成 position1、position2 和 position3 三個新變數，然後再顯示這些變數的值，一行顯示一個變數。**
4. **用內建函式 tuple() 和字串字面值來建立一個名為 my_name 的 tuple，tuple 裡是你的名字的各個字（字母）。**

⬇

5. 用 in 關鍵字檢查字元 "x" 有沒有在 my_name 裡。

6. 用切片建立一個新的 tuple，內容是 my_name 第一個字元以外的所有字元。

9.2 可變的序列：list

list（編註：list 常譯為「串列」或「列表」，但也常常直接稱作 list，本書接下來也會稱 list）是另一種 Python 的序列資料結構。就像字串和 tuple 一樣，list 的每個元素都有一個整數索引，索引從 0 開始編號。

從表面來說，list 的樣子和使用方式都很像 tuple。list 同樣可以用索引和切片，也可以用 in 來檢查元素是不是存在，還能在 for 迴圈迭代，逐一處理內容的元素。

不過和 tuple 最不同的是，list 是**可變的（mutable）**，也就是在建立 list 之後，還可以再更改內部的值。

你會在這一節學習建立 list，也會比較 list 與 tuple 的差別。

建立 list

和建立 tuple 相同，建立 list 也可以用 list 字面值，差別在於 list 是用中括號（[]）而不是小括號：

```
>>> colors = ["red", "yellow", "green", "blue"]
>>> type(colors)
<class 'list'>
```

我們檢視 list 的時候，Python 會顯示 list 字面值：

```
>>> colors
['red', 'yellow', 'green', 'blue']
```

和 tuple 的值一樣，list 的值不需要是相同的型別。list 字面值 `["one", 2, 3.0]` 是完全合法的。

除了 list 字面值，我們還可以用內建的函式 `list()`，拿其他序列來建立新的 list。例如，tuple `(1, 2, 3)` 可以傳進 `list()`，建立 list `[1, 2, 3]`：

```
>>> list((1, 2, 3))
[1, 2, 3]
```

字串也能用來建立 list：

```
>>> list("Python")
['P', 'y', 't', 'h', 'o', 'n']
```

字串的每個字元都會被轉換成 list 的元素。

要把字串改成 list 的話還有一個更好用的作法。你可以用 `.split()` 字串方法，把逗號分隔的字串變成一個 list：

```
>>> groceries = "eggs, milk, cheese"
>>> grocery_list = groceries.split(", ")
>>> grocery_list
['eggs', 'milk', 'cheese']
```

傳給 `.split()` 的字串引數是**分隔標記**。只要更改分隔標記，就可以用不同方式來分割字串：

```
>>> # 用分號分割字串
>>> "a;b;c".split(";")
['a', 'b', 'c']
>>> # 用空格分割字串
>>> "The quick brown fox".split(" ")
['The', 'quick', 'brown', 'fox']
>>> # 用複數字元分割字串
>>> "abbaabba".split("ba")
['ab', 'ab', '']
```

最後一個範例用 `"ba"` 作為分隔標記來分割字串 `"abbaabba"`，這個子字串出現在索引 `2` 和 `6`。分隔標記有 2 個字元，所以只有索引 `0`、`1`、`4`、`5` 的字元留下來成為 list 的元素。

`.split()` 傳回的 list 裡面，元素的數量一定會比字串裡出現的分隔標記數量多 1 個。分隔標記 `"ba"` 在 `"abbaabba"` 裡出現了 2 次，所以 `split()` 傳回的 list 就會有 3 個元素。

注意 list 的最後一個元素是空字串，因為最後的 `"ba"` 後面沒有任何其他字元了。

如果分隔標記根本沒有出現在字串裡，`.split()` 還是會傳回一個 list，裡面只有一個元素，也就是原本的字串本身：

```
>>> "abbaabba".split("c")
['abbaabba']
```

你總共學會了 3 種建立 list 的方法：

1. list 字面值
2. 內建函式 `list()`
3. `.split()` 字串方法

list 的基本操作

list 的索引和切片操作跟 tuple 是一樣的。你可以用索引符號存取 list 的元素：

```
>>> numbers = [1, 2, 3, 4]
>>> numbers[1]
2
```

你可以用切片符號從原本的 list 取出一個新的 list：

```
>>> numbers[1:3]
[2, 3]
```

你可以用 `in` 檢查 list 裡是不是存在某個元素：

```
>>> # 檢查元素是否存在於 list
>>> "Bob" in numbers
False
```

list 也是可以迭代的，你可以用 `for` 迴圈來依序處理每個元素：

```
>>> # 只輸出 list 裡的偶數
>>> for number in numbers:
...     if number % 2 == 0:
...         print(number)
...
2
4
```

更改 list 的元素

list 和 tuple 的主要區別是：list 的元素可以更改，但 tuple 的元素不能。你可以把 list 當成是一列有編號的箱子，每個箱子裡都必須放一個值，但是裡面的值隨時可以換成新的值。

list 這種可以更換值的特性就是**可變性**（**mutability**）。tuple 的元素不能更換，所以 tuple 是不可變的。

只要用索引符號存取，再指派新的值，就可以把 list 在指定位置的值更換掉：

```
>>> colors = ["red", "yellow", "green", "blue"]
>>> colors[0] = "burgundy"
```

索引 `0` 的值從 `"red"` 變成了 `"burgundy"`：

```
>>> colors
['burgundy', 'yellow', 'green', 'blue']
```

你可以用**切片指派**（**slice assignment**）一口氣更改 list 的好幾個值：

```
>>> colors[1:3] = ["orange", "magenta"]
>>> colors
['burgundy', 'orange', 'magenta', 'blue']
```

`color[1:3]` 會選取索引 `1` 和 `2` 的位置，我們再分別指派 `"orange"` 和 `"magenta"`。

和前面提到的 tuple 解包不一樣，指派給切片的 list 不需要和切片的長度相同。例如你可以把 3 個元素的 list 指派給只有 2 個元素的切片：

```
>>> colors = ["red", "yellow", "green", "blue"]
>>> colors[1:3] = ["orange", "magenta", "aqua"]
>>> colors
['red', 'orange', 'magenta', 'aqua', 'blue']
```

`"orange"` 和 `"magenta"` 取代了原本在 `colors` 索引 `1` 和 `2` 的 `"yellow"` 和 `"green"`。然後有一個新的「箱子」被放到索引 `4` 的位置（也就是最後面），本來索引 `3` 的 `"blue"` 字串會被移到這裡。最後 `"aqua"` 才被指派到空著的索引 `3`。

編註：可以想成先拿掉原來切片位置的元素，該位置再插入另一個 list。

如果指派給切片的 list 長度小於切片本來的長度，那 list 的總長度就會減少：

```
>>> colors
['red', 'orange', 'magenta', 'aqua', 'blue']
>>> colors[1:4] = ["yellow", "green"]
>>> colors
['red', 'yellow', 'green', 'blue']
```

"yellow" 和 "green" 取代了 colors 索引 1 和 2 的 "orange" 和 "magenta"。然後原本在索引 4 的 "blue" 填進索引 3 的位置，而索引 4 這個位置就從 colors 移除掉。

增加和移除元素的 list 方法

儘管索引和切片都可以用來增加和刪除元素，但使用 list 的專屬方法（method）可以更自然、更好懂的修改 list。

我們來認識幾種 list 的方法吧，首先要介紹怎麼把一個值插入到指定的索引位置。

list.insert()

list.insert() 可以把一個新的值插入 list。這個方法會取兩個參數，目標位置的索引 i 和要插入的值 x：

```
>>> colors = ["red", "yellow", "green", "blue"]
>>> # 插入 "orange" 到索引 1 的位置
>>> colors.insert(1, "orange")
>>> colors
['red', 'orange', 'yellow', 'green', 'blue']
```

這個例子有幾個重點要注意。

第一點在所有的 list 方法都一樣，使用這些 list 方法的方式，是先寫出要操作的 list 的名稱，後面加上一個點（.），最後再加上 list 方法的名稱。

所以在 colors 這個 list 使用 insert() 方法，就要輸入 colors.insert()，這跟字串和數字的方法都是一樣的用法。

第二個要注意的是，在索引 1 插入 "orange" 之後，"yellow" 和所有後面的值都會向後挪一個位置。如果 .insert() 的索引參數超過 list 最大的索引，則會把值插入到 list 的尾端：

```
>>> colors.insert(10, "violet")
>>> colors
['red', 'orange', 'yellow', 'green', 'blue', 'violet']
```

雖然在這裡是用索引 10 來呼叫 .insert()，但實際上 "violet" 還是會插入到索引 5。

你還可以在 .insert() 使用負索引：

```
>>> colors.insert(-1, "indigo")
>>> colors
['red', 'orange', 'yellow', 'green', 'blue', 'indigo', 'violet']
```

索引值 -1 是最後一個元素，所以 "indigo" 會插入到 list 最後一個值的位置，原本在這個位置的 "violet" 會再向後挪一格。

重要事項

對 list 做 .insert() 的時候，不需要把結果再指派給原本的變數。

像以下這樣的程式其實會把 colors 這個 list 刪除掉：

```
>>> colors = colors.insert(-1, "indigo") # <-- 指派給 colors
>>> print(colors)
None
```

我們會說 `.insert()` **就地(in place)**改變了 `colors` 這個 list。其實 `.insert()` 這個 list 方法並沒有回傳值(也就是會回傳 None，可以複習 6.1 節)，所以把結果指派給 `colors` 就造成 `colors` 也變成 None 了。其他不會回傳值的 list 方法也都是一樣。

list.pop()

既然可以在指定的索引位置插入一個值，那也自然能從指定的索引位置刪除元素。`list.pop()` 會取一個參數，再把這個索引位置的值從 list 刪除。這個方法會傳回被移除的值：

```
>>> color = colors.pop(3)
>>> color
'green'
>>> colors
['red', 'orange', 'yellow', 'blue', 'indigo', 'violet']
```

索引 3 的值 `"green"` 被刪除，然後指派給 `color` 變數。檢查 `colors` 可以看到字串 `"green"` 確實已經被刪除掉。

和 `.insert()` 不同的是，如果你把超過最大索引的引數傳給 `.pop()`，Python 會發出一個 IndexError 例外：

```
>>> colors.pop(10)
Traceback (most recent call last):
  File "<pyshell#0>", line 1, in <module>
    colors.pop(10)
IndexError: pop index out of range
```

負索引也適用於 `.pop()`：

```
>>> colors.pop(-1)
'violet'
>>> colors
['red', 'orange', 'yellow', 'blue', 'indigo']
```

如果沒有傳任何值給 `.pop()`，就會移除 list 的最後一項元素：

```
>>> colors.pop()
'indigo'
>>> colors
['red', 'orange', 'yellow', 'blue']
```

如果需要移除最後一個元素，一般都認為不指定索引的 `.pop()` 是最 Pythonic 的做法。(編註：因為看起來更簡潔、清楚，也比較接近其他程式語言對 pop 的功能設計。)

list.append()

`list.append()` 可以把新元素附加到 list 的最後面：

```
>>> colors.append("indigo")
>>> colors
['red', 'orange', 'yellow', 'blue', 'indigo']
```

呼叫 `.append("indigo")` 會讓 list 的長度增加一格，把 `"indigo"` 插入到最後一個位置。注意 `.append()` 會就地更改 list，就像 `.insert()` 一樣。

`.append()` 相當於用 `.insert()` 在大於或等於 list 長度的索引插入元素。上面的範例也可以寫成：

```
>>> colors.insert(len(colors), "indigo")
```

.append() 寫起來會比用 .insert() 更簡短也更清楚。普遍也都認為，要在 list 尾端加入元素的話，這是比較 Pythonic 的方式。

list.extend()

list.extend() 可以在 list 後面增加複數的新元素：

```
>>> colors.extend(["violet", "ultraviolet"])
>>> colors
['red', 'orange', 'yellow', 'blue', 'indigo', 'violet',
'ultraviolet']
```

.extend() 會取一個參數，這個參數必須要是可迭代的資料型態。參數裡的元素會按照原本的順序新增到 list 尾端。

就像 .insert() 和 .append() 一樣，.extend() 也是就地改變 list，回傳 None。

通常 .extend() 會用另一個 list 做引數，不過也可以用 tuple。例如上面的範例也可以寫成這樣：

```
>>> colors.extend(("violet", "ultraviolet"))
```

這一節討論的 4 種 list 方法是大家最常使用的，下表整理了你在這邊學到的內容：

串列方法	簡述
.insert(i, x)	在索引 i 插入值 x
.append(x)	在 list 末端插入值 x
.extend(it)	在 list 末端將所有可迭代的值按順序插入（it 是可迭代物件）
.pop(i)	刪除並傳回索引 i 的元素

數字 list 的函式

對內容都是數字的 list 來說，把所有值相加求總和是很常用的運算。你可以用 for 迴圈來執行：

```
>>> nums = [1, 2, 3, 4, 5]
>>> total = 0
>>> for number in nums:
...     total = total + number
...
>>> total
15
```

首先把變數 total 初始化成 0，然後用迴圈走訪 nums 的每個數字，把數字都加到 total，最終得出 15 這個值。

儘管這個 for 迴圈已經很簡單明瞭，但還有一種更快速的方法：

```
>>> sum([1, 2, 3, 4, 5])
15
```

內建函式 sum() 會取一個 list 作為引數，傳回 list 裡所有值的總和。

如果傳給 sum() 的 list 裡面有任何不是數字的值，就會引發 TypeError：

```
>>> sum([1, 2, 3, "four", 5])
Traceback (most recent call last):
  File "<stdin>", line 1, in <module>
    sum([1, 2, 3, "four", 5])
TypeError: unsupported operand type(s) for +: 'int' and 'str'
```

除了 sum() 之外，還有兩個很好用的內建函式可以處理數字 list：min() 和 max()。這兩個函式分別會傳回 list 裡的最小值和最大值：

```
>>> min([1, 2, 3, 4, 5])
1
>>> max([1, 2, 3, 4, 5])
5
```

另外 `sum()`、`min()` 和 `max()` 也適用於 tuple：

```
>>> sum((1, 2, 3, 4, 5))
15
>>> min((1, 2, 3, 4, 5))
1
>>> max((1, 2, 3, 4, 5))
5
```

Python 內建了 `sum()`、`min()`、`max()`，就表示這些函式都會很頻繁用到，相信以後你自己寫程式的時候也會常常使用。

list 生成式

除了 `list()` 函式以外，還有另一種方法能用可迭代的資料型別建立 list，就是 **list 生成式（list comprehension）**：

```
>>> numbers = (1, 2, 3, 4, 5)
>>> squares = [num**2 for num in numbers]
>>> squares
[1, 4, 9, 16, 25]
```

list 生成式是一種 `for` 迴圈的簡寫方式。上面的範例第一行建立了有 5 個數字的 tuple 字面值，指派給 `numbers` 變數。在第二行，list 生成式走訪 `numbers` 的每個數字，計算每個數字的平方，然後把計算後的新 list 指派給 `squares` 變數。

如果用基本款的 `for` 迴圈來建立平方數的 list，就需要先建立一個空 list，再來走訪 `numbers` 的每個數字，把每個數字的平方加到空 list：

```
>>> squares = []  # <-- 這三行可以簡化成一行 list 生成式
>>> for num in numbers:
...     squares.append(num**2)
...
>>> squares
[1, 4, 9, 16, 25]
```

list 生成式常常用來把 list 的值轉換成不同的型別。像是要把 list 裡面字串型態的浮點數轉換成浮點數型態，就可以用這樣的 list 生成式：

```
>>> str_numbers = ["1.5", "2.3", "5.25"]
>>> float_numbers = [float(value) for value in str_numbers]
>>> float_numbers
[1.5, 2.3, 5.25]
```

list 生成式不是 Python 特有的功能，但這是 Python 深受喜愛的特性之一。如果你在程式裡需要用迴圈處理其他可迭代的資料，再把元素加到一個空 list，那你很可能就可以改用 list 生成式來寫這支程式！

編註：雖然你可能還不習慣使用 list 生成式，不過這在 Python 程式碼很常見，一定要先知道這個用法，以後再慢慢學會使用它。

練習題

你可以在 https://www.flag.com.tw/bk/st/F3747 找到這些練習題的解答：

1. **建立一個名為 food 的 list，裡面有兩個元素 "rice" 和 "beans"。**
2. **用 .append() 把字串 "broccoli" 加到 food。**
3. **用 .extend() 把字串 "bread" 和 "pizza" 加到 food。**
4. **用 print() 和切片顯示 food 的前兩項元素。**
5. **用 print() 和索引顯示 food 的最後一項元素。**

⬇

6. 用字串方法 .split()，從字串 "eggs, fruit, orange juice" 建立一個名為 breakfast 的 list。
7. 用 len() 確認 breakfast 裡是不是有 3 個元素。
8. 用 list 生成式計算 breakfast 裡每個字串的長度，建立一個名為 lengths 的新 list。

9.3 巢狀、複製和排序

現在你已經了解 tuple 和 list 是什麼、怎麼建立、還有怎麼執行一些基本操作。我們再來看看另外 3 個概念：

1. 巢狀
2. 複製
3. 排序

巢狀 list 和 tuple

list 和 tuple 裡面可以放入任何型別的值，包括 list 和 tuple。一個**巢狀** list 或 tuple 就是指裡面又裝著另一個 list 或 tuple。

比如說這個 list 裡面有兩個值，這兩個值也都是 list：

```
>>> two_by_two = [[1, 2], [3, 4]]
>>> # two_by_two 的長度為 2
>>> len(two_by_two)
2
```
Next

```
>>> # two_by_two 的兩個元素都是 list
>>> two_by_two[0]
[1, 2]
>>> two_by_two[1]
[3, 4]
```

因為 two_by_two[1] 就是 [3, 4] 這個 list，所以你可以用兩次索引來存取內層 list 的元素：

```
>>> two_by_two[1][0]
3
```

首先，Python 會計算 two_by_two[1]，得到 [3, 4]，然後 Python 再計算 [3, 4][0]，取得第一個元素 3。

粗略的說，你可以把雙層 list 或雙層 tuple 看成一種有行有列的表格。

two_by_two 這個 list 有兩個「列」，[1, 2] 和 [3, 4]。two_by_two 的「行」則是各列的元素組成的，第一行有元素 1 和 3，第二行有元素 2 和 4。

不過，這個表格的類比只是一種幫助你想像巢狀 list 的非正規方式，不是所有情況都適用。舉例來說，不是所有放在同一個 list 裡的 list 都一定有相同的長度，在長度各不相同的情況，表格的類比自然就不適用。

小提醒

雖然前面有提到 tuple 是不可變的，但是在 tuple 裡放入 list 的話，就會發現內層 list 的內容居然是可以修改的。

```
>>> tuple_of_lists = ([1, 2], [3, 4])
>>> tuple_of_lists[0][0] = 'x'
>>> tuple_of_lists
(['x', 2], [3, 4])
```

這是 Python 裡關於可變性的一個例外，也容易造成混淆。除非確實有必要，否則建議還是要避免這種 tuple 和 list 互相套疊的情況。

複製 list

有時候你會需要把一個 list 複製成另一個 list。不過你不能就直接把 list 指派到另一個 list 變數，因為你會遇到像這樣（可能令人很意外）的結果：

```
>>> animals = ["lion", "tiger", "frumious Bandersnatch"]
>>> large_cats = animals
>>> large_cats.append("Tigger")
>>> large_cats
['lion', 'tiger', 'frumious Bandersnatch', 'Tigger']
>>> animals  # <-- 原本的 list 也被修改了
['lion', 'tiger', 'frumious Bandersnatch', 'Tigger']
```

在這個範例裡，我們先把儲存在變數 `animals` 的 list 指派給變數 `large_cats`，然後把新字串 `"Tigger"` 加進 `large_cats`。但是顯示原本的 list，也就是 `animals` 的內容時，卻看到它也被修改了。

這是 Python 物件導向設計的結果，如果不了解相關的特性，就很容易引發類似的誤會。在你執行 `large_cats = animals` 這行程式之後，`large_cats` 和 `animals` 變數都會「代表」同一個物件。

變數名稱其實只是像檢索目錄一樣的概念，程式實際上要先查詢變數名稱對照到的電腦記憶體位置，然後才能知道變數裡儲存的值。`large_cats = animals` 這行程式並不會複製 `animals` 的內容然後創造新的 list，而是會把 `animals` 這個變數名稱對照的記憶體位置也指派給 `large_cats`。也就是說，兩個變數名稱現在都對應到同一個記憶體位置，只要變更其中一個變數，就會影響到另一個變數。

如果要做出獨立的 `animals` 複本，你可以利用切片取得內容完全相同的新 list：

```
>>> animals = ["lion", "tiger", "frumious Bandersnatch"]
>>> large_cats = animals[:]
>>> large_cats.append("leopard")
>>> large_cats
['lion', 'tiger', 'frumious Bandersnatch', 'leopard']
>>> animals
["lion", "tiger", "frumious Bandersnatch"]
```

因為 [:] 切片沒有指定索引，所以 list 的每個元素都會在範圍內。現在 large_cats 裡的元素和 animals 的內容相同、順序也相同，而且用 .append() 把元素加到 large_cats 也不會影響 animals 的內容。

如果要複製巢狀串列，還是可以使用切片 [:]：

```
>>> matrix1 = [[1, 2], [3, 4]]
>>> matrix2 = matrix1[:]
>>> matrix2[0] = [5, 6]  # <-- 重新指派 matrix2 的元素
>>> matrix2
[[5, 6], [3, 4]]
>>> matrix1  # <-- matrix1 沒有被影響
[[1, 2], [3, 4]]
```

我們來看看修改 matrix2 索引 1 的 list 內容會發生什麼事：

```
>>> matrix2[1][0] = 1  # <-- 修改內層的 list
>>> matrix2  # <-- 原本是 [[5, 6], [3, 4]]
[[5, 6], [1, 4]]
>>> matrix1  # <-- 原本是 [[1, 2], [3, 4]]
[[1, 2], [1, 4]]
```

注意看，matrix1 內層的第二個 list 也被改變了！

這是因為 list 並沒有真的把元素「裝」在裡面，list 裡面只有元素的「檢索目錄」，對照到記憶體中的位置。[:] 會傳回一個新的 list 沒錯，但新的 list 的元素，也就是內層的 list，裡面的內容還是會對照到原本的記憶體位置。在程式設計的行話中，這種複製的方法稱為**淺複製（shallow copy）**。

你必須做到所謂的**深複製（deep copy）**，才能真的複製 list 和裡面的所有元素。深複製所做出的複本會是一個真正獨立的複本。你可以使用 Python 的 `copy` 模組裡的函式 `deepcopy()` 來執行 list 的深複製：

```
>>> import copy
>>> matrix3 = copy.deepcopy(matrix1)
>>> matrix3[1][0] = 3
>>> matrix3
[[5, 6], [3, 4]]
>>> matrix1
[[5, 6], [1, 4]]
```

`matrix3` 是 `matrix1` 用深複製做出來的，改變 `matrix3` 裡 list 的元素後，`matrix1` 的對應元素不會被改變。

編註：`matrix2 = matrix1[:]` 這行程式碼只能做到淺複製，若要完整複製 list 內外層所有元素，土法煉鋼的做法就是要再增加：`matrix2[0] = matrix1[0][:]` 和 `matrix2[1] = matrix1[1][:]`，而使用 `deepcopy()` 就是不管有幾層都可以自動幫你完整複製。

小提醒

關於淺複製和深複製的更多資訊，可以查看 Real Python 網站上的 "Shallow vs Deep Copying of Python Objects."（https://realpython.com/copying-python-objects/）。

排序 list

list 有一個 `.sort()` 方法，可以把所有元素由小到大排序。預設情況下，list 會依照元素的型別，決定是依照字典序排列或是依照數字大小排列：

```
>>> # 字串 list 按照字母排序
>>> colors = ["red", "yellow", "green", "blue"]
>>> colors.sort()
>>> colors
['blue', 'green', 'red', 'yellow']
>>> # 數字 list 按照數值排序
```

Next

```
>>> numbers = [1, 10, 5, 3]
>>> numbers.sort()
>>> numbers
[1, 3, 5, 10]
```

注意 `.sort()` 會把 list 就地排序，不需要把結果指派給任何變數。

`.sort()` 有一個可以選填的參數 `key`，可以調整 list 的排序方式。`key` 參數會接收一個函式名稱，`.sort()` 方法會把每個元素都傳入這個函式，再依據函式的回傳值排序。

例如，你可以把 `len` 函式傳到 `key` 參數，這樣 `.sort()` 就會按每個字串的長度對字串 list 排序：

```
>>> colors = ["red", "yellow", "green", "blue"]
>>> colors.sort(key=len)
>>> colors
['red', 'blue', 'green', 'yellow']
```

指定 `key` 參數的時候，只要傳入函數名稱就好，不用加上括號。我們在前面的範例是輸入 `key=len`，而不是 `key=len()`。關於指定參數的函式呼叫，可以複習 6.2 節。

重要事項

傳給 `key` 參數的函式必須是只接受一個引數的函式。

你還可以把使用者定義的函式傳給 `key`。在接下來的範例，我們定義了一個 `get_second_element()` 函式，然後用這個函式把一個 tuple 組成的 list 按照 tuple 裡第二個元素的大小排序：

```
>>> def get_second_element(item):
...     return item[1]
```

Next

```
...
>>> items = [(4, 1), (1, 2), (-9, 0)]
>>> items.sort(key=get_second_element)
>>> items
[(-9, 0), (4, 1), (1, 2)]
```

在這個程式，`get_second_element()` 函式會傳回序列的第二個元素。把這個函式傳進 `items.sort()` 之後，這 3 個 tuple 就會按照函式傳回的值排序。`(-9, 0)` 傳回 `0`，所以會排在第一個；`(4, 1)` 傳回 `1`，所以排第二；`(1, 2)` 傳回 `2`，就排在最後面。

練習題

你可以在 https://www.flag.com.tw/bk/st/F3747 找到這些練習題的解答：

1. **建立一個內容有兩個值的 tuple，名為 `data`，第一個值是 tuple `(1, 2)`，第二個值是 tuple `(3, 4)`。**
2. **寫一個 `for` 迴圈，顯示 `data` 內層每個 tuple 的元素總和。輸出應該像這樣：**

```
Row 1 sum: 3
Row 2 sum: 7
```

3. **建立一個 list `[4, 3, 2, 1]`，指派給變數 `numbers`。**
4. **用 `[:]` 複製 `numbers` 的內容，指派給變數 `numbers_copy`。**
5. **用 `.sort()`，按數值從小到大對 `numbers` 排序。**

9.4 挑戰：存取巢狀 list

寫一個程式，裡面放入這個 list：

```
universities = [
    ['California Institute of Technology', 2175, 37704],
    ['Harvard', 19627, 39849],
    ['Massachusetts Institute of Technology', 10566, 40732],
    ['Princeton', 7802, 37000],
    ['Rice', 5879, 35551],
    ['Stanford', 19535, 40569],
    ['Yale', 11701, 40500]
]
```

定義只接收一個參數的函式 `enrollment_stats()`，參數必須是一個巢狀 list，每個內層的 list 有 3 個元素：

1. 一所大學的名稱
2. 在這所大學註冊的學生總數
3. 這所大學每年的學費

`enrollment_stats()` 要傳回兩個 list，第一個是各大學的註冊學生總數，第二個是各大學的學費。

接下來，定義兩個函式 `mean()` 和 `median()`，都是接收一個 list 引數，然後分別要傳回 list 的平均值和中位數。

用 `universities`、`enrollment_stats()`、`mean()` 和 `median()`，計算學生總數、學費總合、學生數的平均數和中位數，還有學費的平均值和中位數。

```
********************************
Total students:    77,285
Total tuition:   $ 271,905

Student mean:      11,040.71
Student median:    10,566

Tuition mean:    $ 38,843.57
Tuition median: $ 39,849
********************************
```

最後，以 f- 字串輸出所有的值，看起來像這樣：

你可以在 https://www.flag.com.tw/bk/st/F3747 找到這個挑戰題的解答。

9.5 挑戰：七步成詩

在這個挑戰中，我們要寫一個新詩產生器。

先建立 5 個不同詞類的 list：

1. 名詞：["fossil", "horse", "aardvark", "judge", "chef", "mango", "extrovert", "gorilla"]
2. 動詞：["kicks", "jingles", "bounces", "slurps", "meows", "explodes", "curdles"]
3. 形容詞：["furry", "balding", "incredulous", "fragrant", "exuberant", "glistening"]
4. 介系詞：["against", "after", "into", "beneath", "upon", "for", "in", "like", "over", "within"]

5. 副詞：["curiously", "extravagantly", "tantalizingly", "furiously", "sensuously"]

再來從每個 list 隨機選擇以下數量的元素：

- 3 個名詞
- 3 個動詞
- 3 個形容詞
- 2 個介系詞
- 1 個副詞

你可以用 random 模組的函式 choice() 來做隨機選擇。choice() 會取一個 list 當引數，然後隨機傳回 list 裡的一個元素。

例如這段程式碼用 random.choice() 從 ["a", "b", "c"] 取得隨機元素：

```
import random
random_element = random.choice(["a", "b", "c"])
```

```
A {adj1} {noun1}

A {adj1} {noun1} {verb1} {prep1} the {adj2} {noun2}
{adverb1}, the {noun1} {verb2}
the {noun2} {verb3} {prep2} a {adj3} {noun3}
```

使用隨機選擇的單詞，依據以下結構產出一首詩然後顯示出來。這個結構的靈感來自於柯利弗德．皮寇弗（Clifford Pickover, https://en.wikipedia.org/wiki/Clifford_A._Pickover）：

在這裡，noun 代表名詞，verb 代表動詞，adj 代表形容詞，prep 代表介系詞。

這是這個程式可能產生的其中一首詩：

```
A furry horse

A furry horse curdles within the fragrant mango
extravagantly, the horse slurps
the mango meows beneath a balding extrovert
```

每次程式執行都要產生一首新的詩。

你可以在 https://www.flag.com.tw/bk/st/F3747 找到這個挑戰題的解答。

9.6 記錄資料的對應關係：字典

字典（dictionary）是 Python 最實用的資料結構之一。在這一節你會學到什麼是字典、字典和 list、tuple 的區別，還有在程式裡定義和使用字典。

什麼是字典？

簡單來說，字典是一本用來解釋字詞的書。字典裡的每個條目都有兩部分：要解釋的字詞，還有字詞的解釋。說笑的，我們要討論的當然不是厚厚的紙本字典，而是一種 Python 的資料結構，就叫作「字典」。

Python 的字典就像 list 和 tuple 一樣，可以容納許多元素。不過字典儲存元素的方式並不是序列，而是以**鍵值配對（key-value pairs）**來儲存。也就是說，字典的每個元素都有兩個部分：**鍵（key）**和**值（value）**。

鍵值配對裡的**鍵**必須是不重複的名稱，用來當做配對**值**的標示。以真實的辭典作比喻的話，鍵就像要解釋的字詞，值就像字詞的解釋。

例如，你可以用字典來儲存美國各州和首府的名稱：

鍵	值
"California"	"Saramento"
"New York"	"Albany"
"Texas"	"Austin"

這個表格裡的「鍵」是州名，「值」是州的首府名稱。

現實的辭典和 Python 字典最大的區別是，Python 字典的鍵與值之間的關係是完全隨意的，任何鍵都可以配上任何值。

像是下表這樣的鍵值配對也是完全可行的。就算內容完全無關，在 Python 也不是問題，只要每個鍵都不重複，而都有配對到某個值就可以建立字典：

鍵	值
1	"Sunday"
"red"	12:45pm
17	True

這張表的鍵和值之間看起來一點關係也沒有，唯一的關係就只有在這個字典裡被放在一起而已。就這一點來說，Python 字典其實更像是數學上的**映射**（**map**），也就是用來表示兩個集合之間的對應關係。

字典的概念用映射來理解會好懂很多。從這個角度來看，現實的辭典就是記錄字詞和其解釋定義的映射。

至於 Python 字典就是用來表示「鍵」的集合和「值」的集合之間對應關係的一種資料結構。每個鍵都會對應到指定的值，這就是由字典定義的對應關係。

建立字典

這段程式碼用**字典字面值（dictionary literal）**建立了一個美國各州和首府名稱的字典：

```
>>> capitals = {
    "California": "Sacramento",
    "New York": "Albany",
    "Texas": "Austin",
}
```

要注意鍵、值之間是用冒號來分隔的，各組配對之間則是用逗號分隔，整個字典再用大括號（{}）括起來。

內建的 `dict()` 函式也可以用一串 tuple 來建立字典：

```
>>> key_value_pairs = (
...     ("California", "Sacramento"),
...     ("New York", "Albany"),
...     ("Texas", "Austin"),
... )
>>> capitals = dict(key_value_pairs)
```

不管你怎麼建立字典，在檢視字典的時候都會顯示成字典字面值：

```
>>> capitals
{'California': 'Sacramento', 'New York': 'Albany', 'Texas':
'Austin'}
```

小提醒

如果你使用的是 3.6 版以前的 Python 版本，那你會發現互動視窗輸出的字典排序和這些範例不一樣。

在 Python 3.6 版之前，Python 字典裡鍵值配對的順序是隨機的。在之後的版本，鍵值配對的順序則固定會是插入字典時的順序。

字典字面值或 `dict()` 也都可以用來建立空字典：

```
>>> {}
{}
>>> dict()
{}
```

現在你已經建立了一個字典，我們來看看要怎麼存取裡面的值。

存取字典裡的值

在字典的變數名稱後面加上中括號（`[]`）和字典裡的鍵，就可以存取對應的值：

```
>>> capitals["Texas"]
'Austin'
```

這個存取字典值的中括號看起來很像存取字串、list 和 tuple 索引的符號。但是從根本上來看的話，字典是一種和 list、tuple 等序列完全不同的資料結構。

我們先在這個問題暫停一下，換個話題。其實這個 `capitals` 字典也可以用 list 來呈現：

```
>>> capitals_list = ["Sacramento", "Albany", "Austin"]
```

你可以用索引從 `capitals_list` 取出這三個州的首府名稱：

```
>>> capitals_list[0] # California 的首府
'Sacramento'
>>> capitals_list[2] # Texas 的首府
'Austin'
```

而字典的一大優點就是，用字典存取值的程式碼會更能看得出脈絡。`capitals["Texas"]` 會比 `capitals_list[2]` 更容易理解，而且你也不必在長長的 list 或 tuple 裡記住資料的順序。

這種存取資料的概念就是序列和字典的最大區別。序列的值是用索引來存取，索引可以呈現序列的元素順序。字典的值是用鍵來存取的，鍵和字典的元素順序無關，就只是可以取出對應值的標籤。

加入和刪除字典裡的值

和 list 一樣，字典是可變的資料結構。也就是你可以在字典裡增加和刪除項目。

我們來把 `Colorado` 的首府加進 `capitals` 字典：

```
>>> capitals["Colorado"] = "Denver"
```

首先，就像存取值的時候一樣，在字典變數後面加上 `"Colorado"` 字串和中括號。再來使用賦值算符（=）把 `"Denver"` 這個值指派給新的鍵。

現在你檢視 `capitals` 的時候，就會看到一個新的鍵 `"Colorado"`，對應值是 `"Denver"`：

```
>>> capitals
{'California': 'Sacramento', 'New York': 'Albany', 'Texas':
'Austin', 'Colorado': 'Denver'}
```

字典的每個鍵只能指派一個值，如果一個鍵被指派新的值，那麼 Python 就會把舊的值覆蓋掉：

```
>>> capitals["Texas"] = "Houston"
>>> capitals
{'California': 'Sacramento', 'New York': 'Albany', 'Texas':
'Houston', 'Colorado': 'Denver'}
```

用 `del` 關鍵字加上要刪除的項目，就能把項目從字典刪除：

```
>>> del capitals["Texas"]
>>> capitals
{'California': 'Sacramento', 'New York': 'Albany', 'Colorado':
'Denver'}
```

檢查特定的鍵是不是在字典裡

如果你試圖用不存在的鍵來存取字典，Python 會發出 KeyError 例外訊息：

```
>>> capitals["Arizona"]
Traceback (most recent call last):
  File "<pyshell#1>", line 1, in <module>
    capitals["Arizona"]
KeyError: 'Arizona'
```

KeyError 是使用字典時最常遇到的錯誤。這個錯誤出現的時候，就表示程式使用了不存在的鍵來存取值。

你可以用 `in` 關鍵字來檢查字典裡有沒有某個鍵：

```
>>> "Arizona" in capitals
False
>>> "California" in capitals
True
```

有了 in 這一招，你就可以在進行操作之前先檢查要用的鍵是不是真的存在：

```
>>> if "Arizona" in capitals:
...     # "Arizona" 存在才會輸出
...     print(f"The capital of Arizona is {capitals['Arizona']}.")
```

務必記得是要檢查鍵，而不是檢查值：

```
>>> "Sacramento" in capitals
False
```

儘管 "Sacramento" 是 capitals 裡 "California" 這個鍵的對應值，傳回的結果也還是 False。

對字典進行迭代

跟 list 和 tuple 一樣，字典也是可迭代的。但是用迴圈處理字典和處理 list 或 tuple 不太一樣。for 迴圈走訪字典的時候，取得的只有字典的鍵：

```
>>> for key in capitals:
...     print(key)
...
California
New York
Colorado
```

所以，如果要用迴圈讀取 capitals 字典來顯示 "The capital of 州名 is 首府名"，那你可以這樣做：

```
>>> for state in capitals:
        print(f"The capital of {state} is {capitals[state]}")

The capital of California is Sacramento
```
Next

```
The capital of New York is Albany
The capital of Colorado is Denver
```

還有一種更簡潔一點的方式，就是用 `.items()` 這個字典方法。`.items()` 會傳回一個類似 list 的結構，裡面包含所有鍵值配對的 tuple。例如，`capitals.items()` 就會傳回一串州名和對應首府名的 tuple：

```
>>> capitals.items()
dict_items([('California', 'Sacramento'), ('New York', 'Albany'),
('Colorado', 'Denver')])
```

`.items()` 傳回的不是真正的 list，這是一個特殊的型別，叫做 `dict_items`：

```
>>> type(capitals.items())
<class 'dict_items'>
```

用不著煩惱 `dict_items` 到底是什麼，因為我們通常不會直接使用。重要的是，要知道迴圈可以用 `.items()` 同時走訪字典的鍵和值。

我們用 `.items()` 重寫前面的迴圈：

```
>>> for state, capital in capitals.items():
...     print(f"The capital of {state} is {capital}")

The capital of California is Sacramento
The capital of New York is Albany
The capital of Colorado is Denver
```

用迴圈迭代存取 `capitals.items()` 的時候，每一次迭代都會取得一個含有州名和對應首府名稱的 tuple。把這個 tuple 指派給 `state, capital`，就可以讓 tuple 的元素解包成兩個變數 `state` 和 `capital`。

字典的鍵與不可變性

在這節一直使用的 capitals 字典裡，每個鍵都是一個字串。但是其實沒有規定字典的鍵必須是相同的型別。

譬如你也可以在 capitals 字典加入整數的鍵：

```
>>> capitals[50] = "Honolulu"
>>> capitals
{'California': 'Sacramento', 'New York': 'Albany',
'Colorado': 'Denver', 50: 'Honolulu'}
```

字典的鍵只有一個限制，就是只能使用不可變的型別。所以像 list 這種型別的值就不能當作字典的鍵。

想像一下：如果把 list 當作字典的鍵，然後在之後的程式又更改這個 list，那會發生什麼事？這個 list 在字典裡應該要和修改前的 list 對應到相同的值嗎？還是應該把本來的 list 對應的值從字典裡刪除掉？

Python 決定不去猜測應該做什麼才對，而是發出一個例外訊息：

```
>>> capitals[[1, 2, 3]] = "Bad"
Traceback (most recent call last):
  File "<stdin>", line 1, in <module>
    capitals[[1, 2, 3]] = "Bad"
TypeError: unhashable type: 'list'
```

這裡列出了你現在學過的所有資料型別裡面，可以用來當作字典的鍵的型別：

可用的字典鍵資料型別	
整數 (int)	**布林** (bool)
浮點數 (float)	**元組** (tuple)
字串 (str)	

字典的值和鍵不一樣，值可以是任何 Python 的型別，也可以是其他字典！

巢狀字典

就像把 list 放進其他 list，或是把 tuple 放進其他 tuple 一樣，你也可以建立巢狀的字典。

我們修改一下 capitals 字典來說明：

```
>>> states = {
...     "California": {
...         "capital": "Sacramento",
...         "flower": "California Poppy"
...     },
...     "New York": {
...         "capital": "Albany",
...         "flower": "Rose"
...     },
...     "Texas": {
...         "capital": "Austin",
...         "flower": "Bluebonnet"
...     },
... }
```

這次我們不直接把州和首府配對，而是把每個州名和一個子字典配對。每個鍵（州名）的值都是一個字典，內容是各州的首府和州花：

```
>>> states["Texas"]
{'capital': 'Austin', 'flower': 'Bluebonnet'}
```

要取 Texas 的州花資料的話，就先取鍵 "Texas" 的值，然後再取鍵 "flower" 的值：

```
>>> states["Texas"]["flower"]
'Bluebonnet'
```

巢狀字典的使用頻率可能會比你想像的還要高。這種結構在處理網路上傳輸的資料時特別好用。巢狀字典也非常適合用來模擬結構化的資料，例如試算表或關聯式資料庫。

練習題

你可以在 https://www.flag.com.tw/bk/st/F3747 找到這些練習題的解答：

1. **建立一個名為 `captains` 的空字典。**
2. **用中括號把以下船艦和船長名稱的對應資料一次一項輸入到字典裡：**

```
• 'Enterprise': 'Picard'
• 'Voyager': 'Janeway'
• 'Defiant': 'Sisko'
```

3. **寫兩個 `if` 敘述，檢查字典裡有沒有 `"Enterprise"` 和 `"Discovery"` 這兩個鍵。如果鍵不存在，就新增這個鍵，把值設為 `"unknown"`。**
4. **寫一個 `for` 迴圈來顯示字典裡的船艦名和船長名。輸出結果應該像這樣：**

```
The Enterprise is captained by Picard.
```

5. **從字典裡刪除 `"Discovery"`。**
6. **加分題：步驟一和步驟二改成用一行 `dict()` 函式完成。**

9.7 挑戰：美國各州首府巡禮

用你的字典和 `while` 迴圈來認識一下美國各州首府吧！

首先建立 capitals.py 檔案，在檔案裡輸入一個字典，把所有的州和首府都填進去：

```
capitals_dict = {
    'Alabama': 'Montgomery',
    'Alaska': 'Juneau',
    'Arizona': 'Phoenix',
    'Arkansas': 'Little Rock',
    'California': 'Sacramento',
    'Colorado': 'Denver',
    'Connecticut': 'Hartford',
    'Delaware': 'Dover',
    'Florida': 'Tallahassee',
    'Georgia': 'Atlanta',
}
```

接下來，從字典裡隨機選擇一個州名（你需要在程式的開頭加上 `import random`），再把州名和首府指派給兩個變數。

然後向使用者顯示這個州的名稱，讓使用者輸入首府。如果使用者回答錯誤，就反複詢問，直到輸入正確答案或輸入 `"exit"` 為止。

如果使用者回答正確，就顯示 `"Correct"` 並結束程式。如果使用者沒有猜對就退出，則顯示正確答案和 `"Goodbye"`。

小提醒

要確認使用者不會因為大小寫不同而被判定錯誤，也就是說 `"Denver"` 這個答案要當作和 `"denver"` 是一樣的。退出的時候，輸入 `"EXIT"` 和 `"Exit"` 也都要有效。

你可以在 https://www.flag.com.tw/bk/st/F3747 找到這個挑戰題的解答。

9.8 如何選擇資料結構

你在這章學了 Python 的 3 種內建資料結構：list、tuple 和字典。你可能會想知道，要在什麼時候使用哪種資料結構？這是一個很好的問題，也是許多新進的 Python 程式設計師都需要下苦功的地方。

你使用的資料結構類型會取決於你要解決的問題，沒有什麼一律適用的鐵則可以選出正確的資料結構。你總是會需要花一點時間來思考、挑選最適合的結構。

幸好，還是有一些可以幫助選擇的參考原則。

在這些情況使用 list：

- 資料本身有順序。
- 你需要在程式運行期間更新或修改資料。
- 資料結構的主要目的是用來做迭代。

在這些情況使用 tuple：

- 資料本身有順序。
- 你不需要在程式運行期間更新或修改資料。
- 資料結構的主要目的是用來做迭代。

在這些情況使用字典：

- 資料沒有順序，或者順序不重要。
- 你需要在程式運行期間更新或修改資料。
- 資料結構的主要目的是用來查找裡面的值。

9.9 挑戰：戴帽子的貓

你有 100 隻貓。

有一天，你決定把所有的貓圍成一個大圓圈。一開始，這些貓都沒有戴帽子。你繞著這個貓咪圓圈走了 100 圈，每一次都從第一隻貓（#1）開始繞。在繞圈的過程中，如果你停下來，就會檢查旁邊的貓咪有沒有戴著帽子。如果貓咪沒有戴帽子，你就幫牠戴上帽子；如果貓咪有戴帽子，你就把帽子摘掉。

1. 在第一圈，你會在每一隻貓旁邊都停下來，讓每隻貓戴上帽子。
2. 第二圈，你會每兩隻貓（#2、#4、#6、#8 以此類推）停下來一次。
3. 第三圈，你會每三隻貓（#3、#6、#9、#12 以此類推）停下來一次。
4. 持續這個程序，直到繞著貓轉了 100 圈。在最後一圈，你只會停在貓咪 #100 旁邊。

寫一個程式，輸出最後哪些貓戴著帽子。

小提醒

不管用什麼方法，這都不是一個簡單的問題，但解法也不像看起來那麼複雜。這個問題經常出現在求職面試，因為這可以測試你從難題中整理問題的能力。

保持冷靜，從畫圖和筆記開始。找到其中的模式，然後再開始寫程式碼！

9.10 摘要與額外資源

你在這章學習了 3 種資料結構：list、tuple 和字典。

像 `[1, 2, 3, 4]` 這樣的 list 是可變的，你可以用各種 list 方法互動，像是 `.append()` 和 `.extend()`，也可以用 `.sort()` 方法來排序。另外還可以用索引和切片來存取 list 的各個元素，就像字串一樣。

tuple 和 list 一樣是序列，兩者最大的區別在於 tuple 是不可變的。一旦建立了一個 tuple 就不能改變。tuple 跟 list 一樣，可以用索引和切片來存取元素。

字典儲存的資料則是鍵值配對。字典不是序列，所以不能用索引來存取元素，只能用鍵來存取。字典非常適合用來儲存對應關係，或在需要快速存取資料的時候使用。和 list 一樣，字典也是可變的。

list、tuple 和字典都是可迭代的，也就是可以用迴圈走訪裡面的元素。你在這章也學到怎麼使用 `for` 迴圈來處理這 3 個結構。

互動式測驗

這一章有免費的線上測驗，可以確認你的學習進度。你可以使用手機或電腦到這個網址進行測驗：https://realpython.com/quizzes/pybasics-tuples-lists-dicts/

額外資源

想要了解更多內容，可以參考以下資源：

- Lists and Tuples in Python（https://realpython.com/python-operators-expressions/#logical-operators）
- Dictionaries in Python（https://realpython.com/python-conditional-statements/）

如果想進一步提升你的 Python 實力，歡迎查看：https://realpython.com/python-basics/resources/。

物件導向程式設計（OOP）

物件導向程式設計（**OOP**，object-oriented programming）是一種設計程式的方法，把彼此相關的資料和操作結合成單一的物件（object），再用物件來建構程式。

從概念上來說，物件就像程式的部件。可以把整個程式想成工廠的生產線；在這個產線的各個流程，會有各種部件（機台）對原料進行不同的加工程序，一步一步把原料加工成產品。

物件裡的資料就像工廠生產線上每一步需要的原料；而物件能執行的操作，就像工廠機台執行的加工程序一樣。

在這章你會學到：

- ▶ 建立物件的設計圖——類別
- ▶ 用類別來創造新的物件
- ▶ 用類別繼承來模擬系統

10.1 建立類別

在 Python 中，萬物皆物件。用內建的基本資料結構創建的也都是物件，例如數字、字串和 list。這些物件可以用來表示簡單的資訊，例如蘋果的價格、詩歌的名稱或是你喜歡的所有顏色。但如果想要表示更複雜的東西，那該怎麼辦呢？

舉例來說，假設你想要記錄一間公司裡的員工資料，包括姓名、年齡、職位還有開始工作的年份。

有個方法是把每個員工的資料都做成一個 list：

```
kirk = ["James Kirk", 34, "Captain", 2265]
spock = ["Spock", 35, "Science Officer", 2254]
mccoy = ["Leonard McCoy", "Chief Medical Officer", 2266]
```

這種方法會有很多問題。

首先，本來就很長的程式碼會變得更難管理。如果你的程式在宣告 `kirk` 這個 list 之後，又隔了好幾行才用到 `kirk[0]`，你還能記得索引 `0` 的元素是員工的名字嗎？

再來，如果每個員工 list 的元素數量不同，也可能會導致錯誤。上面的 `mccoy` 缺少年齡這個元素，所以 `mccoy[1]` 傳回的就變成是 `"Chief Medical Officer"` 而不是他的年齡。

有個好方法可以讓這種程式碼更容易管理和維護，那就是使用**類別**（**class**），創造自己定義的物件。

類別 vs 實例

類別（class） 可以讓使用者建立需要的資料結構，而且也可以像字串或 list 這些內建資料結構一樣，定義自己專屬的各種功能函式，這些函式就稱為**方法（method）**。

在這章，你會建立一個 Dog 類別，用來表示一隻狗的相關資訊。

類別只是一張設計圖，上面記載每個項目應該怎麼定義。類別其實不包含任何資料。Dog 類別會指定狗必須有名字和年齡，但上面不會有任何一隻狗的資料。

如果說類別是設計圖，那**實例（instance）** 就是依據類別建造出來、包含真實資料的物件。Dog 類別的實例不只是設計圖，而是有明確屬性的狗（物件），比如 4 歲的 Miles。

用另一個比喻來說，類別就像空白的表格或問卷，實例就像已經填入資料的表格。就像同一份問卷給不同人寫，可能會寫出不同的結果，同一個類別也可以創造出各種不同的實例。

編註：通常用到「實例」這個詞，是為了強調這是從某個類別所建立的物件。所以「某類別的物件」和「某類別的實例」指的是一樣的概念。之後除非有強調的必要，我們都會以慣用的「物件」來稱呼。

定義類別

類別的定義以 class 關鍵字開頭，後面加上類別的名稱和一個冒號。任何在類別定義下面的縮排程式碼都會是類別主體的一部分。

這是一個 Dog 類別的範例：

```
class Dog:
    pass
```

這個 Dog 類別的主體只有一行程式碼。這個 pass 關鍵字通常是用來暫時佔著位子，代表這裡未來會補上其他程式碼。有了這一行 pass，就算類別主體暫時留白，執行程式的時候也不會發生錯誤。

小提醒

依照慣例，Python 的類別名稱要以「首字母大寫」形式命名（編註：這又稱為「大駝峰式命名法」，請注意和變數命名用的「蛇形命名法」不同，可以複習 3.3 節末的說明）。

例如傑克羅素㹴這個品種，就可以寫成 JackRussellTerrier。

目前 Dog 類別還是空白的，我們先來定義一些 Dog 該有的屬性，把這個類別打點一下。我們有很多屬性可以選擇，像是名稱、年齡、毛色和品種等等。為了方便做示範，我們只使用名稱和年齡就好。

建立 Dog 物件的必要屬性會定義在 .__init__() 方法（代表 initialize，初始化，前後要再加上各 2 個底線）。在 Dog 物件建立的時候，.__init__() 方法會自動執行，對物件的各個屬性賦值，設置物件的初始狀態。也就是說，.__init__() 方法會對每個新建立的物件執行初始化。

你可以在 .__init__() 設置任意數量的參數，但第一個參數的名稱一定要是 self。在類別建立新的物件的時候，新的物件本身會自動被傳到 .__init__() 的 self 參數，這樣就能用這個參數定義物件的**屬性（attribute）**。

我們來新增 Dog 類別的內容，加入建立 .name 和 .age 屬性的 .__init__() 方法：

```
class Dog:
    def __init__(self, name, age):
        self.name = name
        self.age = age
```

注意 `.__init__()` 方法的函式簽名縮排了 4 個空格（編註：類別的方法也是一種函式，定義方式和 6.2 節的介紹相同）。這個縮排非常重要，這樣 Python 才會知道，`.__init__()` 方法屬於 `Dog` 類別的一部分。

在 `.__init__()` 的函式主體，有兩行使用了 `self` 參數的程式碼：

1. `self.name = name` 會建立一個 `name` 屬性，指派為 `name` 參數的值。
2. `self.age = age` 會建立一個 `age` 屬性，指派為 `age` 參數的值。

在 `.__init__()` 建立的屬性稱為**實例屬性**（**instance attribute**），每個物件都有自己的實例屬性，會因為接收到的值不同，而有不同的屬性值。例如所有 `Dog` 物件都會有名稱和年齡屬性，但屬性的值可以各自不同。

另一方面，在 `.__init__()` 方法外面對變數名稱賦值的話，就可以定義**類別屬性**（**class attribute**）。類別屬性是所有實例都會相同的屬性。

例如，下面這個範例的 `Dog` 類別有一個 `species` 類別屬性，屬性的值是 `"Canis familiaris"`：

```
class Dog:
    # 類別屬性
    species = "Canis familiaris"

    def __init__(self, name, age):
        self.name = name
        self.age = age
```

這個類別屬性直接定義在類別名稱下面的第一行，縮排 4 個空格。類別屬性一定要設定一個值。之後創建這個類別的物件，就會自動在物件裡建立類別屬性，然後指派成設定的值。

總之，如果是同一類別建立出來的物件都應該相同的屬性，就用類別屬性來定義。如果是不同物件可能會有不同值的屬性，那就用實例屬性。

現在我們有了一個 Dog 類別，來創造一些 Dog 的物件吧！

10.2 建立物件

打開 IDLE 的互動視窗，輸入這些程式碼：

```
>>> class Dog:
...     pass
...
```

這會建立一個沒有屬性或方法的 Dog 類別。

從類別創建新物件的過程稱為**實例化**（**instantiation**）。你可以用類別名稱後面加上括號，就可以建立一個新的 Dog 物件：

```
>>> Dog()
<__main__.Dog object at 0x106702d30>
```

現在我們在 0x106702d30 有一個新的 Dog 物件了。這一串看起來像亂碼的字母和數字是一個記憶體位址，表示 Dog 物件在電腦記憶體裡的儲存位置。你在自己的螢幕上看到的位址應該會不一樣。

現在來建立第二個 Dog 物件：

```
>>> Dog()
<__main__.Dog object at 0x0004ccc90>
```

新的 Dog 物件在不同的記憶體位址，因為這是一個全新的物件，和第一個 Dog 物件完全不同。

我們可以讓 Python 自己來驗證看看：

```
>>> a = Dog()
>>> b = Dog()
>>> a == b
False
```

這段程式碼創造了兩個新的 Dog 物件，分別指派給變數 a 和 b。用 == 算符比較 a 和 b 的結果是 False。儘管 a 和 b 都是從 Dog 類別創造的物件，但它們代表的是記憶體中的不同物件。

類別屬性與實例屬性

現在建立一個新的 Dog 類別，類別屬性的名稱是 .species，兩個實例屬性的名稱是 .name 和 .age：

```
>>> class Dog:
...     species = "Canis familiaris"
...     def __init__(self, name, age):
...         self.name = name
...         self.age = age
...
>>>
```

你必須提供名稱和年齡的值，才能建立 Dog 物件，不然 Python 會發出 TypeError 錯誤訊息：

```
>>> Dog()
Traceback (most recent call last):
  File "<pyshell#6>", line 1, in <module>
    Dog()
TypeError: __init__() missing 2 required positional
    arguments: 'name' and 'age'
```

錯誤訊息裡會告訴你缺少 name 和 age 的引數。把值放在類別名稱後面的括號作為引數，傳給 name 和 age：

```
>>> buddy = Dog("Buddy", 9)
>>> miles = Dog("Miles", 4)
```

上面的程式會創造 2 個新的 Dog 物件，一個是 9 歲的狗 Buddy，另一個是 4 歲的狗 Miles。

這個 Dog 類別的 .__init__() 方法有 3 個參數，那為什麼在範例只傳遞 2 個引數呢？

在你下令要建立新的 Dog 物件的時候，Python 會創造一個新的 Dog 物件，然後自動把這個物件當作引數傳給 .__init__()。這麼一來，就相當於 self 參數被拿掉了，你只需要處理 name 和 age 參數就好。

創造 Dog 物件之後，你可以用一個點加上屬性名稱來存取實例屬性：

```
>>> buddy.name
'Buddy'
>>> buddy.age
9

>>> miles.name
'Miles'
>>> miles.age
4
```

你可以用相同的方式來存取類別屬性：

```
>>> buddy.species
'Canis familiaris'
```

使用類別組織資料的一大好處是，物件裡面有哪些屬性保證會完全如你預期。所有 Dog 物件都會有 .species、.name 和 .age 屬性，你可以放心相信，存取這些屬性都會傳回值。

另外，屬性除了保證會存在，也還可以動態更改：

```
>>> buddy.age = 10
>>> buddy.age
10

>>> miles.species = "Felis silvestris"
>>> miles.species
'Felis silvestris'
```

在這個範例，`buddy` 物件的 `.age` 屬性被改成 `10`，然後 `miles` 物件的 `.species` 屬性被改成 `"Felis silvestris"`。Felis silvestris 是歐洲野貓的學名，這讓 `miles` 變成了一隻很怪的狗，但這在 Python 也是沒問題的！

這裡的重點在於，自定義的物件在預設上是可變的。回想一下在第 9 章學過，如果指派的值可以再修改，那就是可變的物件，例如 list 和字典是可變的，但字串和 tuple 是不可變的。

實例方法

實例方法（instance method）是在類別裡定義的函式，只能由同一個類別的物件來呼叫。就像 `.__init__()` 一樣，實例方法的第一個參數永遠是 `self`。

在 IDLE 開啟一個新的編輯視窗，輸入這個 `Dog` 類別：

```
class Dog:
    species = "Canis familiaris"

    def __init__(self, name, age):
        self.name = name
        self.age = age

    # 實例方法
    def description(self):
```

Next

```
        return f"{self.name} is {self.age} years old"

    # 另一個實例方法
    def speak(self, sound):
        return f"{self.name} says {sound}"
```

這個 Dog 類別有 2 個實例方法：

1. .description() 會傳回一個字串，顯示狗的名字和年齡
2. .speak() 有一個 sound 參數，會傳回狗的名字和發出的聲音組成的字串

把修改過的 Dog 類別儲存成 dog.py 檔案，然後按 F5 執行。之後開啟互動視窗輸入這些內容，查看實例方法的執行狀況：

```
>>> miles = Dog("Miles", 4)

>>> miles.description()
'Miles is 4 years old'

>>> miles.speak("Woof Woof")
'Miles says Woof Woof'

>>> miles.speak("Bow Wow")
'Miles says Bow Wow'
```

這個 Dog 類別的 .description() 會傳回一個字串，內容是 Dog 物件的資訊。在設計類別的時候，最好要設計一個方法，傳回關於物件的重要資訊。不過 .description() 還不是最 Pythonic 的設計方式。

如果你建立了一個 list，可以用 print() 來顯示一個像這樣的字串：

```
>>> names = ["David", "Dan", "Joanna", "Fletcher"]
>>> print(names)
['David', 'Dan', 'Joanna', 'Fletcher']
```

再來對 miles 物件使用 print()，看看會發生什麼事：

```
>>> print(miles)
<__main__.Dog object at 0x00aeff70>
```

執行 print(miles) 之後，你會得到一個神秘兮兮的訊息，告訴你 miles 是一個 Dog 物件，記憶體位址在 0x00aeff70。這個訊息實在沒什麼幫助。但你可以自己修改 print() 會顯示的訊息內容，只要定義一個 .__str__() 特殊實例方法就好。

雙底線方法（dunder method）

在編輯視窗把 Dog 類別的 .description() 方法名稱更改成 .__str__()：

```
class Dog:
    # 保留 Dog 類別的其他內容

    # 將 .description() 更改為 .__str__()
    def __str__(self):
        return f"{self.name} is {self.age} years old"
```

儲存檔案再按 F5。現在你執行 print(miles) 就會得到比較平易近人的輸出了：

```
>>> miles = Dog("Miles", 4)
>>> print(miles)
'Miles is 4 years old'
```

.__init__() 和 .__str__() 這樣的方法被稱為**雙底線方法（dunder method）**，因為開頭和結尾都是雙底線。在 Python 還有很多雙底線方法可以用來設定類別。儘管對一本 Python 入門書來說，雙底線方法是很進階的主題，但這也是掌握 Python 物件導向的一大重點。

在下一節，你可以進一步擴展知識，學會從其他類別來建立類別，但要先確認這節練習題的內容都能理解喔。

練習題

你可以在 https://www.flag.com.tw/bk/st/F3747 找到這些練習題的解答：

1. **修改 Dog 類別，加入第三個實例屬性 coat_color，這個屬性是描述狗的毛色的字串。把你的新類別存檔，在程式的最後加上這些程式碼來測試：**

```
philo = Dog("Philo", 5, "brown")
print(f"{philo.name}'s coat is {philo.coat_color}.")
```

程式的輸出應如下所示：

```
Philo's coat is brown.
```

2. **建立一個 Car 類別，裡面有 2 個實例屬性：.color 是汽車顏色的字串，.mileage 則是行駛里程數。然後創建兩個 Car 物件，一輛是行駛 20,000 公里的藍色汽車，另一輛是行駛 30,000 公里的紅色汽車。在螢幕顯示這 2 個 Car 物件的顏色和里程數，輸出應該像這樣：**

```
The blue car has 20,000 miles.
The red car has 30,000 miles.
```

3. **在 Car 類別增加一個實例方法 .drive()，這個方法會取一個數字作為引數，把這個數字加進 .mileage 屬性的數字。創建一個里程數 0 公里的 car 物件來測試你的程式，呼叫 .drive(100)，再檢視 .mileage 屬性，檢查里程數有沒有變成 100。**

10.3 類別繼承

繼承（**inheritance**）是 Python 的一個功能，可以讓一個類別擁有另一個類別的屬性和方法。新形成的類別稱為**子類別**（**child classes**），而衍生出這個子類別的則稱為**親類別**（**parent classes**）。

子類別可以改寫或擴展親類別的屬性和方法。換句話說，子類別會繼承親類別的所有屬性和方法，但也可以定義自己獨有的屬性和方法。

儘管這不是完美的類比，不過你可以把物件繼承想成一種類似基因繼承的關係。你的頭髮顏色可能遺傳自你的母親，這是你與生俱來的屬性。如果你決定將頭髮染成紫色（假設你的母親不是紫色頭髮），那你就**覆蓋**（**override**）了從母親那裡繼承的頭髮顏色屬性。

如果你的父母說的是英語，你也說英語，那某種意義來說，你也從父母那裡繼承了語言。要是你決定學習第二語言，比如德語，那你就**擴展**（**extend**）了你的屬性，因為你添加了一個父母沒有的屬性。

範例：狗狗公園

想像一個狗狗公園，公園裡有各種不同品種的狗在到處嬉鬧玩耍。

你想用 Python 的類別模擬這個狗狗公園。不過上一節寫的 Dog 類別是用名稱和年齡區分狗，不能按品種區分。

你可以修改編輯視窗的 Dog 類別，增加一個 .breed 屬性：

```
class Dog:
    species = "Canis familiaris"

    def __init__(self, name, age, breed):
```

Next

```
        self.name = name
        self.age = age
        self.breed = breed
```

前面定義好的實例方法只是省略沒有列出來，不要刪掉。寫好後按 F5 執行檔案。

現在你可以在互動視窗創造一群狗來模擬狗狗公園的狀況：

```
>>> miles = Dog("Miles", 4, "Jack Russell Terrier")
>>> buddy = Dog("Buddy", 9, "Dachshund")
>>> jack = Dog("Jack", 3, "Bulldog")
>>> jim = Dog("Jim", 5, "Bulldog")
```

每個品種的狗的叫聲應該要略有不同，例如鬥牛犬的叫聲很低，聽起來像 woof；臘腸犬的叫聲聲調比較高，聽起來更像 yap。

使用這個 Dog 類別的話，每次在 Dog 物件上呼叫 .speak() 都必須提供一個字串引數：

```
>>> buddy.speak("Yap")
'Buddy says Yap'

>>> jim.speak("Woof")
'Jim says Woof'

>>> jack.speak("Woof")
'Jack says Woof'
```

每次呼叫 .speak() 都要傳入字串，實在是很麻煩的事。而且，表示狗叫聲的字串，明明就應該由 .breed 屬性來決定就好，但你卻還是需要每次都自己手動挑正確的字串傳入。

其實你可以為每個品種的狗都創建一個子類別，簡化這個工作流程。子類別可以修改繼承的方法，為 .speak() 指定預設的引數。

親類別 vs 子類別

我們以狗狗公園的範例提到的 3 個品種來創建 3 個子類別：JackRussellTerrier、Dachshund，和 Bulldog。

以下是 Dog 類別的完整定義，等一下建立子類別的時候要作為對照：

```
class Dog:
    species = "Canis familiaris"

    def __init__(self, name, age):
        self.name = name
        self.age = age

    def __str__(self):
        return f"{self.name} is {self.age} years old"

    def speak(self, sound):
        return f"{self.name} says {sound}"
```

創建子類別的方法是，先創建一個新的類別，然後把親類別的名稱放在括號裡。這裡創建了 Dog 類別的 3 個新的子類別：

```
class JackRussellTerrier(Dog):
    pass

class Dachshund(Dog):
    pass

class Bulldog(Dog):
    pass
```

定義好子類別之後，就可以創建這些特定品種的狗：

```
>>> miles = JackRussellTerrier("Miles", 4)
>>> buddy = Dachshund("Buddy", 9)
>>> jack = Bulldog("Jack", 3)
>>> jim = Bulldog("Jim", 5)
```

子類別的物件會繼承親類別的所有屬性和方法：

```
>>> miles.species
'Canis familiaris'

>>> buddy.name
'Buddy'

>>> print(jack)
Jack is 3 years old

>>> jim.speak("Woof")
'Jim says Woof'
```

你可以用內建的 `type()` 來查看物件屬於哪個類別：

```
>>> type(miles)
<class '__main__.JackRussellTerrier'>
```

如果你想確認 `miles` 是不是也屬於 `Dog` 類別的物件，可以用內建的 `isinstance()` 來檢查：

```
>>> isinstance(miles, Dog)
True
```

`isinstance()` 接收兩個引數，第一個是物件變數，第二個是類別的名稱。在上面的範例，`isinstance()` 檢查了 `miles` 是不是 `Dog` 類別的物件，然後傳回 `True`。

`miles`、`buddy`、`jack` 和 `jim` 物件都是 `Dog` 類別的物件，但 `miles` 不是 `Bulldog` 的物件，`jack` 也不是 `Dachshund` 的物件：

```
>>> isinstance(miles, Bulldog)
False

>>> isinstance(jack, Dachshund)
False
```

一般來說，從子類別創建的所有物件都是親類別的物件，但不會是其他子類別的物件。

現在你已經創建了每個品種的子類別，我們來設定不同品種的叫聲。

覆蓋親類別的功能

因為不同品種的狗的叫聲不太一樣，所以你也要在 `.speak()` 方法設置不同的 `sound` 參數預設值。也就是說，你需要**覆蓋**（**override**）每個品種的 `.speak()` 方法。

覆蓋親類別方法的第一步，是在子類別裡定義一個同名的方法。像是在 `JackRussellTerrier` 這個子類別這樣做：

```
class JackRussellTerrier(Dog):
    def speak(self, sound="Arf"):
        return f"{self.name} says {sound}"
```

在這裡，`JackRussellTerrier` 類別定義了自己的 `.speak()` 方法，預設 `sound` 參數設定成 `"Arf"`。

在 dog.py 檔案修改 `JackRussellTerrier` 類別，然後按 F5 存檔並執行檔案。你現在可以在 `JackRussellTerrier` 物件上呼叫 `.speak()`，而且不用傳引數：

```
>>> miles = JackRussellTerrier("Miles", 4)
>>> miles.speak()
'Miles says Arf'
```

同一隻狗也可以發出不同的叫聲，如果要讓 `Miles` 生氣的低吼，你還是可以設定不同的引數來呼叫 `.speak()`：

```
>>> miles.speak("Grrr")
'Miles says Grrr'
```

關於類別的繼承，要牢記一件事：更改親類別會自動影響到子類別。只要更改的屬性或方法沒有在子類別被覆蓋掉，子類別就同樣會更動。

例如，在編輯視窗更改 Dog 類別的 .speak() 傳回的字串：

```
class Dog:
    # 保持其屬性和方法不變

    # 更改從 .speak() 傳回的字串
    def speak(self, sound):
        return f"{self.name} barks: {sound}" # <-- 把 says 改成 barks
```

存檔並按 F5。現在，創建一個新的 Bulldog 物件 jim，jim.speak() 就會傳回新的字串：

```
>>> jim = Bulldog("Jim", 5)
>>> jim.speak("Woof")
'Jim barks: Woof'
```

不過，JackRussellTerrier 物件的 .speak() 已經被覆蓋，所以呼叫 .speak()，就不會顯示更改過的輸出：

```
>>> miles = JackRussellTerrier("Miles", 4)
>>> miles.speak()
'Miles says Arf'
```

擴展親類別的功能

有時我們確實會需要完全覆蓋親類別繼承下來的方法，但在這個狗叫聲的例子裡，我們會希望 JackRussellTerrier 類別在 Dog.speak() 修改輸出字串格式之後，也可以跟著一起改變。

你還是需要在 JackRussellTerrier 子類別裡定義一個 .speak() 方法。不過這次不直接寫出要輸出什麼字串，我們改成在這個子類別的

.speak() 方法裡面呼叫親類別 dog 的 .speak() 方法，然後把傳進 JackRussellTerrier.speak() 的引數傳給 dog.speak() 就好。

你可以在子類別的方法裡面，用 super() 存取親類別：

```
class JackRussellTerrier(Dog):
    def speak(self, sound="Arf"):
        return super().speak(sound)
```

在 JackRussellTerrier 裡呼叫 super().speak(sound) 的時候，Python 會到親類別 Dog 搜尋 .speak() 方法，然後用 sound 當作引數來呼叫。

在 dog.py 檔案修改 JackRussellTerrier 類別，存檔後按 F5，在互動視窗測試你的程式：

```
>>> miles = JackRussellTerrier("Miles", 4)
>>> miles.speak()
'Miles barks: Arf'
```

現在呼叫 miles.speak()，就會看到字串內容和 Dog 類別新的輸出格式一樣。

重要事項

這一節示範的類別繼承結構非常簡單：只有 JackRussellTerrier 類別和一個親類別 Dog。在現實的情況裡，類別結構可能會非常複雜。

super() 不只會在親類別搜尋方法或屬性，還會在整個類別的繼承結構裡查找。如果使用時不注意，super() 對應到的類別可能就會和你原本想的不一樣。

在下一節，你要整合學過的所有知識，用類別模擬一個農場裡的各種動物。迎向這個挑戰之前，請先確實完成、理解下面的練習題。

練習題

你可以在 https://www.flag.com.tw/bk/st/F3747 找到這些練習題的解答：

1. 創建一個繼承 Dog 類別的 GoldenRetriever 子類別，再把 GoldenRetriever.speak() 的 sound 引數預設值設定成 "Bark"。

   這段程式碼是你的 Dog 親類別：

```
class Dog:
    species = "Canis familiaris"

    def __init__(self, name, age):
        self.name = name
        self.age = age

    def __str__(self):
        return f"{self.name} is {self.age} years old"

    def speak(self, sound):
        return f"{self.name} says {sound}"
```

2. 設計一個 Rectangle 類別，創建物件的時候需要傳兩個引數來設定長和寬的屬性：.length 和 .width。在類別裡加上 .area() 方法，會傳回矩形面積 (長 * 寬)。

   然後設計一個繼承 Rectangle 類別的 Square 類別，創建時只需要傳一個引數：邊長屬性 .side_length。創一個 .side_length 是 4 的 Square 來測試 Square 類別。呼叫 .area() 應該要傳回 16。

   把 Square 物件的 .width 設成 5，然後再次呼叫 .area()，傳回值應該會變成 20。

   這個例子說明了，類別繼承不見得能恰當模擬集合包含的關係。在數學中，所有正方形都一定是矩形，但在設計不夠嚴謹的電腦程式裡就不一定了。

⬇

小心定義類別在各種操作下會做出的反應，確認和你的預期相符，而且務必謹慎使用類別的繼承。

10.4 挑戰：模擬一個農場

在這個挑戰題，你會建立一個農場的簡化模型。在進行這個挑戰的過程中也不要忘了，正確答案不會只有一種。

這次挑戰題的重點不在於使用 Python 的類別語法，而是更全面的軟體設計，也因此好壞的標準非常主觀。這個作業特意設計成開放的形式，期待你多想想可以怎麼把程式碼組織成類別。

在實際撰寫程式碼之前，請先拿起紙筆，為這個農場模型打個草稿，規劃要使用的類別、屬性和方法。也考慮一下類別繼承的用法，可以怎樣避免重複寫出相同的程式碼？直到你覺得滿意為止，不斷重複以上步驟吧。

程式的實際目標開放給各位讀者自行發揮，但可以參考這些標準：

1. 至少建立 4 個類別：親類別 `Animal` 和 3 個繼承 `Animal` 的動物子類別。
2. 每個類別都要有一些屬性和至少一個方法，模擬動物的一些行為，例如走路、跑步、吃飯、睡覺等等。
3. 保持簡潔，活用繼承，記得要能顯示動物的資訊和行為。

你可以在 https://www.flag.com.tw/bk/st/F3747 找到這個挑戰題的解答。

10.5 摘要與額外資源

你在這章學到了物件導向程式設計（OOP），這是大多數現代程式語言（其他如 Java、C#、C++）使用的程式設計典範。

你現在會編寫物件的設計圖，也就是類別，還會用類別創建物件。你還學到了物件的屬性和方法，相當於物件的特性和行為。

最後，你瞭解了從親類別創建子類別的繼承原理。你還學到用 `super()` 來使用親類別的方法，還有用 `isinstance()` 來檢查某個物件是不是繼承自另一個類別。

互動式測驗

這一章有免費的線上測驗，可以確認你的學習進度。你可以使用手機或電腦到這個網址進行測驗：https://realpython.com/quizzes/pybasics-oop/

額外資源

你已經學會了 OOP 的基礎知識，但還有很多東西需要瞭解！利用這些資源繼續你的旅程吧！

- Python 官方文件（https://docs.python.org/3/tutorial/classes.html）
- Real Python 網站上關於 OOP 的文章（https://realpython.com/search?q=oop）

如果想進一步提升你的 Python 實力，歡迎查看：https://realpython.com/python-basics/resources/。

模組與套件

隨著寫程式碼的經驗越來越多，你處理的程式專案也會越來越大，最後會大到很難把所有程式碼儲存在單一檔案裡。

比起把程式碼都寫在同一個檔案裡，你可以把互有關聯的程式碼整理成一個個的模組。模組就像積木，你可以把它們組合在一起，創造更大的應用程式。

在這章你會學到：

- ▶ 建立你自己的模組
- ▶ 用 `import` 敘述導入模組
- ▶ 把模組整理成套件

11.1 使用模組

模組（module）是一個 Python 程式碼檔案，可以在其他 Python 程式重複使用。

技術上來說，你在讀這本書的時候建立的每個 Python 檔案都是模組，你只是還沒有在一個模組裡使用過另一個模組。

把一個程式分解成許多模組，有 4 個主要優點：

1. **簡單**：模組只針對單一問題設計，結構更簡單。
2. **易維護**：小檔案比大檔案更好維護。
3. **可重用**：模組可以減少重複的程式碼。
4. **界定範圍**：模組有各自的命名空間，這點後面會再詳細說明。

在這一節，你會學習用 IDLE 來創建模組、把模組導入另一個模組，還有認識模組的命名空間。

建立模組

開啟 IDLE，選擇 File → New File 或按 Ctrl + N 來開啟一個新的編輯視窗。在編輯視窗定義一個函式 `add()`，功能是傳回兩個參數的總和：

```
# adder.py
def add(x, y):
    return x + y
```

選擇 File → Save 或按 Ctrl + S，把檔案另存在新增的資料夾 myproject，檔名取為 adder.py。這樣 adder.py 就是一個 Python 模組

了！雖然這不是一個完整的程式，但也不是所有模組都必須要是完整的程式。

現在按 Ctrl + N ，開啟另一個新的編輯視窗，輸入這些程式碼：

```
# main.py
value = add(2, 2)
print(value)
```

接著用 main.py 檔名另存到剛剛建立的 myproject 資料夾，然後按 F5 執行 main.py 模組。

執行模組之後，你會在 IDLE 的互動視窗看到 NameError 錯誤訊息：

```
Traceback (most recent call last):
  File "//Documents/myproject/main.py", line 1, in <module>
    value = add(2, 2)
NameError: name 'add' is not defined
```

會發生 NameError 也是理所當然的，因為 `add()` 是定義在 adder.py，而不是在 main.py。在 main.py 裡面使用 `add()` 之前，你必須先導入 `adder` 模組。

導入模組

在 main.py 的編輯視窗裡，把 `import adder` 加到檔案的開頭：

```
# main.py
import adder  # <-- 增加這行

# 以下維持原樣
value = add(2, 2)
print(value)
```

在這裡我們把一個模組**導入（import）**另一個模組，這樣前者的內容就可以在後者中使用。（編註：import 又譯為匯入、引入。）

按 Ctrl + S 儲存 main.py，然後按 F5 執行模組。這次還是觸發了 NameError。這是因為 `add()` 只能從 adder 的命名空間來存取。

命名空間（namespace）是各種名稱的集合，例如變數名稱、函式名稱和類別名稱。每個 Python 模組都有自己的命名空間。

在同一個模組內的變數、函式和類別，可以直接輸入名稱來存取就好，這也是這本書在前面的章節採用的方式。不過對於導入進來的模組來說，這就不管用了。

要存取導入的模組裡的名稱的話，必須先輸入導入的模組名稱，再加上一個點（`.`）還有要使用的名稱：

```
<模組名稱>.<名稱>
```

例如要在 `main` 模組中使用 `adder` 模組的 `add()`，就要輸入 `adder.add()`。

重要事項

因為用來導入的模組名稱就是模組的檔案名稱，所以模組的檔案名稱也必須是合法的 Python 名稱，只能包含大寫字母、小寫字母、數字和底線（_），而且不能以數字開頭。

把 main.py 的程式碼更改成：

```
# main.py
import adder

value = adder.add(2, 2)  # <-- 改這一行
print(value)
```

儲存檔案，然後執行模組，互動視窗會顯示 4 這個值。

在檔案開頭輸入 import <模組名稱> 之後，模組的整個命名空間都會被導入。任何 adder.py 的新變數或函式都可以在 main.py 存取，不用再做其他 import 敘述。

開啟 adder.py 的編輯視窗，在 add() 底下加上一個函式：

```
# adder.py
# 保留 add 函式，維持原樣
def add(x, y):
    return x + y

def double(x):  # <-- 增加這個函式
    return x + x
```

存檔，然後打開 main.py 的編輯視窗，修改一下程式碼：

```
# main.py
import adder

value = adder.add(2, 2)
double_value = adder.double(value)  ### 增加這行
print(double_value)  # <-- 修改這行
```

現在存檔並執行 main.py。模組執行後，互動視窗會顯示 8。因為 double() 已經存在於 adder.py 命名空間，所以不會引發 NameError。

import 敘述的變化

import 敘述的使用方式很靈活，有兩種不同用法應該認識一下。

第一種是 import <模組名稱> as <模組別稱>

as 關鍵字可以用來更改導入模組的名稱，用這種方式導入模組之後，模組的命名空間就要改成透過 <模組別稱> 來存取。

例如，把 main.py 的 `import` 敘述改成：

```
import adder as a  # <-- 改這一行

# 以下維持原樣
value = adder.add(2, 2)
double_value = adder.double(value)
print(double_value)
```

儲存檔案，然後按 F5，會觸發 NameError。

```
Traceback (most recent call last):
  File "//Mac/Home/Documents/myproject/main.py", line 3, in <module>
    value = adder.add(2, 2)
NameError: name 'adder' is not defined
```

程式不再能識別 `adder` 這個模組名稱，因為模組已經改成用名稱 `a` 導入了。

只要把 `adder.add()` 和 `adder.double()` 改成 `a.add()` 和 `a.double()`，就能讓 main.py 正常運作：

```
import adder as a

value = a.add(2, 2)  # <-- 改這一行
double_value = a.double(value)  # <-- 還有這行
print(double_value)
```

儲存檔案，執行模組，這次沒有引發 NameError，互動視窗會顯示 `8`。

第二種是 `from <模組名稱> import <名稱>`

你可以只從模組導入特定名稱，這樣就不用導入整個命名空間。在 main.py 把 `import` 敘述改寫一下：

```
# main.py
from adder import add  # <-- 改這一行

value = adder.add(2, 2)
double_value = adder.double(2, 2)
print(double_value)
```

儲存檔案，然後按 F5，這時會觸發 NameError。

```
Traceback (most recent call last):
  File "//Documents/myproject/main.py", line 3, in <module>
    value = adder.add(2, 2)
NameError: name 'adder' is not defined
```

Traceback 訊息會告訴你，`adder` 名稱還沒有定義。main.py 現在只有導入 `add` 這個函式的名稱，直接放進 main.py 模組的本地命名空間，所以 `adder` 根本不在現在的命名空間裡。你必須直接使用 `add()`，而不是輸入 `adder.add()`。

用 `add()` 和 `double()` 取代本來 main.py 裡的 `adder.add()` 和 `adder.double()`：

```
# main.py
from adder import add

value = add(2, 2)  # <-- 改這一行
double_value = double(value)  # <-- 還有這行
print(double_value)
```

儲存檔案再執行模組。你覺得結果會是什麼？沒錯，會引發另一個 NameError：

```
Traceback (most recent call last):
  File "//Documents/myproject/main.py", line 4, in <module>
    double_value = double(value)
NameError: name 'double' is not defined
```

這一次，NameError 告訴你名稱 `double` 還沒有定義。我們能看出，從 `adder` 模組導入過來的確實只有 `add`。

你可以把 `double` 名稱也加到 main.py 的 `import` 敘述，就能導入 `double` 名稱：

```
# main.py
from adder import add, double  # <-- 修改這行

# 以下維持原樣
value = add(2, 2)
double_value = double(value)
print(double_value)
```

存檔再執行模組，現在模組執行的時候就不會產生 NameError 錯誤訊息了，互動視窗順利顯示執行結果 `8`。

import 敘述總結

下表是關於模組導入的總結：

import 敘述	可用的字典鍵資料型別
import < 模組名稱 >	把模組的整個命名空間導入到 < 模組名稱 > 這個名稱。可以用 < 模組名稱 >.< 名稱 > 存取模組裡的名稱。
import < 模組名稱 > as < 模組別稱 >	把模組的整個命名空間導入到 < 模組別稱 > 這個名稱。可以用 < 模組別稱 >.< 名稱 > 存取模組裡的名稱。
from < 模組名稱 > import < 名稱 1>, < 名稱 2>, ...	只從模組導入 < 名稱 1>、< 名稱 2> 這些名稱。這些名稱會被加到本地的命名空間，可以直接存取。

把程式碼劃分成個別模組的一大優勢是各自獨立的命名空間，所以我們花點時間來認識命名空間的重要性，還有為什麼你應該要重視命名空間。

使用命名空間的原因

假設地球上的每個人都要有一個 ID 號碼，那為了區別每一個人，每個 ID 號碼都必須是唯一的，這樣我們就會需要一大堆 ID 數字！

不過，既然這個世界被劃分成許多國家，那我們就可以按照出生國家把每個人分組：讓每個國家都有一個唯一代碼，再把代碼加在 ID 數字前面。例如某個人來自美國，那他的 ID 可能就是 US-357，或者有個人來自日本，那麼他的 ID 可能是 JP-246。

如此一來，2 個來自不同國家的人就可以有相同的 ID 數字，但還是可透過 ID 開頭的國家代碼來區分。來自同一個國家的人還是需要有各自不同的 ID 數字，但 ID 數字就不需要是全球唯一的了。

國家代碼是命名空間的一個範例，也表現出使用命名空間的 3 個主要原因：

1. 讓名稱有不同的**分組**。
2. **防止重複名稱**造成的衝突。
3. 透過名稱**表現程式脈絡**。

程式碼的命名空間也具有相同的優點。

3 種 import 敘述的比較

目前你已經知道 3 種導入模組的方式，也瞭解了命名空間的優點，這些知識可以幫助你判斷哪種 `import` 敘述最適合你手上的程式。

1. 一目瞭然：import < 模組名稱 >

`import` < 模組名稱 > 通常是首選的寫法，因為模組的命名空間會完全分開。另外，導入的每個名稱都要用 < 模組名稱 >.< 名稱 > 的方式存取，這樣也可以讓你在回頭查看程式碼的時候，立刻就知道名稱是來自哪個模組。

2. 避用原名：import < 模組名稱 > as < 模組別稱 >

使用模組別稱的原因可能有 2 種：

1. 模組的名稱很長，希望導入縮寫名稱就好。
2. 模組名稱和現有的名稱衝突。

`import` < 模組名稱 > `as` < 模組別稱 > 這種敘述還是可以把命名空間分開，不過也要考慮，縮寫的名稱可能不像原本的模組名稱那麼容易識別。

3. 特例情況：from < 模組名稱 > import < 名稱 >

一般來說，從模組導入特定名稱是 3 種導入方式中排在最後的選項。導入的名稱會直接加到原本的命名空間裡，完全忽略模組的程式脈絡。

不過，有些模組裡就只有一個和模組同名的函式或類別。例如 Python 標準函式庫有一個 `datetime` 模組，裡面只有一個名為 `datetime` 的類別。

假設你在程式裡用的是這個 `import`：

```
import datetime
```

這只會把 `datetime` 模組導入到程式的命名空間，所以要這樣使用 `datetime` 模組的 `datetime` 類別：

```
datetime.datetime(2020, 2, 2)
```

我們先不討論 datetime 類別的功能，這個例子要說明的是，每當你想使用 datetime 類別，都必須輸入一次 datetime.datetime，這很多餘又很煩人。

這就是個適用後面兩種方法的好案例。很多 Python 程式設計師在導入這個套件的時候，會把 datetime 縮寫成 dt，這樣還是能保持 datetime 套件的脈絡：

```
import datetime as dt
```

這樣要使用 datetime 類別，就只要輸入 dt.datetime 就好：

```
dt.datetime(2020, 2, 2)
```

也有很多人只導入 datetime 類別而已：

```
from datetime import datetime
```

在這個狀況下，這個寫法就沒什麼問題，因為程式的脈絡也沒有真的不見。畢竟類別和模組的名稱一樣，你還是能看出這來自什麼模組。

直接導入 datetime 類別後，你就不再需要用模組名稱存取：

```
datetime(2020, 2, 2)
```

這些不同的 import 敘述寫法，讓你可以不用輸入沒必要的冗長模組名稱。但也要注意，濫用這些 import 敘述會導致程式失去脈絡，讓程式碼變得更難理解。

在導入模組之前，一定要謹慎判斷，盡可能保留最多的程式脈絡。

練習題

你可以在 https://www.flag.com.tw/bk/st/F3747 找到這些練習題的解答：

1. **建立一個 greeter.py 模組，裡面有一個函式** `greet()`**。這個函式會取一個字串參數** `name`**，然後在互動視窗顯示文字** `Hello {name}!`**，其中** `{name}` **是函式的引數。**
2. **建立一個 main.py 模組，從 greeter.py 導入** `greet()`**，再用引數** `"Real Python"` **來呼叫** `greet()`**。**

11.2 使用套件

模組讓你可以把程式分割成好幾個獨立檔案，每個都能重複使用。屬於同一類功能的程式碼可以組織成一個模組，和其他程式碼分開管理。

套件則可以把相關模組再分組到同一個命名空間，更進一步管理程式碼的組織結構。

你會在這節學會建立自己的 Python 套件，再把程式碼從套件導入到另一個模組。

建立套件

套件（package）是裝著 Python 模組的資料夾，這個資料夾裡面還必須有一個名為 __init__.py 的特殊模組。下圖是一個套件結構的範例：

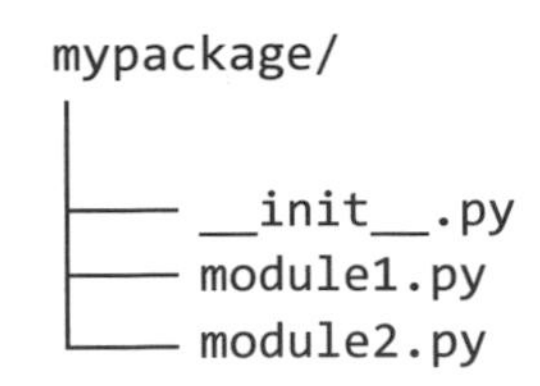

__init__.py 模組裡不用寫任何程式碼！它的功用只是讓 Python 把 mypackage 資料夾當成一個 Python 的套件來處理。

在你的電腦打開檔案總管，或任何你熟悉的工具，建立一個叫作 packages_example 的新資料夾，然後在裡面建立另一個叫作 mypackage 的子資料夾。

packages_example 資料夾稱為**專案資料夾（project folder）**或**專案根目錄（project root folder）**，因為它會用來容納 packages_example 專案的所有檔案或資料夾。mypackage 資料夾現在還不是一個 Python 套件，因為裡面還沒有任何模組。

開啟 IDLE ，按 Ctrl + N 來打開新的編輯視窗。在檔案開頭加上這行註解：

```
# main.py
```

現在按 Ctrl + S，存檔命名成 main.py，放在你之前建立的 packages_example 資料夾裡。

按 Ctrl + N 開啟另一個編輯視窗。在檔案開頭輸入：

```
# __init__.py
```

然後把檔案存在 packages_example 資料夾的 mypackage 子資料夾裡，命名為 __init__.py。

最後再開啟 2 個編輯視窗，在開頭分別輸入 `# module1.py` 和 `# module2.py` 註解，然後檔名也一樣用註解內容的名稱，把這兩個檔案儲存在 mypackage 資料夾。

完成後，你應該開啟了 5 個 IDLE 視窗：1 個互動視窗和 4 個編輯視窗。整個資料夾的結構會像這樣：

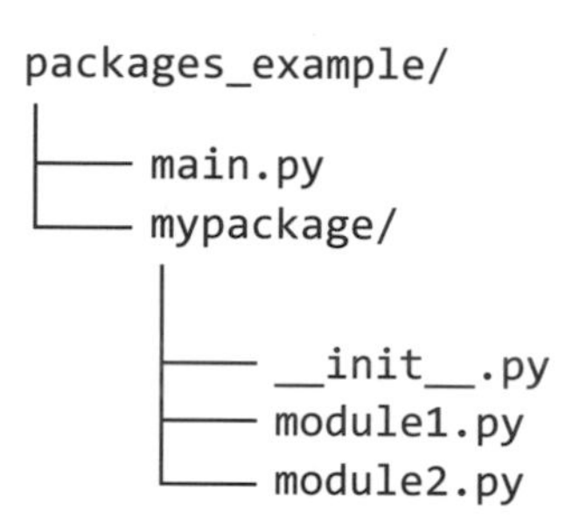

現在我們已經建好套件的結構，可以來輸入一些程式碼了。在 module1.py 檔案加入這個函式：

```
# module1.py
def greet(name):
    print(f"Hello, {name}!")
```

在 module2.py 檔案則加入這個函式：

```
# module2.py
def depart(name):
    print(f"Goodbye, {name}!")
```

記得把 module1.py 和 module2.py 這兩個檔案存檔。你現在已經做好準備，可以從 main.py 導入這兩個模組了。

從套件導入模組

在 main.py 檔案加上這些程式碼：

```
# main.py
import mypackage

mypackage.module1.greet("Pythonista")
mypackage.module2.depart("Pythonista")
```

把 main.py 存檔，然後按 F5 執行這個模組。你會在互動視窗看到 AttributeError 錯誤訊息：

```
Traceback (most recent call last):
  File "\MacHomeDocumentspackages_examplemain.py", line 5, in
<module>
    mypackage.module1.greet("Pythonista")
AttributeError: module 'mypackage' has no attribute 'module1'
```

雖然你有導入 `mypackage` 模組，但 `module1` 和 `module2` 的命名空間不會跟著自動導入。所以要修改 main.py 開頭的 `import` 敘述：

```
# main.py
import mypackage.module1  # <-- 修改這一行

# 以下維持原樣
mypackage.module1.greet("Pythonista")
mypackage.module2.depart("Pythonista")
```

現在儲存再執行 main.py 模組，你應該會在互動視窗看到：

```
Hello, Pythonista!
Traceback (most recent call last):
  File "\MacHomeDocumentspackages_examplemain.py", line 6, in
<module>
    mypackage.module2.depart("Pythonista")
AttributeError: module 'mypackage' has no attribute 'module2'. Did
you mean: 'module1'?
```

你會發現 mypackage.module1.greet() 有被呼叫，因為 "Hello, Pythonista!" 這句話有顯示在互動視窗。

不過 mypackage.module2.depart() 就沒有被呼叫到，這行程式碼引發了 AttributeError，因為現在還只有從 mypackage 導入 module1 一個模組。

把這個 import 敘述也加到 main.py 檔案開頭，導入 module2：

```
# main.py
import mypackage.module1
import mypackage.module2  # <-- 增加這一行

# 以下維持原樣
mypackage.module1.greet("Pythonista")
mypackage.module2.depart("Pythonista")
```

儲存再執行 main.py 之後，greet() 和 depart() 都會被呼叫：

```
Hello, Pythonista!
Goodbye, Pythonista!
```

一般來說，模組是用套件加上一個點和模組名稱的方式導入：

```
import <套件名稱>.<模組名稱>
```

重要事項

就像模組的檔案名稱一樣，套件的檔案名稱也必須是合法的 Python 名稱，只能包含大寫字母、小寫字母、數字和底線，不能以數字開頭。

和導入模組一樣，導入套件的 import 敘述也有一些不同做法。

套件的 import 敘述變體

你之前學了從模組導入名稱的 3 種 import 敘述變體。從套件導入模組的 import 敘述還會增加一種：

1. import < 套件名稱 >
2. import < 套件名稱 > as < 套件別稱 >
3. from < 套件名稱 > import < 模組名稱 >
4. from < 套件名稱 > import < 模組名稱 > as < 模組別稱 >

這些變體的運作原理和模組的 import 敘述非常相似。例如你可以在同一行導入 mypackage.module1 和 mypackage.module2，不用分開。

清除前面 main.py 的檔案內容，替換成這樣：

```
# main.py
from mypackage import module1, module2

module1.greet("Pythonista")
module2.depart("Pythonista")
```

你儲存再執行模組之後，互動視窗會顯示相同的輸出。

你也可以用 as 關鍵字來更改導入模組的名稱：

```
# main.py
from mypackage import module1 as m1, module2 as m2

m1.greet("Pythonista")
m2.depart("Pythonista")
```

也可以從套件的模組導入特定名稱：

```
# main.py
from mypackage.module1 import greet
from mypackage.module2 import depart

greet("Pythonista")
depart("Pythonista")
```

有那麼多的寫法，你自然會想問：哪一個導入套件的方式是最好的？

套件導入的準則

從模組導入名稱的準則也適用於從套件導入模組。在導入的時候應該盡可能明確，讓模組和名稱都有足夠的程式脈絡。

這種寫法普遍來說是表達得最明確的：

```
import <套件名稱>.<模組名稱>
```

想從模組存取名稱的話，就要輸入這樣的程式碼：

```
<套件名稱>.<模組名稱>.<名稱>
```

看到這樣導入的名稱的話，你可以毫無疑問的知道這些名稱來自什麼套件。

但有時候套件的名稱太長了，你又偏偏需要一遍又一遍輸入 <套件名稱>.<模組名稱>。下面這種做法就能跳過套件名稱，只把模組導入到命名空間：

```
from <套件名稱> import <模組名稱>
```

現在你只要輸入 ＜模組名稱＞.＜名稱＞ 就可以存取模組裡的名稱了。雖然不能直接看出名稱來自哪個套件，但模組的脈絡還是能保持清晰。

最後的這個方式是最容易導致程式脈絡模糊不清的，只有在導入的模組名稱和原本的名稱保證不會有衝突的情況下才能使用：

```
from <套件名稱>.<模組名稱> import <name>
```

現在你已經會從套件導入模組了，再來我們快速了解一下怎麼把套件放到其他套件裡。

從子套件導入模組

套件實際上就只是裝著 Python 模組的資料夾，只要其中一個模組命名成 __init__.py 就好。所以像這樣的套件結構也是完全沒問題的：

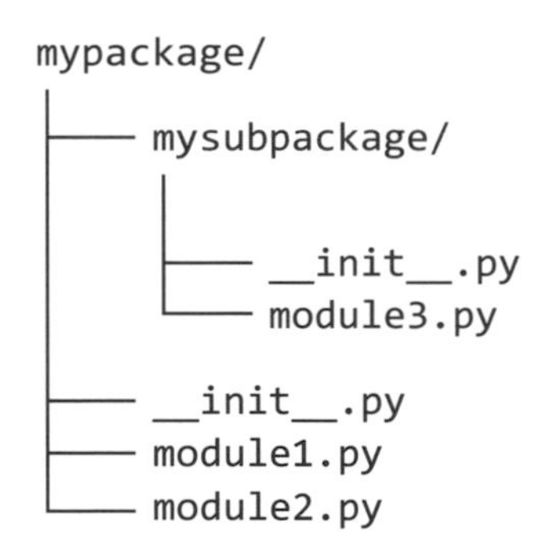

套件被放進另一個套件裡就會成為**子套件（subpackage）**。例如，mysubpackage 資料夾就是 mypackage 的子套件，因為裡面也有一個 __init__.py 模組，還有一個 module3.py 模組。

在你的電腦用檔案總管，或其他類似的工具，建立一個 mysubpackage 資料夾。把這個資料夾放在之前建立的 mypackage 資料夾裡面。

在 IDLE 開啟 2 個新的編輯視窗，建立 __init__.py 和 module3.py 兩個檔案，再把這兩個檔案都儲存在 mysubpackage 資料夾。

__init__.py 的內容保持空白。在 module3.py 檔案輸入這段程式碼：

```
# module3.py

people = ["John", "Paul", "George", "Ringo"]
```

現在開啟在專案資料夾 packages_example 裡的 main.py 檔案，把原有的程式碼刪除，替換成這段程式碼：

```
# main.py
from mypackage.module1 import greet
from mypackage.mysubpackage.module3 import people

for person in people:
    greet(person)
```

現在我們從 `mysubpackage` 套件的 `module3` 模組導入了 `people` 這個 list。

存檔再執行 main.py。互動視窗會顯示這些輸出：

```
Hello, John!
Hello, Paul!
Hello, George!
Hello, Ringo!
```

子套件非常適合在大型套件裡整理程式碼，讓套件的資料夾結構整齊有序。

不過，太多層子套件會產生很長的模組名稱，你可以想像從一個套件的子套件的子套件裡導入一個模組會需要輸入多長的程式碼。子套件最好保持在一、兩層就好。

練習題

你可以在 https://www.flag.com.tw/bk/st/F3747 找到這些練習題的解答：

1. **在新的專案資料夾 package_exercises 建立一個名為 helpers 的套件，裡面要有三個模組：__init__.py、string.py 和 math.py。**

   在 string.py 模組裡建立一個 `shout()` 函式，取一個字串參數，傳回一個所有字母都改成大寫的新字串。

   在 math.py 模組建立一個 `area()` 函式，取兩個參數 `length` 和 `width`，傳回 `length` 和 `width` 的乘積。

2. **在專案資料夾裡建立一個 main.py 模組，導入 `shout()` 和 `area()` 函式。用 `shout()` 和 `area()` 顯示這行輸出：**

```
THE AREA OF A 5-BY-8 RECTANGLE IS 40
```

11.3 摘要與額外資源

你在這章學到了建立自己的 Python 模組和套件，還有把模組導入到另一個模組。你也瞭解了把程式碼劃分成模組和套件的優點：

- 小的程式檔案比大的程式檔案更**容易管理**。
- 小的程式檔案比大的程式檔案更**容易維護**。
- 模組可以在整個專案**重複使用**。
- 模組把名稱分組到獨立的**命名空間**。

互動式測驗

這一章有免費的線上測驗，可以確認你的學習進度。你可以使用手機或電腦到這個網址進行測驗：https://realpython.com/quizzes/pybasics-modules-packages/

額外資源

想要更了解模組和套件，可以參考以下資源：

- Python Modules and Packages: An Introduction（課程）（https://realpython.com/courses/python-modules-packages/）
- Absolute vs Relative Imports in Python（課程）（https://realpython.com/courses/absolute-vs-relative-imports-python/）

如果想進一步提升你的 Python 實力，歡迎查看：https://realpython.com/python-basics/resources/。

檔案輸入與輸出

到目前為止，你寫的程式都是從使用者或程式本身取得輸入資料。程式的輸出也僅限於把文字顯示在 IDLE 的互動視窗。

然而在很多情況下，這些輸入和輸出的方法都無法使用，例如：

- ▶ 程式需要輸入的資料量不適合讓使用者手動輸入
- ▶ 程式執行後的輸出必須分享給其他程式

這個時候就需要用到檔案了。

在這章你會學到：

- ▶ 使用檔案路徑
- ▶ 建立、刪除、複製、移動檔案和資料夾
- ▶ 讀寫文字檔案
- ▶ 讀寫 CSV 檔案

12.1 檔案與檔案系統

你可能有很多使用電腦檔案的經驗，不過程式設計師還是要多瞭解一些一般使用者不知道的檔案性質。

在這節，你會學到在 Python 處理檔案所需的背景知識。

檔案的組成：位元組

檔案的種類很多，包括文字檔、圖檔、音訊檔、PDF 檔等等。不管檔案的類型如何，檔案的內容都是由一連串**位元組（byte）**組成的。

位元組就是大小在 0 到 255 之間的整數，檔案存檔時，實際存下來就是這些數字；而讀取檔案時，位元組則會按順序從磁碟中讀出來。

檔案裡的位元組代表的可能是一連串的文字、圖像或音樂，作為程式設計師，你必須負責在開啟檔案的時候把位元組轉換成適當的格式。這聽起來好像很困難，但 Python 已經幫你把最困難的部分都做好了。例如，Python 可以幫你把文字檔的數值位元組轉換成字元，你不需要知道詳細的轉換方法。標準函式庫裡有工具可以處理各種檔案類型，也包括圖檔和音訊檔。

檔案系統

存取一個檔案之前，你需要先知道檔案存在哪個裝置、裝置的使用方式還有檔案在裝置上的確切位置，這些龐雜的工作是由**檔案系統（file system）**管理的。

電腦的檔案系統負責執行 2 個任務：

1. 提供一個具體表示檔案的方式，讓使用者可以檢視電腦和外接裝置裡的檔案。
2. 提供讓使用者可以存取檔案資料的操控介面。

Python 可以和檔案系統直接互動，但只能進行檔案系統有開放的動作（某些檔案會有權限管制）。

重要事項

不同的作業系統會使用不同的檔案系統。這點很重要，在設計跨系統的程式時務必要記得。

檔案系統會管理電腦和實體儲存裝置之間的溝通，這也代表 Python 程式設計師不用操心該怎麼存取實體裝置或操作硬碟這方面的事情，實在是個好消息！

檔案系統的層級結構

檔案系統用**目錄（directory）**這樣的層級結構來組織檔案，目錄也常稱為**資料夾（folder）**。在層級結構最頂層的目錄稱為**根目錄（root directory）**，檔案系統裡的所有檔案與目錄都包含在裡面。

每個檔案都有一個**檔名（filename）**，檔名必須和同一目錄下的其他檔案名稱不一樣。目錄裡面也可以有其他目錄，稱為**子目錄（subdirectory）**或**子資料夾（subfolder）**。

檔案和目錄常用樹狀圖的形式來呈現，像是以下的範例：

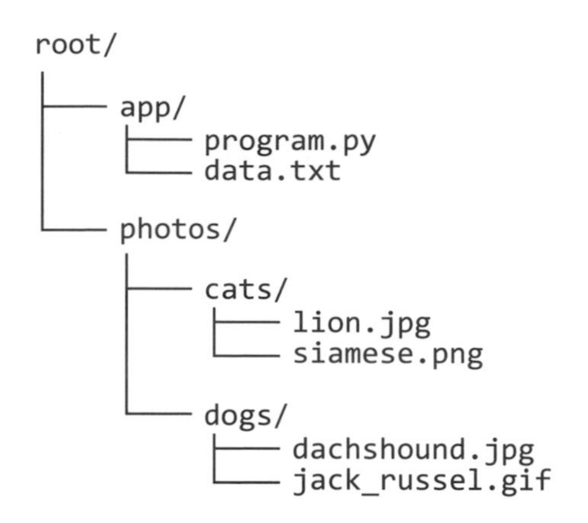

這裡的根目錄的名稱是 root/，root 有兩個子目錄，分別是 app/ 和 photos/。app/ 子目錄裡有一個 program.py 檔案和一個 data.txt 檔案；photos 子目錄裡還有兩個子目錄，名稱是 cats 和 dogs，裡面各有兩個圖檔。

檔案路徑

要描述檔案系統裡的檔案位置，可以從根目錄開始按順序列出目錄，最後加上檔案名稱。用這種方式表示檔案位置的字串就是**檔案路徑（file path）**。例如，在前面樹狀圖範例裡，jack_russel.gif 檔案的檔案路徑就是 root/photos/dogs/jack_russel.gif。

檔案路徑的格式取決於作業系統。以下是 Windows、macOS 和 Linux 檔案路徑的範例：

1. **Windows**：C:\Users\David\Documents\hello.txt
2. **macOS**：/Users/David/Documents/hello.txt
3. **Ubuntu Linux**：/home/David/Documents/hello.txt

這三個檔案路徑都是指同一個檔案：使用者 David 主目錄的 Documents 子資料夾裡，hello.txt 這個文字檔。你可以看到，不同的作業系統表示檔案路徑的方式有相當大的差異。

在 macOS 和 Ubuntu Linux 上，作業系統使用一個**虛擬檔案系統（virtual file system）**，把系統上所有裝置的檔案和目錄都組織在一個根目錄底下，根目錄通常用正斜線（/）來表示。來自外部儲存裝置的檔案和資料夾通常放在 media 子目錄裡。

Windows 則沒有通用的根目錄，每個儲存裝置都有一個單獨的檔案系統、系統裡各有一個根目錄，用**磁區字母編號**加上冒號（:）和反斜線（\）來命名。通常安裝作業系統的磁碟區的字母編號是 C，根目錄就是 C:\。

Windows、macOS 和 Ubuntu 檔案路徑之間的另一個主要區別是，Windows 檔案路徑的目錄用反斜線（\）分隔，而 macOS 和 Ubuntu 的目錄則是用正斜線（/）分隔。

在設計跨作業系統的程式時，正確處理檔案路徑的差異至關重要。在 Python 3.4 以上的版本，標準函式庫裡有一個 `pathlib` 模組，可以解決跨作業系統時處理檔案路徑的問題。

12.2 在 Python 處理檔案路徑

Python 的 `pathlib` 模組是處理檔案路徑的主要介面，使用前要先導入這個模組。

打開 IDLE 的互動視窗，導入 `pathlib`：

```
>>> import pathlib
```

pathlib 模組裡有一個 Path 類別，用來表示檔案路徑。

建立 Path 物件

建立 Path 物件的方法有以下幾種：

1. 用字串建立
2. 用 Path.home() 和 Path.cwd() 類別方法
3. 用 / 算符

其中最直接的方法就是用字串。

用字串建立 Path 物件

這裡示範用字串建立一個 Path 物件，用來表示 macOS 的檔案路徑 /Users/David/Documents/hello.txt：

```
>>> path = pathlib.Path("/Users/David/Documents/hello.txt")
```

這種方法在 Linux 和 macOS 行得通，不過在 Windows 系統會有問題。Windows 的目錄是用反斜線（\）分隔，但 Python 的反斜線卻是**脫逸序列（escape sequence）**的符號，用來在字串裡表示特殊的字元，像是換行符號（\n）。

如果直接用 Windows 的檔案路徑格式 C:\Users\David\Desktop\hello.txt 建立 Path 物件，會引發例外：

```
>>> path = pathlib.Path("C:\Users\David\Desktop\hello.txt")
SyntaxError: (unicode error) 'unicodeescape' codec can't decode
bytes
in position 2-3: truncated \UXXXXXXXX escape
```

有 3 種方法可以處理這個問題。

第一種是在 Windows 檔案路徑裡用正斜線（/）取代反斜線（\）：

```
>>> path = pathlib.Path("C:/Users/David/Desktop/hello.txt")
```

Python 可以正確解讀這種檔案路徑，而且會在 Windows 作業系統自動轉換。

另一種是在字串前面加上 r，把字串轉換成**原始字串（raw string）**，告訴 Python 要忽略脫逸序列，照原樣讀取字串：

```
>>> path = pathlib.Path(r"C:\Users\David\Desktop\hello.txt")
```

最後一種是把每個反斜線都換成兩個反斜線。我們在 4.1 節學到字串字面值的時候有說到，可以用反斜線來跳脫字元，讓字串裡的引號變成一般的字串內容。在這裡也一樣，可以用一個反斜線把接在後面的反斜線變成字串內容，像這樣：

```
>>> path = pathlib.Path("C:\\Users\\David\\Desktop\\hello.txt")
```

用 Path.home() 和 Path.cwd() 建立 Path 物件

除了用字串建立 Path 物件以外，有些 Path 類別方法也會傳回特定目錄的 Path 物件。其中 2 個最常用的就是 Path.home() 和 Path.cwd()。

我們先來看看 Path.home()。每個作業系統都會有一個特殊的目錄，用來儲存目前登入的使用者的資料，這個目錄就稱為使用者的**主目錄（home directory**，又譯為**家目錄）**，存放位置取決於作業系統：

- Windows：C:\Users\ 使用者名稱
- macOS：/Users/ 使用者名稱
- Ubuntu Linux：/home/ 使用者名稱

`Path.home()` 類別方法會建立一個代表主目錄的 `Path` 物件，在任何作業系統上都能執行：

```
>>> home = pathlib.Path.home()
```

在 Windows 上檢查 `home` 變數會看到這樣的內容：

```
>>> home
WindowsPath("C:/Users/David")
```

這裡建立的 `Path` 物件是 `Path` 的子類別，`WindowsPath`。在其他作業系統上傳回的 `Path` 物件則會是 `PosixPath` 子類別。

例如在 macOS 檢視 `home` 變數會顯示：

```
>>> home
PosixPath("/Users/David")
```

在這章後續的內容，範例使用的都會是 `WindowsPath` 物件，不過所有範例也都適用於 `PosixPath` 物件。

小提醒

`WindowsPath` 和 `PosixPath` 物件有相同的方法和屬性。從程式設計的角度來看，這兩種 `Path` 物件之間沒有什麼區別。

至於 `Path.cwd()` 類別方法傳回的 `Path` 物件則是**當前工作目錄（current working directory，CWD）**。當前工作目錄不是固定的，它代表電腦當下正在工作的程序位置。

在 Windows 開啟 IDLE 的時候，當前工作目錄通常會在使用者主目錄裡的 Documents 目錄：

```
>>> pathlib.Path.cwd()
WindowsPath("C:/Users/David/Documents")
```

不過也不一定就是在這個目錄。另外，當前工作目錄也可能會在程式執行期間改變。

`Path.cwd()` 很實用，但使用時要特別小心。使用這個方法的時候，要確定你真的知道當前工作目錄對正在執行的程式代表什麼意義，以免之後找不到檔案或是不小心覆蓋掉其他資料。

用 / 算符建立 Path 物件

如果已經有一個現成的 `Path` 物件，那你可以用 `/` 算符加上子目錄或檔案的名稱來擴展路徑。

這個範例會建立一個 `Path` 物件（只是沒有指派給變數），路徑是當前使用者主目錄的 Desktop 子目錄裡，名為 hello.txt 的檔案：

```
>>> home / "Desktop" / "hello.txt"
WindowsPath('C:/Users/David/Desktop/hello.txt')
```

`/` 算符的左側必須是一個 `Path` 物件，右側可以是用字串表示的單一檔案或目錄，也可以是用字串表示的路徑或其他 `Path` 物件。

絕對路徑 vs 相對路徑

根目錄開頭的檔案路徑就稱為**絕對檔案路徑（absolute file path）**。當然，會這樣說就代表有另一種檔案路徑：不是根目錄開頭的路徑就稱為**相對檔案路徑（relative file path）**。

這是一個相對路徑的 Path 物件：

```
>>> path = pathlib.Path("Photos/image.jpg")
```

注意這個路徑字串的開頭不是 C:\ 或 /。

你可以用 .is_absolute() 方法來確認檔案路徑是不是絕對路徑：

```
>>> path.is_absolute()
False
```

相對路徑其實就是把前半段省去、沒有寫出來的路徑，也可以看成是從某個子目錄開始記錄的路徑。最常使用相對路徑的時機，就是用來記錄當前工作目錄或使用者主目錄底下的檔案路徑。

你可以用正斜線（/）算符把相對路徑轉換成絕對路徑：

```
>>> home = pathlib.Path.home()
>>> home / pathlib.Path("Photos/image.png")
WindowsPath('C:/Users/David/Photos/image.png')
```

轉換的方法是，在正斜線（/）左側放置相對目錄省去的那段絕對路徑，然後把相對路徑放在正斜線的右側。

但是，我們不一定每次都能知道相對路徑少掉的那段絕對路徑是什麼。遇到這種情況的時候，可以使用 Path.resolve()：

```
>>> relative_path = pathlib.Path("/Users/David")
>>> absolute_path = relative_path.resolve()
>>> absolute_path
WindowsPath('C:/Users/David')
```

Path.resolve() 會盡可能建立完整的絕對路徑。如果沒辦法從相對路徑還原絕對路徑的話，.resolve() 就只會傳回相對路徑。也就是說，.resolve() 並不能保證傳回的一定是絕對路徑。

存取檔案路徑中的各目錄

所有檔案路徑都是一連串的目錄組成的。Path 物件的 .parents 屬性會傳回一個可迭代的物件，裡面包含每一個**上層目錄（parent directory）**的絕對路徑，可以轉換成 list 來檢視：

```
>>> path = pathlib.Path.home() / "hello.txt"
>>> path
WindowsPath("C:/Users/David/hello.txt")
>>> list(path.parents)
[WindowsPath("C:/Users/David"), WindowsPath("C:/Users"),
WindowsPath("C:/")]
```

要注意，傳回的上層目錄順序和檔案路徑呈現的順序恰好相反。也就是說，根目錄會在 list 的最後面，最後一個上層目錄會在最前面。

你可以用 for 迴圈來迭代存取上層目錄：

```
>>> for directory in path.parents:
...     print(directory)
...
C:\Users\David
C:\Users
C:\
```

.parent 屬性（字尾沒有 s）則會傳回最近的上層目錄。.parent 其實就相當於 .parents[0]：

```
>>> path.parent
WindowsPath('C:/Users/David')
```

如果檔案路徑是絕對路徑，那也可以用 .anchor 屬性來取得檔案路徑的根目錄：

```
>>> path.anchor
'C:\\'
```

要注意 .anchor 傳回的是字串，不是 Path 物件。

如果檢視相對路徑的 .anchor 屬性，就只會傳回一個空字串。

```
>>> path = pathlib.Path("hello.txt")
>>> path.anchor
''
```

.name 屬性會傳回路徑所指的檔案或目錄的名稱：

```
>>> home = pathlib.Path.home()  # C:\Users\David
>>> home.name
'David'
>>> path = home / "hello.txt"
>>> path.name
'hello.txt'
```

檔案名稱分為兩個部分，點的左邊是**主檔名**（**stem**），右邊是**副檔名**（**suffix**）。

.stem 和 .suffix 屬性分別會傳回檔案名稱的主檔名和副檔名（包含副檔名前面的點）：

```
>>> path.stem
'hello'
>>> path.suffix
'.txt'
```

學到這裡，你可能會很想知道可以對 hello.txt 檔案進行哪些實際操作。我們會在後面的章節學習讀寫檔案，不過在打開檔案之前，還要先確認該檔案是不是真的存在。

檢查檔案路徑是否存在

只要符合檔案路徑的格式，就能建立 `Path` 物件，就算是實際上不存在的路徑也行。不過除非是你確定之後會建立的檔案或目錄，不然通常不會這麼做，容易引發錯誤。

`Path` 物件有一個 `.exists()` 方法，會根據檔案路徑是不是真的在電腦的檔案系統裡，傳回 `True` 或 `False`。

舉例來說，如果你的主目錄裡沒有 hello.txt 檔案，在這個檔案路徑的 `Path` 物件上呼叫 `.exists()`，就會傳回 `False`：

```
>>> path = pathlib.Path.home() / "hello.txt"
>>> path.exists()
False
```

現在用文字編輯器或其他方式，在你的主目錄建立一個空白文字檔，命名為 hello.txt，然後重新執行上面的程式。`path.exists()` 應該會傳回 `True`。

你也可以檢查一個路徑是檔案還是目錄。用 `.is_file()` 方法能確認路徑是不是檔案：

```
>>> path.is_file()
True
```

如果路徑是檔案，`.is_file()` 會回傳 `True`；如果不是檔案，`.is_file()` 會傳回 `False`。

`.is_dir()` 方法能檢查路徑是不是指向目錄：

```
>>> # "hello.txt" 不是一個目錄
>>> path.is_dir()
False
>>> # home 是一個目錄
```

Next

```
>>> home.is_dir()
True
```

另外要注意，.is_dir() 和 .is_file() 在路徑不存在的時候都會回傳 False。

只要你的程式專案需要從硬碟或任何儲存裝置讀取或寫入資料，那處理檔案路徑就會是不可或缺的技術。了解不同作業系統的檔案路徑差異、活用 pathlib.Path 物件，讓你的程式可以在任何作業系統上執行，是一項必要又實用的技能。

練習題

你可以在 https://www.flag.com.tw/bk/st/F3747 找到這些練習題的解答：

1. **建立一個新的 Path 物件，用來表示主目錄的 my_folder 資料夾裡的 my_file.txt 檔案。把這個 Path 物件指派給變數 file_path。**
2. **檢查 file_path 的路徑是否存在。**
3. **顯示 file_path 路徑的檔案或目錄的名稱，輸出應該是 my_file.txt。**
4. **顯示 file_path 路徑的上一層目錄名稱，輸出應該是 my_folder。**

12.3 常見檔案系統操作

現在你知道怎麼用 pathlib 模組處理檔案路徑了，我們來看一些常見的檔案操作，還有要怎麼在 Python 執行這些操作。

Path.mkdir() 建立目錄

Path.mkdir() 方法可以建立新的目錄。在 IDLE 互動視窗輸入：

```
>>> from pathlib import Path
>>> new_dir = Path.home() / "new_directory"
>>> new_dir.mkdir()
```

我們先導入 Path 類別，然後建立一個新的 Path 物件，表示主目錄裡的 new_directory 目錄，同時把這個物件指派給 new_dir 變數。再來我們用 .mkdir() 建立一個新目錄。

你可以檢查新目錄是否存在，還可以確認一下這真的是一個目錄：

```
>>> new_dir.exists()
True
>>> new_dir.is_dir()
True
```

如果你想建立的目錄已經存在，就會出現例外訊息：

```
>>> new_dir.mkdir()
Traceback (most recent call last):
  File "<pyshell#32>", line 1, in <module>
    new_dir.mkdir()
  File "C:\Users\David\AppData\Local\Programs\Python\
Python\lib\pathlib.py", line 1266, in mkdir
    self._accessor.mkdir(self, mode)
FileExistsError: [WinError 183] 當檔案已存在時，無法建立該檔案。: 'C:\\
Users\\David\\new_directory'
```

呼叫 .mkdir() 之後，Python 會嘗試再次建立 new_directory 資料夾。不過這個資料夾已經存在，所以這個操作會失敗、引發 FileExistsError 例外。

如果你希望只有目錄不存在的時候才建立新的目錄，而且也想避免目錄已經存在引起的 FileExistsError，那該怎麼辦？

這個時候可以把 .mkdir() 的 exist_ok 參數設為 True：

```
>>> new_dir.mkdir(exist_ok=True)
```

用 exist_ok=True 參數執行 .mkdir() 的話，就只有在目錄不存在的時候，才會建立目錄。如果目錄已經存在，就不會執行任何操作。

用 exist_ok=True 參數呼叫 .mkdir() 相當於這樣的寫法：

```
>>> if not new_dir.exists():
...     new_dir.mkdir()
```

雖然這段程式碼也能達到同樣的效果，但 exist_ok=True 的寫法會更簡短，讀起來也一樣好懂。

現在來看看，如果在不存在的目錄裡建立新的目錄會發生什麼問題：

```
>>> nested_dir = new_dir / "folder_a" / "folder_b"
>>> nested_dir.mkdir()
Traceback (most recent call last):
  File "<pyshell#38>", line 1, in <module>
    nested_dir.mkdir()
  File "C:\Users\David\AppData\Local\Programs\Python\
  Python\lib\pathlib.py", line 1266, in mkdir
    self._accessor.mkdir(self, mode)
FileNotFoundError: [WinError 3] 系統找不到指定的路徑。: 'C:\\Users\\
David\\new_directory\\folder_a\\folder_b'
```

這次的問題在於上一層目錄 folder_a 不存在。通常要建立新目錄的時候，新目錄（這裡的 folder_b）的所有上層目錄都必須存在才行。

不過，只要把 .mkdir() 的 parents 參數設為 True，就能同時也建立新目錄需要的上層目錄：

```
>>> nested_dir.mkdir(parents=True)
```

這次 `.mkdir()` 先建立了上一層的目錄 `folder_a`，所以新目錄 `folder_b` 就可以建立了。

把前面這些參數整合在一起，可以這樣建立目錄：

```
>>> nested_dir.mkdir(parents=True, exist_ok=True)
```

把 `parents` 和 `exist_ok` 參數都設成 `True`，就會在需要的情況下自動建立整個路徑，如果路徑已經存在也不會引發例外訊息。

這種寫法很方便，但不是在所有情況都適用。例如，在使用者輸入不存在的路徑時，你可能會想要偵測出例外發生(可複習 8.6 節的技巧)，再讓使用者重新輸入路徑，因為他們可能只是打錯字而已。

Path.touch() 建立檔案

現在來學一下怎麼建立檔案。用剛才的 `Path` 物件 `new_dir` 建立一個新的 `Path` 物件 `file_path`：

```
>>> file_path = new_dir / "file1.txt"
```

因為 new_directory 裡沒有 file1.txt 檔案，所以這個路徑還不存在：

```
>>> file_path.exists()
False
```

你可以用 `Path.touch()` 方法來建立檔案：

```
>>> file_path.touch()
```

這會在 new_directory 資料夾裡建立一個名為 file1.txt 的新檔案。新檔案裡面不會有任何資料，不過檔案確實是存在的：

```
>>> file_path.exists()
True
>>> file_path.is_file()
True
```

用 `.touch()` 建立的檔案裡不會有任何資料。我們會在第 12.5 節「讀取和寫入檔案」教你把資料寫入檔案。

再來也試試在不存在的目錄裡建立檔案，但這次就沒辦法了：

```
>>> file_path = new_dir / "folder_c" / "file2.txt"
>>> file_path.touch()
Traceback (most recent call last):
  File "<pyshell#47>", line 1, in <module>
    file_path.touch()
  File "C:\Users\David\AppData\Local\Programs\Python\
  Python\lib\pathlib.py", line 1256, in touch
    fd = self._raw_open(flags, mode)
  File "C:\Users\David\AppData\Local\Programs\Python\
  Python\lib\pathlib.py", line 1063, in _raw_open
    return self._accessor.open(self, flags, mode)
FileNotFoundError: [Errno 2] No such file or directory:
'C:\\Users\\David\\new_directory\\folder_c\\file2.txt'
```

因為 new_directory 資料夾裡面沒有 folder_c 子資料夾，所以會觸發 FileNotFoundError 例外訊息。

`.touch()` 方法和 `.mkdir()` 不一樣，沒有可以自動建立上層目錄的 `parents` 參數。所以在呼叫 `.touch()` 建立檔案之前，要先建立所有上層的目錄。

你可以用 `.parent` 來取得 file2.txt 的上一層資料夾路徑，然後呼叫 `.mkdir()` 來建立目錄：

```
>>> file_path.parent.mkdir()
```

由於 .parent 傳回的是一個 Path 物件，所以你也可以把 .mkdir() 方法接在後面，用一行程式碼寫完。

建立 folder_c 目錄之後，就可以成功建立檔案了：

```
>>> file_path.touch()
```

現在你已經會建立檔案和目錄了，接下來要能查看目錄的內容。

走訪目錄內容

pathlib 也可以用迴圈走訪目錄的內容，這樣就可以一次處理目錄裡的所有檔案和子目錄。

這裡說的「處理」可以有很多種意思，可能是讀取檔案並提取資料、壓縮目錄裡的檔案，或是其他的操作。在這節我們會先查看目錄的內容，之後再來學習從檔案裡讀取資料。

目錄裡的內容一定是檔案或子目錄。Path.iterdir() 方法會傳回一個可迭代的物件，內容是目錄裡每個項目的 Path 物件。

.iterdir() 需要由一個目錄的 Path 物件來呼叫。這裡我們使用之前在主目錄建立的 new_directory 資料夾，也就是 new_dir 變數：

```
>>> for path in new_dir.iterdir():
...     print(path)
...
C:\Users\David\new_directory\file1.txt
C:\Users\David\new_directory\folder_a
C:\Users\David\new_directory\folder_c
```

目前這個 new_directory 資料夾裡有 3 個項目：

1. file1.txt 檔案

2. folder_c 目錄

3. folder_a 目錄

`.iterdir()` 傳回的是一個可迭代的物件，所以也可以轉換成 list 來檢視：

```
>>> list(new_dir.iterdir())
[WindowsPath('C:/Users/David/new_directory/file1.txt'),
WindowsPath('C:/Users/David/new_directory/folder_a'),
WindowsPath('C:/Users/David/new_directory/folder_c')]
```

這裡只是方便讓你看到這個物件的內容，實際應用並不需要特別轉換成 list，通常只要像前一個範例那樣在 `for` 迴圈直接使用 `.iterdir()` 就好。

要注意，`.iterdir()` 只會傳回直接放在 new_directory 資料夾裡的項目。也就是說，你不會看到 folder_c 或 folder_a 這些子目錄裡的檔案。

想要同時傳回某個路徑下所有子目錄的內容的話，只靠 `.iterdir()` 沒辦法輕鬆做到。等一下會說明更好的做法，但我們要先來看看怎麼搜尋目錄裡的檔案。

搜尋目錄裡的檔案

有時候，我們只想要迭代特定類型或特定名稱的檔案。`Path.glob()` 方法可以依照你指定的條件，傳回一個可迭代的物件，裡面就只會包含符合條件的內容。

這個搜尋檔案的方法叫 `.glob()` 好像有點詞不達意，但這是有歷史原因的。這個名稱源自於早期 Unix 作業系統的 glob 程式（global 的簡寫），功能是把萬用字元展開成完整的路徑。

`.glob()` 方法也是類似的用途，把包含萬用字元的字串傳進去，就會傳回符合格式的所有檔案路徑的 list。

萬用字元（wildcard character）是一種特殊字元，會混在字串裡組成一個**格式（pattern）**字串，其中使用的萬用字元可以代換成各種字元或字串，用來表示符合某種規則的特定字串。例如："*.txt" 裡的 *（星號）就是一個萬用字元，可以用任意數量的其他字元取代，代表任意名稱的 .txt 文字檔案。

除了 * 以外，還有其他不同的萬用字元。不同萬用字元會有不同的匹配規則，也就是可以代換哪些字元或字串，甚至數量都是不一樣的。

我們回來用 new_directory 資料夾當範例（new_directory 資料夾之前是指派給 `new_dir` 變數）：

```
>>> for path in new_dir.glob("*.txt"):
...     print(path)
...
C:\Users\David\new_directory\file1.txt
```

和 `.iterdir()` 一樣，`.glob()` 方法會傳回一個可迭代的物件。不過這次傳回的物件裡就只有符合格式 "*.txt" 的路徑。另外，目錄呼叫 `.glob()` 傳回的物件裡面，同樣不會包含子目錄的內容。

下表整理了一些常見的萬用字元：

萬用字元	匹配規則	範例	匹配的字串	不匹配的字串
*	任何數量的任意字元（包含空字串）	"*b*"	b, ab, bc, abc, ...	a, c, ac, ...
?	一個任意字元	"?bc"	Abc, bbc, cbc, ...	bc, aabc, abcd, ...
[abc]	括號裡的任一個字元	"[CB]at"	Cat, Bat	at, cat, bat, ...

常用萬用字元

我們接下來會看到更多萬用字元的範例。首先你要在 new_directory 資料夾裡建立更多檔案，才會有夠多材料可以做示範。輸入這段程式碼：

```
>>> paths = [
...     new_dir / "program1.py",
...     new_dir / "program2.py",
...     new_dir / "folder_a" / "program3.py",
...     new_dir / "folder_a" / "folder_b" / "image1.jpg",
...     new_dir / "folder_a" / "folder_b" / "image2.png",
...     ]
>>> for path in paths:
...     path.touch()
...
>>>
```

執行完上面的程式後，new_directory 資料夾的結構會變得像這樣：

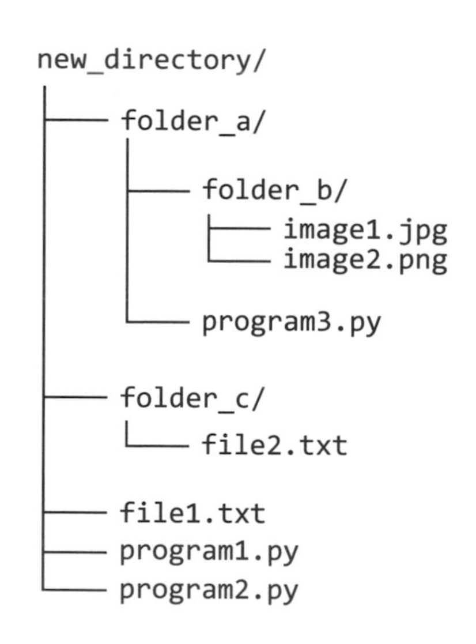

現在我們有更複雜的結構了，來看看各個萬用字元用在 `.glob()` 的效果。

* 萬用字元

* 萬用字元可以匹配任意數量的字元。例如，"*.py" 可以匹配所有 .py 結尾的檔案路徑：

```
>>> list(new_dir.glob("*.py"))
[WindowsPath('C:/Users/David/new_directory/program1.py'),
WindowsPath('C:/Users/David/new_directory/program2.py')]
```

同一段格式裡可以用不只一個 * 萬用字元：

```
>>> list(new_dir.glob("*1*"))
[WindowsPath('C:/Users/David/new_directory/file1.txt'),
WindowsPath('C:/Users/David/new_directory/program1.py')]
```

"*1*" 可以和包含數字 1 的任何檔案路徑匹配，因為在數字 1 的前後可以有任意數量的字元，也可以沒有字元。在這個例子，new_directory 資料夾裡有數字 1 的檔案只有 file1.txt 和 program1.py。

如果從 "*1*" 去掉第一個 *，改成 "1*"，就沒有任何相符的路徑了：

```
>>> list(new_dir.glob("1*"))
[]
```

格式 "1*" 會匹配數字 1 開頭、後面有任意數量字元的檔案路徑，但是 new_directory 資料夾裡沒有這樣的檔案，所以 .glob() 不會傳回任何內容。

? 萬用字元

? 萬用字元可以匹配任意的單一字元。例如，格式 "program?.py" 可以匹配所有 program 開頭、之後接著一個字元、.py 結尾的檔案路徑：

```
>>> list(new_dir.glob("program?.py"))
[WindowsPath('C:/Users/David/new_directory/program1.py'),
WindowsPath('C:/Users/David/new_directory/program2.py')]
```

? 萬用字元也可以重複使用：

```
>>> list(new_dir.glob("?older_?"))
[WindowsPath('C:/Users/David/new_directory/folder_a'),
WindowsPath('C:/Users/David/new_directory/folder_c')]
```

格式 "?older_?" 可以匹配任何一個字元開頭、之後接著 older_、結尾還有一個任意字元的路徑。在 new_directory 資料夾裡，這樣的路徑有 folder_a 和 folder_c 目錄。

你也可以結合 ? 和 * 來使用：

```
>>> list(new_dir.glob("*1.??"))
[WindowsPath('C:/Users/David/new_directory/program1.py')]
```

"*1.??" 可以匹配結尾是 1 和一個點加上兩個任意字元的檔案路徑。在 new_directory 資料夾裡，唯一匹配的路徑是 program1.py。注意 file1.txt 不能匹配，因為點的後面有三個字元。

[] 萬用字元

[] 萬用字元和 ? 萬用字元有點像，都只能匹配一個字元。不同之處在於，[] 只會匹配括號裡的字元，不像 ? 可以匹配任何字元。

像是 "program[13].py" 可以匹配開頭是 program、之後接著 1 或 3、最後副檔名是 .py 的路徑。在 new_directory 資料夾裡，program1.py 是唯一匹配的：

```
>>> list(new_dir.glob("program[13].py"))
[WindowsPath('C:/Users/David/new_directory/program1.py')]
```

和其他萬用字元一樣，[] 可以重複使用，也可以和其他萬用字元結合使用。

** 萬用字元：遞迴匹配 (Recursive Matching)

.iterdir() 和 .glob() 最大的限制就是只能取得資料夾下一層的路徑。例如 new_dir.glob("*.txt") 只會傳回 new_directory 裡的 file1.txt，就算子目錄 folder_c 裡的 file2.txt 路徑符合 "*.txt"，.glob() 也不會傳回。

有一個特殊的萬用字元 ** 可以執行遞迴匹配。比較常見的用法是在匹配的字串前面加上 "**/"，.glob() 就會在所有子目錄尋找符合的路徑。

例如，"**/*.txt" 可以匹配到 file1.txt 和 folder_c/file2.txt：

```
>>> list(new_dir.glob("**/*.txt"))
[WindowsPath('C:/Users/David/new_directory/file1.txt'),
WindowsPath('C:/Users/David/new_directory/folder_c/file2.txt')]
```

同樣的，"**/*.py" 可以匹配 new_directory 和子目錄裡的所有 .py 檔案：

```
>>> list(new_dir.glob("**/*.py"))
[WindowsPath('C:/Users/David/new_directory/program1.py'),
WindowsPath('C:/Users/David/new_directory/program2.py'),
WindowsPath('C:/Users/David/new_directory/folder_a/program3.py')]
```

另外還有一種遞迴匹配的方法：.rglob()。用這個方法就不需要再加上 "**/" 了：

```
>>> list(new_dir.rglob("*.py"))
[WindowsPath('C:/Users/David/new_directory/program1.py'),
WindowsPath('C:/Users/David/new_directory/program2.py'),
WindowsPath('C:/Users/David/new_directory/folder_a/program3.py')]
```

.rglob() 的 r 代表遞迴(recursive)。有些人比較喜歡這個方法，因為 .rglob() 會比加上 "**/" 稍微簡短一些，不過兩個版本的效用都是一樣的。我們之後在書裡會使用 .rglob()。

移動和刪除檔案、目錄

有時候你會需要把檔案或目錄移動到新的位置或刪除，你可以用 pathlib 來執行這些操作。但一定要記住，這些操作可能會讓資料永遠消失，所以執行的時候要非常小心。

移動檔案或目錄

.replace() 方法可以移動檔案或目錄。這個範例會把 new_directory 資料夾的 file1.txt 檔案移動到 folder_a 子資料夾：

```
>>> source = new_dir / "file1.txt"
>>> destination = new_dir / "folder_a" / "file1.txt"
>>> source.replace(destination)
WindowsPath('C:/Users/David/new_directory/folder_a/file1.txt')
```

我們用 source 路徑呼叫 .replace()，把 destination 路徑作為引數。.replace() 會傳回檔案新位置的路徑。(編註：注意引數的 destination 是移動後的完整檔案路徑，也要包含檔案名稱，不是只有目的地的目錄路徑而已。)

重要事項

如果 destination 路徑已經有檔案存在，那 .replace() 就會用 source 檔案直接覆蓋原本的 destination 檔案，不會發出任何例外訊息。操作上不小心的話，就有可能會意外遺失資料。為了避免這種情況，在移動檔案之前，應該都要先檢查目標路徑是不是已經有檔案存在，如果沒有才移動檔案：

```
if not destination.exists():
    source.replace(destination)
```

.replace() 還可以移動或重新命名整個目錄。例如這段程式碼把 new_directory 的 folder_c 子目錄重新命名成 folder_d：

```
>>> source = new_dir / "folder_c"
>>> destination = new_dir / "folder_d"
>>> source.replace(destination)
WindowsPath('C:/Users/David/new_directory/folder_d')
```

同樣的，如果 destination 資料夾已經存在，就會被 source 資料夾完全取代，有可能會遺失相當多的資料。(編註：檔案也同樣可以用 .replace() 重新命名，但也會取代已存在的檔案。)

刪除檔案

用 .unlink() 方法刪除檔案：

```
>>> file_path = new_dir / "program1.py"
>>> file_path.unlink()
```

.unlink() 會刪除 new_directory 資料夾裡的 program1.py 檔案，你可以用 .exists() 檢查檔案是不是還存在：

```
>>> file_path.exists()
False
```

用 .iterdir() 來檢視，也可以看到這個檔案已經被刪除：

```
>>> list(new_dir.iterdir())
[WindowsPath('C:/Users/David/new_directory/folder_a'),
WindowsPath('C:/Users/David/new_directory/folder_d'),
WindowsPath('C:/Users/David/new_directory/program2.py')]
```

如果 `.unlink()` 指定的路徑不存在，會引發 FileNotFoundError 例外訊息：

```
>>> file_path.unlink()
Traceback (most recent call last):
  File "<pyshell#94>", line 1, in <module>
    file_path.unlink()
  File "C:\Users\David\AppData\Local\Programs\Python\  Python\lib\
pathlib.py", line 1303, in unlink
    self._accessor.unlink(self)
FileNotFoundError: [WinError 2] 系統找不到指定的檔案。:
'C:\\Users\\David\\new_directory\\program1.py'
```

如果要忽略這個例外訊息，可以把參數 `missing_ok` 設成 `True`：

```
>>> file_path.unlink(missing_ok=True)
```

上面這行程式不會執行任何動作，也不會觸發任何例外。

重要事項

檔案被刪除之後就會永遠消失。在刪除之前確定你確實要刪除！

刪除目錄

`.unlink()` 只能用來刪除檔案，要刪除目錄必須使用其他方法，例如 `.rmdir()`。不過資料夾必須是空的才能使用 `.rmdir()`，不然會引發 OSError 例外訊息：

```
>>> folder_d = new_dir / "folder_d"
>>> folder_d.rmdir()
Traceback (most recent call last):
  File "<pyshell#97>", line 1, in <module>
    folder_d.rmdir()
  File "C:\Users\David\AppData\Local\Programs\Python\  Python\lib\
pathlib.py", line 1314, in rmdir
    self._accessor.rmdir(self)
OSError: [WinError 145] 目錄不是空的。:
'C:\\Users\\David\\new_directory\\folder_d'
```

folder_d 資料夾裡有一個 file2.txt 檔案。要先刪除 folder_d 裡的所有檔案才能刪除 folder_d：

```
>>> for path in folder_d.iterdir():
...     path.unlink()
...
>>> folder_d.rmdir()
```

現在 folder_d 已經被刪除了：

```
>>> folder_d.exists()
False
```

如果想在目錄裡面還有資料的情況下刪除整個目錄，`pathlib` 就幫不上什麼忙了。不過另一個內建的模組 `shutil` 裡有一個 `rmtree()` 函式，可以刪除裡面還有檔案的目錄。

這是用 `rmtree()` 刪除 folder_a 的範例：

```
>>> import shutil
>>> folder_a = new_dir / "folder_a"
>>> shutil.rmtree(folder_a)
```

還記得 folder_a 裡有一個子資料夾 folder_b 嗎？除此之外，folder_b 裡還有 image1.jpg 和 image2.png 兩個檔案。

把 folder_a 路徑物件傳給 `rmtree()` 後，folder_a 和裡面全部的內容都會被刪除：

```
>>> # folder_a 目錄已經不存在
>>> folder_a.exists()
False
>>> # 搜索 'image*.*`' 檔案，沒有傳回任何東西
>>> list(new_dir.rglob("image*.*"))
[]
```

這節提到了相當多的基礎知識。你學了幾種常見的檔案系統操作：

- 建立檔案和目錄
- 走訪目錄裡的內容
- 使用萬用字元搜尋檔案和目錄
- 移動、刪除檔案和目錄

不過還有一點非常重要的事情務必要記住：你的程式也可能會在別人的電腦上執行，一個不小心，就有可能會損壞執行程式的電腦，導致重要的資料遺失。

在處理檔案系統時一定要小心謹慎。在執行任何移動操作之前，都要先檢查目標路徑是不是已經有檔案存在，而且任何操作都要讓使用者確認是安全、沒有問題的。

練習題

你可以在 https://www.flag.com.tw/bk/st/F3747/ 找到這些練習題的解答：

1. 在你的主目錄中建立一個名為 my_folder 的新目錄。

2. 在 my_folder 裡建立 3 個檔案：
   - file1.txt
   - file2.txt
   - image1.png
3. 把檔案 image1.png 移動到 my_folder 目錄裡的新目錄，新目錄叫做 images。
4. 刪除 file1.txt 檔案。
5. 刪除 my_folder 目錄。

12.4 挑戰：把所有圖檔移到新的目錄

取得書附檔案後（見封面或下方網址），在 ch12/practice_files 資料夾裡有一個 documents 子資料夾。這個子資料夾裡有很多檔案和子資料夾，有一些檔案是 .png、.gif 或 .jpg 副檔名的圖檔。

在 practice_files 資料夾裡建立一個名為 images 的新資料夾，把所有圖檔移動到 images 裡面。完成之後，images 裡應該要有 4 個檔案：

1. image1.png
2. image2.gif
3. image3.png
4. image4.jpg

你可以在 https://www.flag.com.tw/bk/st/F3747/ 找到這個挑戰題的解答。

12.5 讀取和寫入檔案

我們在 12.1 節已經學過，檔案內容是一連串的位元組所組成的，位元組是一個 0 到 255 之間的數字。也就是說，檔案內容其實只是一連串的整數值。要理解檔案裡的內容，就必須先把檔案的位元組**解碼**（**decode**）成有意義的內容才行。

這一節會先從處理文字檔開始，下一節則會處理 CSV 檔，之後在第 14 章還會學到處理 PDF 檔案。我們在這些過程會使用 Python 標準函式庫模組，也會教你使用其他第三方套件。關於如何安裝第三方套件，我們會在第 13 章說明。

我們先來看看什麼是文字檔，還有該怎麼處理文字檔。

瞭解文字檔

文字檔就是內容只有文字的檔案，可能也是所有檔案中最容易處理的類型。但是在處理文字檔時，會遇到 2 個比較棘手的問題：

1. 字元編碼（character encoding）
2. 行尾（line ending）

在開始讀寫文字檔前，我們要先來了解一下這些問題，之後才有辦法正確處理。

字元編碼（character encoding）

文字檔是以一連串位元組的形式儲存在磁碟上，每一個或數個位元組會代表檔案裡的一個字元。

寫入文字檔時，鍵盤輸入的文字(字元)會轉換為位元組，你可以想成轉換成一個代號，這個轉換過程稱為**編碼**（**encode**）。讀取文字檔時，再將代號(位元組)轉換回文字，這個轉換過程稱為**解碼**（**decode**）。

每個字元要轉換成什麼代號，要由檔案的**字元編碼**（**character encoding**）來決定。字元編碼有很多種，這 4 種是最廣泛使用的：

1. ASCII
2. UTF-8
3. UTF-16
4. UTF-32

編註：在繁體中文社群中，另有一種相當常見的字元編碼「Big5」，又稱「大五碼」。儘管近年的程式、文件多已改用 UTF 編碼，處理過去的繁體中文文件時仍很有可能遇到 Big5 編碼，遇到無法解碼的狀況時可以多加注意。

通常每個字元在不同的字元編碼，會轉換成不一樣的代號，但有些常用字元也可能編成同樣的代號，像是數字和英文字母在 ASCII 和 UTF-8 的編碼方式就是一樣的。

ASCII 和 UTF-8 的區別在於 UTF-8 有更多種字元的編碼。ASCII 不能處理 ñ 或 ü 之類的字元，但 UTF-8 可以。因此你可以用 UTF-8 來解碼 ASCII 所編碼的文字，但有時候卻不能使用 ASCII 來解碼 UTF-8 編碼的文字。

重要事項

對文字用不同的編碼方式進行編碼和解碼有可能會出現嚴重的問題。例如，用 UTF-16 來解 UTF-8 編碼的內容時，可能會解碼成和原本不一樣語系的文字！

有關字元編碼的完整介紹，可以查看 Real Python 網站上的 "Unicode & Character Encodings in Python: A Painless Guide" (https://realpython.com/python-encodings-guide/#enter-unicode)。

知道檔案使用哪種編碼非常重要，不過也不是每次都可以簡單分辨。現在的 Windows 作業系統，文字檔通常使用 UTF-16 或 UTF-8 編碼。在 macOS 和 Ubuntu Linux 上，預設的字元編碼通常是 UTF-8。

這一節接下來都預設文字檔使用的字元編碼是 UTF-8。如果你之後在自己的程式遇到任何問題，試試看改用其他的字元編碼。

行尾（line ending）

文字檔裡其實會有 1 或 2 個字元，用來標示這行已經結束，後面的字元屬於下一行。因為編碼成位元組的資料，存在硬碟上的時候只是一連串的整數，根本沒有所謂的換行，所以文字檔的換行也必須用字元來表示才能編碼。這些字元通常不會顯示在文字編輯器上，但是會以字元形式存在檔案資料裡，至於我們在編輯器看到的換行，其實只是編輯器依據這些字元呈現的畫面。

可用來表示一行結尾的字元有 2 個，分別是**回車（carriage return）字元**和**換行（line feed）字元**。在 Python 字串裡，這 2 個字元分別用脫逸序列 `\r` 和 `\n` 來表示。

在 Windows 上，預設是用回車字元和換行字元（`\r\n`），2 個字元表示一個行尾。在 macOS 和大多數 Linux 發行版本上，行尾只用一個換行字元來表示（`\n`）。

在 macOS 或 Linux 上開啟 Windows 檔案時，有時會在文章的行間看到多出一個空行，這是因為回車字元在 macOS 和 Linux 上也代表一行的結尾，所以在 Windows 上只代表 1 次換行的 2 個字元，到了 macOS 和 Linux 就被編輯器當成換行 2 次了。

例如，假設這個檔案是在 Windows 建立的：

```
Pug\r\n
Jack Russell Terrier\r\n
English Springer Spaniel\r\n
German Shepherd\r\n
```

在 macOS 或 Ubuntu 上，這個檔案的每個換行都會變成 2 次換行：

```
Pug\r
\n
Jack Russell Terrier\r
\n
English Springer Spaniel\r
\n
German Shepherd\r
\n
```

不過在實際上，不同作業系統的行尾差異很少出現問題，Python 也會自動處理行尾轉換，不必太擔心。

建立並開啟檔案物件

檔案在 Python 裡是以**檔案物件**的形式表示。Python 有一些類別專門處理各種不同類型的檔案，檔案物件就是用這些類別建立的實例。

Python 主要有 2 種檔案物件：

1. **文字檔案物件**用來處理文字檔案。
2. **二進位檔案物件**用來直接處理檔案裡的位元組。

文字檔案物件會自動處理位元組的編碼和解碼，你只需要指定要使用哪種字元編碼，就會自動幫你把位元組轉換成文字。二進位檔案物件就不會執行任何編碼或解碼，可以讀取到原始的位元組。

Python 有兩種建立檔案物件的方法：

1. `Path.open()` 方法
2. 內建函式 `open()`

接著就來分別介紹這兩種方法。

`Path.open()` 方法

`Path.open()` 方法需要用 `Path` 物件呼叫。在 IDLE 互動視窗執行這段程式碼：

```
>>> from pathlib import Path
>>> path = Path.home() / "hello.txt"
>>> path.touch()
>>> file = path.open(mode="r", encoding="utf-8")
```

我們先建立了一個 hello.txt 檔案的 `Path` 物件，指派給 `path` 變數，然後用 `path.touch()` 在主目錄建立這個檔案。再來 `.open()` 方法會傳回一個代表 hello.txt 檔案的檔案物件，最後指派給 `file` 變數。

這裡用了兩個關鍵字參數來開啟檔案：

1. `mode` 參數：決定檔案要用哪種模式打開。引數 `"r"` 指定用讀取模式（**read mode**）開啟檔案。
2. `encoding` 參數：決定解碼檔案用的字元編碼。引數 `"utf-8"` 表示用 UTF-8 解碼。

你可以檢視 `file` 變數，確認是不是已經指派文字檔案物件：

```
>>> file
<_io.TextIOWrapper name='C:\Users\David\hello.txt' mode='r'
encoding='utf-8'>
```

文字檔案物件是 `TextIOWrapper` 類別的實例。只要用 `Path.open()` 方法就能創建這個實例了，不需要直接使用 `TextIOWrapper` 這個類別。

開啟檔案的模式有很多種，請參考以下表格：

模式	說明
"r"	建立一個可讀取的文字檔案物件，如果無法打開檔案就發出例外訊息。
"w"	建立一個可寫入的文字檔案物件，會覆蓋檔案現有的資料。
"a"	建立一個可寫入的文字檔案物件，寫入的資料會附加到檔案的結尾。
"rb"	建立一個可讀取的二進位檔案物件，如果無法打開檔案就發出例外訊息。
"wb"	建立一個可寫入的二進位檔案物件，會覆蓋檔案現有的資料。
"ab"	建立一個可寫入的二進位檔案物件，寫入的資料會附加到檔案的結尾。

下表列出一些常用的字元編碼和作為參數時對應的字串：

字串	字元編碼
"ascii"	ASCII
"utf-8"	UTF-8
"utf-16"	UTF-16
"utf-32"	UTF-32

編註：Big5 大五碼對應的字串是 "big5"。

用 `.open()` 建立檔案物件之後，Python 會維持一個連到檔案內容的鏈結，直到你明確的在 Python 關閉檔案或程式執行結束。

重要事項

雖然程式結束執行之後就會關閉檔案，但還是應該在不需要用到檔案的時候就直接關閉檔案，釋出資源，這才是寫程式的良好習慣。放著開啟過卻不會用到的檔案不管，就像在電腦系統裡隨地亂丟垃圾一樣，這在設計大型程式的時候影響會特別明顯，所以最好養成隨手關檔案的習慣。

檔案物件的 `.close()` 方法就可以關閉檔案了：

```
>>> file.close()
```

已經有一個 `Path` 物件的時候，`Path.open()` 是開啟檔案的首選方式。不過除了這個方法以外，還有一個內建函式 `open()` 可以開啟檔案。

內建函式 open()

內建函式 `open()` 的功能幾乎和 `Path.open()` 方法完全相同，不同的地方在第一個參數，必須是一個字串，代表開啟的檔案路徑。

先建立一個新變數 `file_path`，指派 hello.txt 檔案的路徑字串：

```
>>> file_path = "C:/Users/David/hello.txt"
```

記得把這個例子的路徑改成你自己電腦上的檔案路徑。

接下來用內建函式 `open()` 建立一個新的檔案物件，再指派給變數 `file`：

```
>>> file = open(file_path, mode="r", encoding="utf-8")
```

`open()` 的第一個參數是路徑字串，`mode` 和 `encoding` 參數就跟 `Path.open()` 方法的參數一樣。這個範例的 `mode` 設為 `"r"` 代表讀取模式，`encoding` 設為 `"utf-8"` 表示字元編碼是 UTF-8。

和 `Path.open()` 傳回的檔案物件一樣，`open()` 傳回的檔案物件是一個 `TextIOWrapper` 實例：

```
>>> file
<_io.TextIOWrapper name='C:/Users/David/hello.txt' mode='r'
encoding='utf-8'>
```

關閉檔案一樣是用檔案物件的 `.close()` 方法：

```
>>> file.close()
```

大多數的情況都會用 `Path.open()` 方法從 `pathlib.Path` 物件來開啟檔案。但是如果你不需要用到 `pathlib` 模組的其他功能，那用 `open()` 快速建立檔案物件就夠了。

with 敘述

開啟檔案就表示你的程式存取了程式本身之外的資料，作業系統必須管理你的程式和實體檔案之間的鏈結。直到你呼叫檔案物件的 `.close()` 方法，作業系統才會關閉這個鏈結。

如果你的程式在檔案開啟之後、關閉之前的期間內當掉、強制終止，那這個鏈結可能就會一直佔用系統的資源，直到作業系統發覺已經沒有人需要這個鏈結為止。

為了確保程式當掉之後也會把佔用的系統資源整理好，你可以用 `with` 敘述來開啟檔案。使用 `with` 敘述的方式如這個範例所示：

```
with path.open(mode="r", encoding="utf-8") as file:
    # 使用 file 變數
```

`with` 敘述有兩個部分：標頭和主體。標頭的開頭是 `with` 關鍵字、結尾要有一個冒號。中間的 `path.open()` 的傳回值會指派給 `as` 關鍵字後面的變數。主體則是標頭後面的縮排程式碼區塊。

在用了 `with` 敘述的狀況下，只要程式執行到主體（也就是縮排的程式碼區塊）以外，分配給 `file` 的檔案物件就會自動關閉；不管是因為正常的按順序執行，還是因為主體的程式碼觸發例外，都一樣會關閉檔案物件。

`with` 敘述也可以用在內建函式 `open()`：

```
with open(file_path, mode="r", encoding="utf-8") as file:
    # 使用 file 變數
```

在實務上，我們實在沒有理由不用 `with` 敘述來開啟檔案。這是公認處理檔案最 Pythonic 的方式，之後我們都會盡量用這個方式開啟檔案。

從檔案讀取資料

用文字編輯器打開你之前建立在主目錄的 hello.txt 檔案，輸入文字「Hello, World」，然後儲存檔案。

接著在 IDLE 互動視窗輸入這些內容：

```
>>> path = Path.home() / "hello.txt"
>>> with path.open(mode="r", encoding="utf-8") as file:
...     text = file.read()
...
>>>
```

`path.open()` 建立的檔案物件會指派給 `file` 變數。在 `with` 敘述的主體部分，檔案物件用 `.read()` 方法從檔案裡讀取文字，再把結果指派給 `text` 變數。

`.read()` 傳回的值是一個字串物件 `"Hello, World"`：

```
>>> type(text)
<class 'str'>
>>> text
'Hello, World'
```

`.read()` 方法的功能就是讀取檔案裡的文字，用字串的形式傳回。

如果檔案裡有很多行文字，那每一行文字都會用換行字元（\n）分隔開。在文字編輯器再次打開 hello.txt 檔案，把文字「Hello again」輸入在第二行，然後存檔。

回到 IDLE 的互動視窗，再次讀取檔案裡的文字：

```
>>> with path.open(mode="r", encoding="utf-8") as file:
...     text = file.read()
...
>>> text
'Hello, World\nHello again'
```

注意在文字中間有一個 `\n` 換行字元。

你也可以一次只讀取檔案裡的一行文字：

```
>>> with path.open(mode="r", encoding="utf-8") as file:
...     for line in file.readlines():
...         print(line)
...
Hello, World

Hello again
```

`.readlines()` 方法會把檔案變成可迭代的物件形式傳回。`for` 迴圈的每一次迭代都會取得檔案的下一行文字，然後顯示出來。

注意兩行中間會有多出來的空行，這是因為 `print()` 本來就會在每個字串後面自動加入一個換行字元，加上原本就有的換行字元，就導致換行了兩次。

如果不想輸出 `print()` 自動加的空行，可以把函式 `print()` 的關鍵字參數 `end` 設為空字串：

```
>>> with path.open(mode="r", encoding="utf-8") as file:
...     for line in file.readlines():
```

Next

```
...         print(line, end="")
...
Hello, World
Hello again
```

大多的狀況下 `.readlines()` 會比 `.read()` 方便一點。例如，檔案裡的每一行可能都代表一筆資料紀錄，這時候就可以用 `.readlines()` 逐一檢查，再根據需要來處理。

如果要讀取的檔案不存在，`Path.open()` 和內建函式 `open()` 都會引發 FileNotFoundError，要記得用 `path.exists()` 來檢查：

```
>>> path = Path.home() / "new_file.txt"
>>> with path.open(mode="r", encoding="utf-8") as file:
...     text = file.read()
...
Traceback (most recent call last):
  File "<pyshell#197>", line 1, in <module>
    with path.open(mode="r", encoding="utf-8") as file:
  File "C:\Users\David\AppData\Local\Programs\Python\  Python\lib\
pathlib.py", line 1200, in open
    return io.open(self, mode, buffering, encoding, errors, newline,
  File "C:Users\David\AppData\Local\Programs\Python\  Python\lib\
pathlib.py", line 1054, in _opener
    return self._accessor.open(self, flags, mode)
FileNotFoundError: [Errno 2] No such file or directory: 'C:\\Users\\
David\\new_file.txt'
```

接著來看看怎麼把資料寫入檔案。

把資料寫入檔案

檔案物件的 `.write()` 方法可以把資料寫入純文字檔案。另外還必須在開啟檔案的時候把引數 `"w"` 傳到 `mode` 參數，才能以寫入模式（**w**rite mode）開啟檔案物件。

例如，下面這段程式碼會把字串 `"Hi there!"` 寫到主目錄的 hello.txt 檔案：

```
>>> with path.open(mode="w", encoding="utf-8") as file:
...     file.write("Hi there!")
...
9
>>>
```

注意看，`with` 程式區塊執行完之後會顯示數字 `9`。那是因為 `.write()` 會傳回寫入的字元數量，字串 `"Hi there!"` 有 `9` 個字元，所以 `.write()` 才會傳回 `9`。

`"Hi there!"` 寫入 hello.txt 檔案之後，檔案原本的內容都會被覆蓋掉，就像刪除了舊的 hello.txt 檔案再建立一個新檔案一樣。

重要事項

在 `.open()` 的參數設定 `mode="w"` 的話，檔案原本的內容就會在寫入的時候被覆蓋掉，被覆蓋的資料會直接消失！

你可以讀取、顯示檔案的內容，檢查檔案裡是不是只有文字 Hi there!：

```
>>> with path.open(mode="r", encoding="utf-8") as file:
...     text = file.read()
...
>>> print(text)
Hi there!
```

你也可以改用**附加模式（append mode）**開啟檔案，把資料附在檔案結尾之後：

```
>>> with path.open(mode="a", encoding="utf-8") as file:
...     file.write("\nHello")
```

Next

```
...
6
```

檔案用附加模式開啟的時候，新的資料會寫到檔案的結尾，舊的資料保持不變。這裡的範例把換行字元放在字串的開頭，這樣 "Hello" 就會寫在檔案結尾的下一行。

如果字串開頭沒有換行字元，"Hello" 就會寫入檔案的最後一行，接在原本的內容後面。

你可以開啟、讀取檔案，檢查 "Hello" 是不是寫在第二行：

```
>>> with path.open(mode="r", encoding="utf-8") as file:
...     text = file.read()
...
>>> print(text)
Hi there!
Hello
```

如果想一次寫入很多行文字，也可以用 .writelines() 方法。首先要建立一個字串的 list：

```
>>> lines_of_text = [
...     "Hello from Line 1\n",
...     "Hello from Line 2\n",
...     "Hello from Line 3\n",
...     ]
```

然後用寫入模式開啟檔案，呼叫 .writelines() 把 list 裡面的每個字串寫入檔案：

```
>>> with path.open(mode="w", encoding="utf-8") as file:
...     file.writelines(lines_of_text)
...
>>>
```

這樣 lines_of_text 裡的每個字串就全都寫進檔案了。要注意，這裡的每個字串都要自己加上換行字元（\n）結尾，因為 .writelines() 不會自動在字串之間分行。

如果在寫入模式開啟一個不存在的檔案也沒關係，只要檔案所在的資料夾是存在的，Python 就會自動建立檔案：

```
>>> path = Path.home() / "new_file.txt"
>>> with path.open(mode="w", encoding="utf-8") as file:
...     file.write("Hello!")
...
6
```

在上面的範例，因為確實有 Path.home() 目錄存在，所以 new_file.txt 檔案就會自動建立。但是，如果上層的目錄不存在，那 .open() 還是會引發 FileNotFoundError 例外訊息：

```
>>> path = Path.home() / "new_folder" / "new_file.txt"
>>> with path.open(mode="w", encoding="utf-8") as file:
...     file.write("Hello!")
...
Traceback (most recent call last):
  File "<pyshell#172>", line 1, in <module>
    with path.open(mode="w", encoding="utf-8") as file:
  File "C:\Users\David\AppData\Local\Programs\Python\  Python\lib\
pathlib.py", line 1054, in _open
    return self._accessor.open(self, mode, buffering, encoding,
errors,
FileNotFoundError: [Errno 2] No such file or directory: 'C:\\Users\\
David\\new_folder\\new_file.txt'
```

如果要寫入的檔案的上層資料夾有可能不存在，也可以在開啟檔案之前，先呼叫 .mkdir() 方法，把 parents 參數設為 True：

```
>>> path.parent.mkdir(parents=True)
>>> with path.open(mode="w", encoding="utf-8") as file:
```

Next

```
...     file.write("Hello!")
...
6
```

你在這節學到了很多關於檔案的知識。你學到用來轉換位元組和文字的字元編碼，還有不同作業系統的行尾差異。最後你學會用 `Path.open()` 方法和內建函式 `open()` 建立檔案物件，讀取和寫入文字檔。

練習題

你可以在 https://www.flag.com.tw/bk/st/F3747 找到這些練習題的解答：

1. 把這些文字寫入主目錄裡的 starships.txt 檔案：
   - Discovery
   - Enterprise
   - Defiant
   - Voyager

   每一個單字要寫成獨立一行。
2. 讀取你在練習題 1 建立的檔案 starships.txt，印出檔案裡每一行的文字。輸出的每個單字之間不能有額外的空行。
3. 讀取檔案 startships.txt，印出字母 D 開頭的單字。

12.6 讀寫 CSV 資料

假設你家裡有一個氣溫感測器，每 4 小時記錄一次溫度。一天過去之後，感應器會記錄 6 次溫度。你可以把這些溫度數據儲存成一個 list：

```
>>> temperature_readings = [20, 18, 20, 21, 23, 22]
```

這個感測器每天都會產生一個新的數字 list，我們要來把這些數值儲存到檔案裡。你可以把每天的數值用逗號分隔，寫在同一行：

```
>>> from pathlib import Path
>>> file_path = Path.home() / "temperatures.csv"
>>> with file_path.open(mode="a", encoding="utf-8") as file:
...     file.write(str(temperature_readings[0]))
...     for temp in temperature_readings[1:]:
...         file.write(f",{temp}")
...
2
3
3
3
3
3
```

上面的範例會在你的主目錄建立一個 temperatures.csv 檔案，用附加模式開啟，先把 `temperature_readings` 的第一個值寫入檔案之後，再把 list 其他的值用逗號隔開，依序寫進同一行。

最後寫入檔案的會是字串 `"20,18,20,21,23,22"`，你可以讀取檔案來檢查有沒有確實寫入：

```
>>> with file_path.open(mode="r", encoding="utf-8") as file:
...     text = file.read()
```

Next

```
...
>>> text
'20,18,20,21,23,22'
```

這種格式的檔案就叫**逗號分隔值**（**c**omma-**s**eparated **v**alue，**CSV**）檔案，適合用來儲存按順序排列的資料，也可以很輕鬆的再把 CSV 的內容轉換成 list：

```
>>> temperatures = text.split(",")
>>> temperatures
['20', '18', '20', '21', '23', '22']
```

你在 9.2 節學過 `.split()` 字串方法，這裡正好可以用來把逗號隔開的溫度值，一個一個分割出來建立成 list。

要注意，這裡 `temperatures` 裡面的值是字串，不是整數值，這是因為文字檔裡的值固定會讀取成字串的形式。你可以用 list 生成式把字串再轉換成整數：

```
>>> int_temperatures = [int(temp) for temp in temperatures]
>>> int_temperatures
[20, 18, 20, 21, 23, 22]
```

這樣就還原成一開始寫入 temperatures.csv 檔案的 list 了！

從這一段示範可以看出 CSV 檔案也是一種純文字檔。不過 CSV 檔更常被當作表格來使用，你可以把每一行文字都當成是表格的一列、不同列同一個索引的元素當成表格的一欄。用這一節介紹的方式，你可以把很多串值寫進 CSV 檔案，轉換成表格裡一列一列的資料，之後也可以從檔案讀取、還原資料。

csv 模組

讀寫 CSV 檔案的需求非常普遍，也因此，Python 標準函式庫裡有一個 `csv` 模組可以用來讀寫 CSV 檔案，減少處理 CSV 檔案需要寫的程式量。

這個小節會用 `csv` 模組重寫前面的範例，讓你了解這個模組的運作方式還有可以進行的操作。首先在 IDLE 的互動視窗導入 `csv` 模組：

```
>>> import csv
```

我們先來建立一個練習用的 CSV 檔案。

用 csv.writer 寫入 CSV 檔案

建立一個記錄三天溫度的 list：

```
>>> daily_temperatures = [
...     [20, 18, 20, 21, 23, 22],
...     [19, 19, 21, 22, 22, 21],
...     [20, 21, 23, 24, 23, 22],
...     ]
```

現在用寫入模式開啟 temperatures.csv 檔案：

```
>>> file_path = Path.home() / "temperatures.csv"
>>> file = file_path.open(mode="w", encoding="utf-8", newline="")
```

這次沒有用 `with` 敘述，而是建立一個檔案物件再指派給 `file` 變數，這樣你才能檢查寫入過程的每個步驟。

重要事項

注意上面的範例，我們設定了 `.open()` 的換行字元參數 `newline=""`。特別指定成空字串，才不會被 `csv` 模組設定成別的參數。

`csv` 模組有內建的換行轉換設定，如果你在開啟檔案的時候沒有指定 `newline=""`，那某些作業系統（例如 Windows）會錯誤處理換行字元，變成在檔案的每一行後面都插入兩個換行字元。

現在把檔案物件 `file` 傳給 `csv.writer()`，建立一個 `writer` 物件：

```
>>> writer = csv.writer(file)
```

`csv.writer()` 會傳回一個 `writer` 物件，這個類別的類別方法可以把資料寫入 CSV 檔案。

例如，你可以用 `writer.writerow()` 方法把 list 寫到 CSV 檔案：

```
>>> for temp_list in daily_temperatures:
...     writer.writerow(temp_list)
...
19
19
19
```

和檔案物件的 `.write()` 方法一樣，`.writerow()` 也會傳回寫入的字元數目。`daily_temperatures` 的每個 list 都會被自動轉換成字串，字串內容是逗號分隔的溫度資料，每個字串都有 19 個字元。

現在把檔案關閉：

```
>>> file.close()
```

在文字編輯器開啟 temperature.csv 檔案，你會看到這樣的文字：

```
20,18,20,21,23,22
19,19,21,22,22,21
20,21,23,24,23,22
```

這個練習用的範例沒有使用 `with` 敘述，是為了在 IDLE 的互動視窗檢查每一個執行過程。實際使用的時候，最好還是用 `with` 敘述。

以下是改用 `with` 敘述的程式碼：

```
with file_path.open(mode="w", encoding="utf-8", newline="") as file:
    writer = csv.writer(file)
    for temp_list in daily_temperatures:
        writer.writerow(temp_list)
```

用 `csv.writer` 來寫入 CSV 檔案的主要優點是，你不用煩惱要怎麼把資料轉換成字串。`csv.writer` 物件會處理型別轉換的問題，也讓程式碼可以更簡短、更乾淨。

`.writerow()` 只能寫入一列資料，你也可以用 `.writerows()` 一次寫入很多列。如果你的資料已經整理成巢狀 list，就可以改用 `.writerows()` 進一步縮短程式碼：

```
with file_path.open(mode="w", encoding="utf-8", newline="") as file:
    writer = csv.writer(file)
    writer.writerows(daily_temperatures)
```

再來我們要從 temperatures.csv 讀取資料，還原之前用來建立檔案的 `daily_temperatures` list。

用 csv.reader 讀取 CSV 檔案

`csv` 模組用 `csv.reader` 這個類別來讀取 CSV 檔案。和 `csv.writer` 物件一樣，`csv.reader` 物件也是用檔案物件作為參數來建立：

```
>>> file = file_path.open(mode="r", encoding="utf-8", newline="")
>>> reader = csv.reader(file)
```

csv.reader() 會傳回一個可迭代的 reader 物件，裡面的每個元素都是原本的一列資料：

```
>>> for row in reader:
...     print(row)
...
['20', '18', '20', '21', '23', '22']
['19', '19', '21', '22', '22', '21']
['20', '21', '23', '24', '23', '22']
>>> file.close()
```

CSV 檔案的每一列都會用字串 list 的形式回傳，我們要先用 list 生成式把每個字串 list 轉換回整數 list。

底下是一個完整的程式範例，用 with 敘述開啟 CSV 檔案，逐列讀取檔案裡的資料，把讀取到的字串 list 轉換成整數 list，最後再把每個整數 list 儲存在 daily_temperatures 這個空 list：

```
>>> # 先建立空的 list
>>> daily_temperatures = []
>>> with file_path.open(mode="r", encoding="utf-8", newline="") as
    file:
...     reader = csv.reader(file)
...     for row in reader:
...         # 把 list 的值轉換成整數
...         int_row = [int(value) for value in row]
...         # 把整數 list 放進 daily_temperatures
...         daily_temperatures.append(int_row)
...
>>> daily_temperatures
[[20, 18, 20, 21, 23, 22], [19, 19, 21, 22, 22, 21], [20, 21, 23,
24, 23, 22]]
```

處理 CSV 檔案的時候，`csv` 模組會比讀寫純文字檔的一般工具還要方便很多。尤其是有時候 CSV 檔案會很複雜，各個欄位可能是不同類型的資料，檔案的第一列還有可能是記錄欄位名稱的標頭列。

用標頭讀寫 CSV 檔案

下面是一個 CSV 檔案，裡面有不同的資料型別：

```
name,department,salary
Lee,Operations,75000.00
Jane,Engineering,85000.00
Diego,Sales,80000.00
```

檔案的第 1 列是**標頭列（header row）**，內容是各欄位的名稱。第 2 列之後的每一列都是一筆資料，資料裡有 3 個欄位，每個欄位都有一個值。

雖然這個檔案也可以像之前的那樣用 `csv.reader()` 來讀取，每一列都用 list 傳回，不過這樣就必須自己額外處理標頭列，而且資料的 list 上也不會有欄位的名稱。這個 CSV 檔案比較理想的處理方式是把每一筆紀錄都用字典型別傳回，鍵是欄位名稱，對應的值就是各欄位的值。很巧的是，這剛好就是 `csv.DictReader` 物件的功能！

現在用文字編輯器在主目錄建立一個 CSV 檔案 employees.csv，把前面的 CSV 範例存在裡面。然後在 IDLE 的互動視窗開啟 employees.csv 檔案，用檔案物件建立一個 `csv.DictReader` 物件：

```
>>> file_path = Path.home() / "employees.csv"
>>> file = file_path.open(mode="r", encoding="utf-8", newline="")
>>> reader = csv.DictReader(file)
```

建立 `DictReader` 物件的時候，會預設 CSV 檔案的第 1 列是欄位名稱。第 1 列的值會儲存成一個 list，指派給 `DictReader` 實例的 `.fieldnames` 屬性：

```
>>> reader.fieldnames
['name', 'department', 'salary']
```

就像 csv.reader 物件一樣，DictReader 物件也是可迭代的：

```
>>> for row in reader:
...     print(row)
...
{'name': 'Lee', 'department': 'Operations', 'salary': '75000.000'}
{'name': 'Jane', 'department': 'Engineering', 'salary': '85000.00'}
{'name': 'Diego', 'department': 'Sales', 'salary': '80000.00'}
>>> file.close()
```

DictReader 物件會把每一列資料做成字典傳回。字典的鍵是欄位名稱，值是各欄位的值。

注意 salary 欄位也是用字串型別讀取的。因為 CSV 檔案也是純文字檔案，所以每個值都會當成字串來讀取。如果你有需要，再把這些值轉換成不同的資料型別就好。例如，你可以自己定義函式，把每一列的鍵轉換成正確的資料型別：

```
>>> def process_row(row):
...     row["salary"] = float(row["salary"])
...     return row
...
>>> with file_path.open(mode="r", encoding="utf-8", newline="") as
    file:
...     reader = csv.DictReader(file)
...     for row in reader:
...         print(process_row(row))
...
{'name': 'Lee', 'department': 'Operations', 'salary': 75000.0}
{'name': 'Jane', 'department': 'Engineering', 'salary': 85000.0}
{'name': 'Diego', 'department': 'Sales', 'salary': 80000.0}
```

函式 `process_row()` 會取一個從 CSV 檔案讀到的字典當參數，把 `"salary"` 鍵對應的值轉換成浮點數再傳回整個字典。

你也可以用 `csv.DictWriter` 類別來建立有標頭列的 CSV 檔案。這個類別會把有相同鍵的字典轉換成 CSV 檔案。

下面這個字典組成的 list 是一個記錄人員年齡的小型資料庫：

```
>>> people = [
...     {"name": "Veronica", "age": 29},
...     {"name": "Audrey", "age": 32},
...     {"name": "Sam", "age": 24},
...     ]
```

用寫入模式開啟一個新檔案 people.csv，再用檔案物件建立一個 `csv.DictWriter` 物件，把 `people` 這個 list 的資料存到 CSV 檔案：

```
>>> file_path = Path.home() / "people.csv"
>>> file = file_path.open(mode="w", encoding="utf-8", newline="")
>>> writer = csv.DictWriter(file, fieldnames=["name", "age"])
```

建立一個新的 `DictWriter` 物件時，第一個參數是檔案物件，也就是要寫入資料的檔案，第二個參數是 `fieldnames`，要傳入一個字串組成的 list，用來當作各欄位的名稱，是不能省略的參數。

小提醒

在上面的範例，傳給 `fieldnames` 參數的是 `["name", "age"]`。

你也可以改成輸入 `people[0].keys()` 作為欄位名稱。因為 `people[0]` 就是字典 list 的第一個元素，也就是第一個字典；而 `.keys()` 會回傳字典的鍵，也就是各欄位的名稱。

無法事先得知欄位名稱或欄位太多、很難輸入的時候，這種作法就會很方便。

和 `writer` 物件一樣，`DictWriter` 物件也有 `.writerow()` 和 `.writerows()` 方法，可以把資料寫入檔案。`DictWriter` 物件還有第三個方法，`.writeheader()`，可以把標頭列寫入 CSV 檔案：

```
>>> writer.writeheader()
10
```

`.writeheader()` 也會傳回寫入檔案的字元數量，在這個例子是 10。寫入標頭列不是必須的，但還是建議寫入，因為標頭列可以很方便的確認 CSV 檔案的資料代表什麼意義。另外，也要先有標頭列，才能再用 `DictReader` 類別讀取 CSV 檔案。

寫入標頭後，你可以用 `.writerows()` 把 `people` 裡的字典全部寫入 CSV 檔案：

```
>>> writer.writerows(people)
>>> file.close()
```

現在，你的主目錄有一個 people.csv 檔案，裡面有這些資料：

```
name,age
Veronica,29
Audrey,32
Sam,24
```

CSV 檔案是一種靈活方便的資料儲存方式，在全球商業系統都頻繁使用。會處理這類型的檔案是一項很寶貴的技能！

練習題

你可以在 https://www.flag.com.tw/bk/st/F3747 上找到這些練習題的解答：

1. 設計一個程式，把這些 list 都寫入主目錄的 numbers.csv 檔案：

⬇

```
numbers = [
    [1, 2, 3, 4, 5],
    [6, 7, 8, 9, 10],
    [11, 12, 13, 14, 15],
]
```

2. 設計一個程式，把練習題 1 的 numbers.csv 檔案裡的數字讀取到一個叫作 `numbers` 的整數 list，再印出這個 list。輸出應該像這樣：

```
[[1, 2, 3, 4, 5], [6, 7, 8, 9, 10], [11, 12, 13, 14, 15]]
```

3. 設計一個程式，把這個字典的 list 寫入主目錄的 favorite_colors.csv 檔案：

```
[[1, 2, 3, 4, 5], [6, 7, 8, 9, 10], [11, 12, 13, 14, 15]]
favorite_colors = [
    {"name": "Joe", "favorite_color": "blue"},
    {"name": "Anne", "favorite_color": "green"},
    {"name": "Bailey", "favorite_color": "red"},
]
```

最後的 CSV 檔案應該是這種格式：

```
name,favorite_color
Joe,blue
Anne,green
Bailey,red
```

4. 設計一個程式，把練習題 3 的 favorite_colors.csv 檔案資料讀取到一個名為 `favorite_colors` 的字典 list 再顯示出來。輸出應該像這樣：

```
[{"name": "Joe", "favorite_color": "blue"},
{"name": "Anne", "favorite_color": "green"},
{"name": "Bailey", "favorite_color": "red"}]
```

12.7 挑戰：建立一個最高分數表

在書附檔案第 12 章的 practice_files 資料夾裡，有一個 scores.csv 檔案，內容是遊戲玩家和分數的資料。檔案的前幾列內容像這樣：

```
name, score
LLCoolDave,23
LLCoolDave,27
red,12
LLCoolDave,26
tom123,26
```

設計一個程式，從這個 CSV 檔案讀取資料，建立一個新檔案 high_scores.csv，裡面的每一列分別是玩家的名稱和他的個人最高分。

輸出的 CSV 檔案格式如下：

```
name,high_score
LLCoolDave,27
red,12
tom123,26
O_O,22
Misha46,25
Empiro,23
MaxxT,25
L33tH4x,42
johnsmith,30
```

你可以在 https://www.flag.com.tw/bk/st/F3747/ 找到這個挑戰題的解答。

12.8 摘要與額外資源

在這章，你學到檔案系統和檔案路徑的知識，還有用 Python 標準函式庫的 `pathlib` 模組來操作路徑。你也學會建立和存取 `Path` 物件，還有建立、移動和刪除檔案、資料夾。

你還學到用 `Path.open()` 方法和內建函式 `open()` 讀取、寫入純文字檔案，還有使用 Python 標準函式庫的 `csv` 模組處理逗號分隔值（CSV）檔案。

互動式測驗

這一章有免費的線上測驗，可以確認你的學習進度。你可以使用手機或電腦到這個網址進行測驗：https://realpython.com/quizzes/pybasics-files/

額外資源

想要更深入瞭解檔案操作，可以參考以下資源：

- Reading and Writing Files in Python (Guide)（https://realpython.com/read-write-files-python/）
- Working With Files in Python（https://realpython.com/working-with-files-in-python/）

如果想進一步提升你的 Python 實力，歡迎查看：https://realpython.com/python-basics/resources/。

MEMO

以 pip 安裝套件

這本書的開頭到目前為止，導入的套件都是來自 **Python 標準函式庫**（**Python standard library**）。不過你在這一章就會學習使用標準函式庫以外的各種套件。

許多程式語言都有**套件管理器**（**package manager**），可以幫助你安裝、升級和刪除第三方的套件，Python 也不例外。

Python 的套件管理器稱為 **pip**。在以前的 Python 版本，pip 和 Python 必須分別下載和安裝，但從 Python 3.4 版開始，大多數發行版本都包含了 pip。

在這章你會學到：

- ▶ 用 pip 安裝和管理第三方套件
- ▶ 第三方套件的好處和風險

13.1 用 pip 安裝第三方套件

Python 的套件管理器 pip 可以安裝和管理第三方套件。雖然這是一個獨立於 Python 的程式，不過你在安裝 Python 的時候，pip 很可能就已經同時安裝在電腦上了。

pip 是一個命令列工具，也就是說你必須用命令列或終端程式執行。不同作業系統開啟終端程式的方式會不太一樣。

Windows 命令列

打開工具列的搜尋欄位，輸入 cmd 再按 Enter，就會開啟命令提示字元（一種命令列視窗）。開啟的視窗會像這樣：

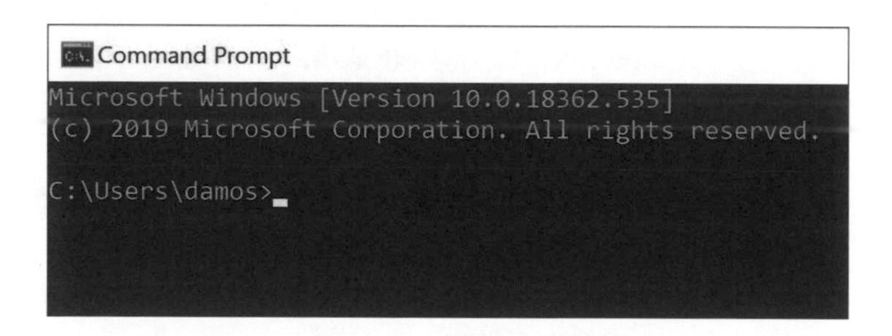

另外，也可以在工具列的搜尋欄位輸入 powershell 再按 Enter，使用 PowerShell 應用程式。看起來會像這樣：

macOS 命令列

按 cmd + 空白 鍵 開啟 Spotlight 搜尋視窗，輸入 terminal 再按 Enter，就能開啟終端應用程式。開啟的視窗外觀如下：

Ubuntu Linux 命令列

點選工具欄的 Show Applications 按鈕搜尋 terminal，然後點選終端機圖示開啟。開啟的視窗如下：

parallels@davids-ubuntu-laptop: ~
File Edit View Search Terminal Help
parallels@davids-ubuntu-laptop:~$

檢查 pip

現在你已經開啟了一個終端視窗，我們來驗證你的電腦上是否安裝了 pip。驗證的方法根據作業系統會有不同。

在 Windows 輸入這個指令來檢查 pip：

```
$ python -m pip --version
```

在 macOS 和 Linux 可以用這個指令來驗證：

```
$ python3 -m pip --version
```

編註：在這些指令前面的 $ 符號並不是指令的一部分，而是指令的提示符號，不需要真的輸入到命令列裡。看到這個符號就代表後面的文字不是程式碼，而是要輸入到命令列的指令。

如果確實安裝了 pip，那麼你應該會在終端視窗看到類似這樣的輸出內容：

```
pip 22.1.2 from c:\users\David\appdata\local\programs\python\
python\lib\site-packages\pip (python 3.10)
```

這個輸出表示系統上安裝了 pip 22.1.2 版，而且已經連結到 Python 3.10。

重要事項

如果你在 macOS 和 Linux 驗證 pip 時沒有看到任何輸出或者出現錯誤，試試看執行這個指令：**python3.X -m pip --version**（把 **3.X** 改成你的 Python 版本）。如果成功了，那這章所有用到 **python3** 的指令，就都改用 **python3.X** 來執行。

把 pip 升級到最新版本

在我們繼續之前，要先確認你安裝了最新版的 pip。在終端視窗中輸入這行指令，再按 Enter 鍵升級 pip 版本：

```
$ python -m pip install --upgrade pip
```

重要事項

這節後面的指令都會用 Windows 示範，所以會用 `python -m pip` 指令開頭。

如果你是 macOS 或 Linux 的使用者，記得要把指令改成 `python3 -m pip`（或是 `python3.X`），不然可能會把套件安裝到錯誤的 Python 版本上。

如果 pip 有更新版本，就會下載並安裝，不然你就會看到說明你已安裝最新版本的訊息，通常是 Requirement already satisfied 之類的內容。

現在你已經把 pip 升級到最新版了，我們來看看可以做什麼吧。

列出所有已安裝套件

你可以用 pip 列出安裝好的套件，確認目前有哪些套件可用。在終端視窗輸入這行指令：

```
$ python -m pip list
```

還沒有安裝任何套件的時候（如果你是照這本書開頭的指示安裝全新的 Python，那應該就是這種情況），應該會看到這樣的內容：

```
Package    Version
---------- -------
pip        22.1.2
setuptools 63.2.0
```

如你所見，裡面沒有安裝什麼東西。你會看到 pip 是因為 pip 本身就是一個套件。你可能還會看到 setuptools，這是 pip 用來設定和安裝其他套件的套件。

使用 pip 安裝套件之後，安裝好的套件就會顯示在這個列表，你可以用 pip list 來查看目前安裝了哪些套件還有每個套件的版本。

安裝套件

來安裝你的第一個 Python 套件吧！我們現在要來安裝 requests 套件，這是有史以來最受歡迎的 Python 套件之一。

在終端視窗輸入這個指令：

```
$ python -m pip install requests
```

pip 安裝 requests 套件的期間，你會看到很多安裝訊息：

```
Collecting requests
  Downloading requests-2.28.1-py3-none-any.whl (62 kB)
     -------------------- 62.8/62.8 kB 848.4 kB/s eta 0:00:00
Collecting charset-normalizer<3,>=2
  Downloading charset_normalizer-2.1.0-py3-none-any.whl (39 kB)
Collecting idna<4,>=2.5
  Downloading idna-3.3-py3-none-any.whl (61 kB)
     -------------------- 61.2/61.2 kB 3.2 MB/s eta 0:00:00
Collecting urllib3<1.27,>=1.21.1
  Downloading urllib3-1.26.10-py2.py3-none-any.whl (139 kB)
     -------------------- 139.2/139.2 kB 2.7 MB/s eta 0:00:00
Collecting certifi>=2017.4.17
  Downloading certifi-2022.6.15-py3-none-any.whl (160 kB)
     -------------------- 160.2/160.2 kB 2.4 MB/s eta 0:00:00
Installing collected packages: urllib3, idna, charset-normalizer,
certifi, requests
Successfully installed certifi-2022.6.15 charset-normalizer-2.1.0
idna-3.3
     requests-2.28.1 urllib3-1.26.10
```

小提醒

上述輸出的格式有經過修改，讓顯示的訊息符合書本頁面的大小。在你電腦上看到的訊息樣式可能會不同。

pip 會先顯示 Collecting requests，接著你會看到 pip 安裝套件的來源網址，還有表示下載進度的進度條。

再來你會看到 pip 安裝了另外 4 個套件：certifi、charset-normalizer、idna 和 urllib3。這些是 requests 的相依套件，requests 需要安裝這些套件才能正常運作。

在 pip 安裝完 requests 套件和相依套件之後，可以在終端視窗再執行 pip list 看看。你應該會看到列表有變化：

```
$ python -m pip list
Package            Version
------------------ ----------
certifi            2022.6.15
charset-normalizer 2.1.0
idna               3.3
pip                22.1.2
requests           2.28.1
setuptools         63.2.0
urllib3            1.26.10
```

可以看到已經安裝了 requests 套件和 4 個相依套件。你看到的套件版本和書上不會完全一樣，這是因為 pip 預設會安裝套件的最新版本。有需要的話，你也可以選擇特定的版本安裝。

安裝指定的套件版本

要安裝特定套件版本的話，有以下幾種指定方式：

1. 安裝大於某個版本號的最新版本
2. 安裝小於某個版本號的最新版本
3. 安裝指定的版本號

像這個指令可以安裝版本號 3.0 以下的 requests 套件裡最新的版本：

```
$ python -m pip install requests<=3.0
```

套件名稱 requests 後面的 <=3.0 就是指定要在小於或等於 3.0 的 requests 版本裡安裝最新的一版。

符號 <= 稱為**版本指定符（version specifier）**，可以指定安裝的套件版本。版本指定符有很多種，這些是最常使用的：

版本指定符	描述
<=, >=	小於等於、大於等於
<, >	小於、大於
==	完全相等

我們來多看一些範例。

使用 >= 指定符，指定最低要安裝的版本：

```
$ python -m pip install requests>=2.0
```

這個指令會從大於或等於 2.0 的 requests 版本中安裝最新的版本。

編註：前面有提到，如果沒有指定版本，pip 就會預設安裝最新的版本。這樣 >= 或 > 指定符看起來似乎沒什麼意義，因為不管有沒有指定都是安裝最新版。

在電腦上沒有安裝目標套件的時候，>= 或 > 指定符確實就只是安裝最新版。但是在電腦上已經安裝同樣套件時，如果沒有使用任何指定符，pip 就不會有任何動作；改用 > 或 >= 指定符，pip 才會檢查目前的版本是不是低於指定版本，如果太低就把套件升級到最新版。

<= 和 >= 指定符會包含指定的版本號，< 和 > 就不會。

例如這個指令會從小於 3.0 的 requests 套件版本裡安裝最新的套件，不會安裝到 3.0 版：

```
$ python -m pip install requests<3.0
```

你可以組合版本指定符來讓 pip 安裝指定範圍內的最新版本。像是這個指令會安裝 1.X 版本裡最新的 requests 套件：

```
$ python -m pip install requests>=1.0,<2.0
```

如果你的專案只能和套件的 1.X 版本系列相容，而且你又想盡可能安裝最新的版本，就可以使用類似這樣的指令。

最後，你可以用 == 指定符指定特定版本：

```
$ python -m pip install requests==2.28.1
```

這個指令會安裝正好是 2.28.1 版的 requests 套件。

顯示套件詳細資訊

現在 requests 套件已經安裝好了，你可以用 pip show 指令檢視套件的詳細資訊：

```
$ python -m pip show requests
Name: requests
Version: 2.28.1
Summary: Python HTTP for Humans.
Home-page: https://requests.readthedocs.io
Author: Kenneth Reitz
Author-email: me@kennethreitz.org
License: Apache 2.0
Location: c:\users\David\...\python\python\lib\site-packages
Requires: certifi, charset-normalizer, idna, urllib3
Required-by:
```

python -m pip show 這個指令會顯示已安裝套件的資訊，包括作者名稱、電子郵件和網頁的連結等等，網頁上會有套件更詳細的資訊。

Requests 套件可以從 Python 程式發出 HTTP 請求，在各種領域都非常實用，也是很多其他套件的相依套件。

解除安裝套件

套件可以安裝，那當然也能解除安裝，現在我們就來解除安裝 requests 套件。在終端視窗輸入這個指令：

```
$ python -m pip uninstall requests
```

重要事項

如果你目前有專案需要使用 requests 套件或它的相依套件，就不要執行這一節接下來的指令。如果要取消解除安裝，可以在確認詢問輸入 n 來取消。

你會馬上看到這個確認詢問：

```
Uninstalling requests-2.28.1:
  Would remove:
    c:\users\damos\...\requests-2.28.1.dist-info\*
    c:\users\damos\a...\requests\*
Proceed (Y/n)?
```

pip 從你的電腦實際刪除任何內容之前，都會先徵求你的許可。你可以輸入 y（同意繼續）或 n（取消離開）來繼續執行（輸入大小寫皆可）。

這裡我們輸入 y，按 Enter 繼續。你應該會看到下列訊息，確認 requests 套件已經刪除：

```
Successfully uninstalled requests-2.28.1
```

現在再看看你的套件列表：

```
$ python -m pip list
Package            Version
------------------ ----------
certifi            2022.6.15
charset-normalizer 2.1.0
idna               3.3
pip                22.1.2
setuptools         63.2.0
urllib3            1.26.10
```

你會發現，雖然 pip 已經解除安裝 requests 套件，但沒有刪除任何 requests 的相依套件。這是 pip 的機制，不是程式錯誤。

想像一下你已經用 pip 安裝了幾個套件，其中有些套件的相依套件是共用的。如果 pip 解除安裝其中一個套件的時候就一併移除相依套件，那需要這些相依套件的其他套件就會變得無法使用了！

也因為這樣，如果沒有特別注意的話，電腦裡就可能會充滿沒有移除的相依套件。你可以用一個指令把 4 個套件都解除安裝：

```
$ python -m pip uninstall certifi charset-normalizer idna urllib3
```

完成後再次執行 pip list，確認所有套件都已經刪除。你應該會看到和第一次執行 pip list 的時候一樣的套件列表：

```
Package    Version
---------- -------
pip        22.1.2
setuptools 63.2.0
```

各式各樣的第三方套件是 Python 非常重要的優點。這些套件讓 Python 的程式設計師能高效率建立功能齊全的軟體，比使用 C++ 之類的程式語言要快得多。

話說回來，使用第三方套件也會有一些顧慮，必須小心處理。下一節會告訴你使用第三方套件會遇到的一些潛在問題。

13.2 第三方套件的陷阱

第三方套件的美妙之處在於你不用從頭開始寫程式，就能在專案裡增加各種功能。這大大提高了生產力。

然而能力越大，責任越大。一旦你把其他人製作的套件納入你的專案，就代表你對負責開發和維護這些套件的人寄予極大的信任。

在程式碼裡使用自己沒有參與開發的套件，勢必就會失去對程式碼的一部分掌握。尤其是有時候套件的作者會發布新的版本，而新的變動可能會讓你的程式執行結果和原本不同，甚至出現錯誤。這種情況就是所謂的版本不相容。

由於 pip 預設會安裝套件的最新版本，所以如果你在程式裡沒有特別指定版本，其他使用者就可能會用最新版本的套件來執行程式。這樣一來，程式就可能出錯。

套件版本的相容問題對程式的開發者和使用者來說都是一項重大挑戰。幸好，Python 為這個常見的問題提供了解決方案：**虛擬環境（virtual environment）**。

編註：在程式設計的術語中，「環境」有許多不同的意思。這裡提到的環境，指的是 Python 的版本、透過 pip 安裝的第三方套件，還有所有套件的版本。Python 程式就像是「居住」在這樣的環境裡，到不同的環境執行就可能會導致程式「水土不服」，出現錯誤。

虛擬環境會提供一個隔離、可重現（這很重要）的環境，可以用來開發你的專案。虛擬環境可以指定 Python 的版本和專案需要的特定版本套件。

你把程式交給其他人使用時，他們可以重現你設定的環境，確保能正確執行你的程式。

虛擬環境是一個更高階的主題，超出了本書的範圍。要了解關於虛擬環境的更多資訊，可以參考 Real Python 網站的 Managing Python Dependencies With Pip and Virtual Environments 課程（https://realpython.com/products/managing-python-dependencies/）。你可以在這個課程學到：

- 使用 pip 套件管理器在 Windows、macOS 和 Linux 上安裝、使用和管理第三方 Python 套件的更詳細內容
- 使用虛擬環境執行專案，以避免在專案中出現版本衝突
- 應用完整的七步驟流程來查詢和辨識適合你的 Python 專案的優質第三方套件（並向你的團隊或專案經理證明你的決定是合理的）
- 使用 pip 套件管理器和需求列表文件，設置可重現的開發環境和應用配置

當你讀完這本書之後，此課程很適合作為學習的下個階段。

13.3 摘要與額外資源

你在這章學會用 Python 的套件管理器 pip 來安裝第三方套件。你也學了幾個有用的 pip 指令，像是 pip install、pip list、pip show 和 pip uninstall。

你還學到第三方套件的一些潛在問題，不是每個用 pip 下載的套件都會適合你的程式專案。你無法控制第三方套件中的程式碼，所以一定要特別確保安裝的套件安全而且能正確運作。

互動式測驗

這一章有免費的線上測驗，可以確認你的學習進度。你可以使用手機或電腦到這個網址進行測驗：https://realpython.com/quizzes/pybasics-installing-packages/

額外資源

想要更深入瞭解第三方套件的管理，可以參考以下資源：

- Managing Python Dependencies（課程）（https://realpython.com/products/managing-python-dependencies/）
- Python Virtual Environments: A Primer（https://realpython.com/python-virtual-environments-a-primer/）

如果想進一步提升你的 Python 實力，歡迎查看：https://realpython.com/python-basics/resources/。

建立與修改 PDF 檔案

PDF（Portable Document Format）是最常使用的檔案格式之一。PDF 檔案裡可以包含文字、圖像、表格、表單和多媒體（像是影片或動畫），如此豐富的資料類型也讓 PDF 變得很難處理。開啟一個 PDF 檔案就會有好幾種不同類型的資料需要解碼！幸好 Python 有一些很棒的套件，可以用來讀取、操作和建立 PDF 檔案。

在這章你會學到：

▶ 從 PDF 檔案讀取文字

▶ 把一個 PDF 檔案拆成多個檔案

▶ 連接、合併 PDF 檔案

▶ 旋轉、裁剪 PDF 檔案的頁面

▶ 建立新的 PDF 文件

14.1 從 PDF 頁面讀取文字

這一節的目標是用 PyPDF2 套件從 PDF 檔案讀取文字。在使用這個套件之前，要先在終端視窗用 pip 安裝：

```
$ python -m pip install PyPDF2
```

用這個指令確認安裝成功：

```
$ python -m pip show PyPDF2
Name: PyPDF2
Version: 3.0.1
Summary: A pure-python PDF library capable of splitting, merging,
cropping, and transforming PDF files
Home-page: https://pypdf2.readthedocs.io/en/latest/
Author: Mathieu Fenniak
Author-email: biziqe@mathieu.fenniak.net
License: BSD-3-Clause
Location: c:\users\david\python\lib\site-packages
Requires:
Required-by:
```

注意版本資訊，在編輯這一節的時候，PyPDF2 的最新版本是 3.0.1。新版本的內容可能會有些微差異。

如果你已經開啟了 IDLE 視窗，要重新啟動 IDLE 才能使用 PyPDF2 套件。

開啟 PDF 檔案

我們先從開啟 PDF 檔案和讀取檔案的相關資訊開始。這裡用到的檔案是書附檔案 ch14/practice_files 資料夾裡的 Pride_and_Prejudice.pdf（也就是簡・奧斯汀所著的《傲慢與偏見》）。

再來開啟 IDLE 的互動視窗，從 PyPDF2 套件導入 PdfReader 類別：

```
>>> from PyPDF2 import PdfReader
```

PdfReader 物件需要檔案的路徑才能建立。所以我們先用 pathlib 模組來取得 Pride_and_Prejudice.pdf 的檔案路徑：

```
>>> from pathlib import Path
>>> pdf_path = (
...     Path.home() /
...     "python-exercises" /
...     "ch14" /
...     "practice_files" /
...     "Pride_and_Prejudice.pdf"
...     )
```

pdf_path 變數現在儲存了 Pride_and_Prejudice.pdf 檔案的路徑。

小提醒

如果你在自己電腦裡存放 Pride_and_Prejudice.pdf 的路徑和範例不一樣，記得要改成自己的路徑。

現在來建立 PdfReader 物件：

```
>>> pdf = PdfReader(str(pdf_path))
```

這裡需要把 pdf_path 先轉換成字串，因為 PdfReader 不能讀取 pathlib.Path 物件。

在第 12 章有強調過，程式結束之前要關閉所有開啟的檔案。不過 PdfReader 物件會自動開啟和關閉檔案，所以不用擔心這個問題。

建立 PdfReader 物件後，你就可以取得 PDF 的相關資訊。例如從 .metadata 屬性可以取得各種檔案資訊：

```
>>> pdf.metadata
{'/Title': 'Pride and Prejudice, by Jane Austen', '/Author':
'Chuck',
'/Creator': 'Microsoft® Office Word 2007',
'/CreationDate': 'D:20110812174208', '/ModDate': 'D:20110812174208',
'/Producer': 'Microsoft® Office Word 2007'}
```

.metadata 傳回的物件格式看起來像字典，但實際上不是。另外 .metadata 裡的每個項目都可以作為屬性來存取。

例如，用 .title 屬性可以取得標題：

```
>>> pdf.metadata.title
'Pride and Prejudice, by Jane Austen'
```

.metadata 物件裡的內容是 PDF 的**中繼資料（metadata）**，會在 PDF 檔建立的同時設置在檔案裡。

PdfReader 類別提供了所有存取 PDF 資料需要的方法和屬性。一起來探索看看能對 PDF 檔案進行什麼操作吧！

從頁面中取出文字

PDF 的頁面在 PyPDF2 裡會表示為 PageObject 類別的物件，你可以透過 PageObject 和頁面互動。

我們不需要另外用 PageObject() 來建立物件，PdfReader 物件裡本來就有 .pages 屬性。.pages 是一個很類似 list 的資料結構，裡面的元素就是 PDF 每一頁的 PageObject。就像 list 一樣，你可以用 len() 確認元素的數量（也就是 PDF 的頁數）：

```
>>> len(pdf.pages)
234
```

可以看到 Pride_and_Prejudice.pdf 總共有 234 頁。這些頁面也和 list 的元素一樣，每個頁面都有一個索引，從 0 到 233，可以用中括號來存取：

```
>>> first_page = pdf.pages[0]
>>> type(first_page)
<class 'PyPDF2._page.PageObject'>
```

取得 `PageObject` 物件之後，接下來就是從裡面讀取文字。我們可以用 `PageObject.extract_text()` 取得頁面的文字：

```
>>> first_page.extract_text()
'\n \nThe Project Gutenberg EBook of Pride and Prejudice, by Jane
Austen\n \n\nThis eBook is for the use of anyone anywhere at no cost
and with\n \nalmost no restrictions whatsoever. You may copy it,
give it away or\n \nre\n-\nuse it under the terms of the Project
Gutenberg License included\n \nwith this eBook or online at
www.gutenberg.org\n \n \n \nTitle: Pride and Prejudice\n \n
\nAuthor: Jane Austen\n \n \nRelease Date: August 26, 2008
[EBook #1342]\n\n[Last updated: August 11, 2011]\n \n \nLanguage:
Eng\nlish\n \n \nCharacter set encoding: ASCII\n \n \n***
START OF THIS PROJECT GUTENBERG EBOOK PRIDE AND PREJUDICE ***\n \n
\n \n \n \nProduced by Anonymous Volunteers, and David Widger\n
\n \n \n \n \n \n \nPRIDE AND PREJUDICE \n \n \nBy Jane
Austen \n \n\n \n \nContents\n \n'
```

這裡的輸出已經調整成適合書本頁面的格式，你看到的輸出格式可能會不同。

小提醒

有些 PDF 的編碼方式會讓讀取到的文字包含額外的字元，也可能會少掉換行符號。這是從 PDF 讀取文字的一個缺點。

作為範例的這個檔案不會有問題，不過實際操作其他 PDF 檔案時就要多注意，需要的話就必須個別處理。

.pages 屬性也可以用來走訪 PDF 的所有頁面，例如這個 for 迴圈可以在螢幕顯示出 PDF 檔每一頁的文字：

```
>>> for page in pdf.pages:
...     print(page.extract_text())
...
```

現在來把你之前學到的技術都結合起來，寫一個程式，從 Pride_and_Prejudice.pdf 檔案取出所有文字，再儲存成新的 .txt 檔案。

綜合應用練習

在 IDLE 打開一個新的編輯視窗，輸入這些程式碼：

```
from pathlib import Path
from PyPDF2 import PdfReader

# 記得改成自己的路徑
pdf_path = (
    Path.home() /
    "python-exercises" /
    "ch14" /
    "practice_files" /
    "Pride_and_Prejudice.pdf"
)

# 1
pdf_reader = PdfReader(str(pdf_path))
output_file_path = Path.home() / "Pride_and_Prejudice.txt"

# 2
with output_file_path.open(mode="w") as output_file:
```
Next

```
# 3
title = pdf_reader.metadata.title
num_pages = len(pdf_reader.pages)
output_file.write(f"{title}\nNumber of pages: {num_pages}\n\n")

# 4
for page in pdf_reader.pages:
    text = page.extract_text()
    output_file.write(text)
```

我們分段解析這個程式：

1. 首先把一個新的 `PdfReader` 物件指派給 `pdf_reader` 變數，這是要讀取的 PDF 檔。另外再建立一個 `Path` 物件，指向主目錄的檔案 Pride_and_Prejudice.txt，並指派給 `output_file_path` 變數，這是要寫入的 txt 檔。

2. 接下來用寫入模式開啟 `output_file_path`，把 `.open()` 傳回的檔案物件指派給變數 `output_file`。在第 12 章有提到，`with` 敘述可以確保在 `with` 主體結束時會關閉檔案。

3. 在 `with` 主體裡用 `output_file.write()`，把 PDF 標題和頁數寫入文字檔。

4. 最後用 `for` 迴圈走訪 PDF 的所有頁面。迴圈的每一步都把一個 `PageObject` 指派給 `page` 變數，再用 `page.extract_text()` 提取頁面的文字，然後寫入 `output_file`。

儲存並執行程式之後，你的主目錄會出現一個新檔案 Pride_and_Prejudice.txt，裡面是 PDF 檔的全文。現在立刻打開看看吧。

練習題

你可以在 https://www.flag.com.tw/bk/st/F3747 找到這些練習題的解答：

1. **ch14/practice_files 資料夾裡有一個 zen.pdf 文件，用這個 PDF 檔建立一個 PdfReader 物件。**
2. **用練習題 1 的 PdfReader 物件，在畫面顯示 PDF 的總頁數。**
3. **顯示出練習題 1 的 PDF 檔案第一頁的文字。**

14.2 從 PDF 擷取頁面

在上一節，你學會從 PDF 檔案提取所有文字再儲存成 .txt 檔案。現在我們要介紹的是，從現有的 PDF 檔案提取一部分頁面，儲存成新的 PDF 檔案。

你可以用 `PdfWriter` 來建立新的 PDF 檔案。我們來研究一下 `PdfWriter` 類別，學習用 PyPDF2 建立 PDF 檔案所需的步驟。

PdfWriter 類別

`PdfWriter` 類別可以建立新的 PDF 檔案。在 IDLE 互動視窗導入 `PdfWriter` 類別，建立一個 `pdf_writer` 物件：

```
>>> from PyPDF2 import PdfWriter
>>> pdf_writer = PdfWriter()
```

新的 `PdfWriter` 物件就像空的 PDF 檔案，甚至連空白的頁面都沒有。我們現在就在 `pdf_writer` 加入一個空白頁面：

```
>>> page = pdf_writer.add_blank_page(width=72, height=72)
```

設定頁面的尺寸需要長度和寬度的參數，單位是**點**（**point**）。一個點等於 1/72 英寸，所以上面的程式碼新增的是一個面積 1 平方英寸的空白頁。

`.add_blank_page()` 會傳回一個新的 `PageObject` 物件，也就是你加到 `PdfWriter` 的頁面：

```
>>> type(page)
<class 'PyPDF2._page.PageObject'>
```

雖然範例有把 `.add_blank_page()` 傳回的 `PageObject` 物件指派給 `page` 變數，但這只是方便我們用 `type()` 檢查。呼叫 `.add_blank_page()` 的時候，空白頁就已經成功加入 `PdfWriter` 了，不會需要再對空白頁的 `PageObject` 物件做什麼操作，所以通常不會把回傳值指派給任何變數。

把 `pdf_writer` 的內容寫入 PDF 檔案之前，要先把一個二進位寫入模式的檔案物件傳給 `pdf_writer.write()`：

```
>>> from pathlib import Path
>>> with (Path.home() / "blank.pdf").open(mode="wb") as output_file:
...     pdf_writer.write(output_file)
...
>>>
```

這段程式碼會在你的主目錄建立一個 blank.pdf 檔案。如果用 PDF 閱覽程式（例如 Adobe Acrobat）打開檔案，會看到一個 1 平方英寸大小的空白頁。

重要事項

要注意，不可以直接用檔案物件的 `.write()` 方法來儲存 PDF 檔案，應該要把檔案物件傳給 `PdfWriter` 物件的 `.write()` 才能儲存。

像這段程式碼就是錯誤範例：

```
>>> with (Path.home() / "blank.pdf").open(mode="wb") as output_file:
...     output_file.write(pdf_writer)
```

很多新手程式設計師都會被誤導，一定要仔細注意！

`PdfWriter` 物件雖然可以在 PDF 檔寫入空白頁面，但沒有辦法在頁面裡寫入其他內容。這個缺陷雖然很嚴重，但多數情況你都不會需要在 PDF 檔寫入全新的內容，只要操作 `PdfReader` 讀出的資料就夠了。

小提醒

你會在第 14.8 節學到從零開始建立 PDF 檔案和裡面的內容。

從上面的範例可以看到，用 PyPDF2 建立新的 PDF 檔案有 3 個步驟：

1. 建立一個 `PdfWriter` 物件。
2. 把頁面加進這個 `PdfWriter` 物件。
3. 用 `PdfWriter.write()` 寫入檔案。

在各種把頁面加到 `PdfWriter` 物件的流程裡，你會一直重複看到這種模式。

從 PDF 檔案擷取一個頁面

我們回到上一節使用的 Pride and Prejudice 檔案。接下來我們會開啟這個 PDF 檔，擷取第一頁，然後建立一個新的 PDF 檔案，內容就只放入這個擷取出來的頁面。

開啟 IDLE 的互動視窗，從 PyPDF2 導入 PdfReader 和 PdfWriter，再從 pathlib 模組導入 Path 類別：

```
>>> from pathlib import Path
>>> from PyPDF2 import PdfReader, PdfWriter
```

現在用 PdfReader 物件來開啟 PDF 檔：

```
>>> # 記得改成自己的路徑
>>> pdf_path = (
...     Path.home() /
...     "python-exercises" /
...     "ch14" /
...     "practice_files" /
...     "Pride_and_Prejudice.pdf"
...     )
>>> input_pdf = PdfReader(str(pdf_path))
```

在 .pages 的索引 0 讀取 PDF 檔第一頁的 PageObject：

```
>>> first_page = input_pdf.pages[0]
```

建立一個新的 PdfWriter 物件，用 .add_page() 把 first_page 加進去：

```
>>> pdf_writer = PdfWriter()
>>> pdf_writer.add_page(first_page)
```

.add_page() 方法會把一個頁面加到 pdf_writer 物件的頁面集裡，就像 .add_blank_page() 一樣。不同的是 .add_page() 的參數必須是一個現成的 PageObject。

編註：.add_page() 方法也會回傳一個 PageObject，代表加入的頁面。你會在 IDLE 互動視窗看到很長的輸出訊息，這些都是關於這個頁面的資訊，不過我們暫時還不用理會裡面寫了什麼。如果改用編輯視窗來執行程式碼，就不會看到這些輸出。

最後把 pdf_writer 的內容寫入新檔案：

```
>>> with (Path.home() / "first_page.pdf").open(mode="wb") as output_
file:
...     pdf_writer.write(output_file)
...
>>>
```

現在有一個 first_page.pdf 檔案存在你的主目錄，內容是《傲慢與偏見》的封面，不錯吧。

從 PDF 檔案擷取複數頁面

再來我們要從 Pride_and_Prejudice.pdf 擷取整個第 1 章，儲存成新的 PDF 檔。

用 PDF 閱覽程式開啟 Pride_and_Prejudice.pdf，你會看到第 1 章位於 PDF 檔的第 2、3、4 頁。因為頁面索引從 0 開始，所以你要提取索引 1、2、3 的頁面。

先導入需要的類別、開啟 PDF 檔：

```
>>> from PyPDF2 import PdfReader, PdfWriter
>>> from pathlib import Path
>>> pdf_path = (
...     Path.home() /
...     "python-exercises" /
```

Next

```
...     "ch14" /
...     "practice_files" /
...     "Pride_and_Prejudice.pdf"
...     )
>>> input_pdf = PdfReader(str(pdf_path))
```

你的目標是擷取索引 1、2、3 的頁面，加到新的 `PdfWriter` 物件裡，最後寫入新的 PDF 檔。

第 1 種方法是用迴圈在數字 1 到 3 的範圍內擷取頁面，再加進 `PdfWriter` 物件：

```
>>> pdf_writer = PdfWriter()
>>> for n in range(1, 4):
...     page = input_pdf.pages[n]
...     pdf_writer.add_page(page)
...
>>>
```

`range(1, 4)` 的範圍不包含結尾的數字，所以只會走訪數字 1、2、3。我們在迴圈的每個步驟對當前數字的索引頁面使用 `.pages[]` 讀取，然後再用 `.add_page()` 加進 `pdf_writer`。

現在 `pdf_writer` 共有 3 頁，你可以用 `len()` 來檢查：

```
>>> len(pdf_writer.pages)
3
```

最後，把擷取的頁面寫入新的 PDF 檔案：

```
>>> with (Path.home() / "chapter1.pdf").open(mode="wb") as output_
file:
...     pdf_writer.write(output_file)
...
>>>
```

現在你可以開啟主目錄的 chapter1.pdf 檔案，閱讀《傲慢與偏見》的第一章。

不過 PdfReader.pages 其實也有切片功能（可以複習 4.2 節），所以可以用切片一次擷取連續的頁面。我們重做前面的範例，這次不要走訪 range 物件，改成走訪 .pages。

首先創建一個新的 PdfWriter 物件：

```
>>> pdf_writer = PdfWriter()
```

然後走訪 .pages 在索引 1 到 4 的切片：

```
>>> for page in input_pdf.pages[1:4]:
...     pdf_writer.add_page(page)
...
>>>
```

記住切片的範圍也是包含第 1 個索引值，但不包含第 2 個索引值。所以 .pages[1:4] 會傳回一個內含索引 1、2、3 頁面的可迭代物件。

最後把 pdf_writer 的內容寫入輸出檔案：

```
>>> with (Path.home() / "chapter1_slice.pdf").open(mode="wb") as
output_file:
...     pdf_writer.write(output_file)
...
>>>
```

現在開啟主目錄的 chapter1_slice.pdf，和迭代 range 物件建立的 chapter1.pdf 比較一下，你會發現內容是相同的頁面。

有時候你可能會需要從 PDF 檔案擷取所有頁面，雖然也可以用上面說明的方法，但 PyPDF2 提供了一個更便捷的方式。PdfWriter 物件有

一個 `.append_pages_from_reader()` 方法，只要直接把 `PdfReader` 物件傳入，就可以一口氣完成。例如這段程式碼會把 PDF 檔的每一頁都複製到 `pdf_writer`：

```
>>> pdf_writer = PdfWriter()
>>> pdf_writer.append_pages_from_reader(input_pdf)
>>> len(pdf_writer.pages)
234
```

練習題

你可以在 https://www.flag.com.tw/bk/st/F3747 找到這些練習題的解答：

1. 從 Pride_and_Prejudice.pdf 檔案擷取最後一頁，儲存到主目錄裡的新檔案 last_page.pdf。
2. 從 Pride_and_Prejudice.pdf 取出所有索引（不是頁碼）是偶數的頁面，儲存到主目錄裡的新檔案 every_other_page.pdf。
3. 把 Pride_and_Prejudice.pdf 檔案拆成 2 個新的 PDF 檔案。第 1 個檔案是前 150 頁，第 2 個檔案是其他的頁面。在你的主目錄把這 2 個檔案分別儲存為 part_1.pdf 和 part_2.pdf。

14.3 挑戰：PdfSplitter 類別

打開編輯視窗，自己建立一個 `PdfSplitter` 類別，用目標 PDF 檔案的路徑字串作為建立物件的參數。這個類別的功能是讀取指定路徑的 PDF 檔，然後拆分成兩個新的 PDF 檔。

例如，這行程式會用當前工作目錄裡的 mydoc.pdf 建立 PdfSplitter 物件：

```
pdf_splitter = PdfSplitter("mydoc.pdf")
```

PdfSplitter 類別要有兩個方法：

1. .split()，有一個整數參數 breakpoint，代表要拆開的 PDF 檔案頁碼。

2. .write()，有一個 PDF 檔案路徑字串的參數 filename。

呼叫 .split() 之後，PdfSplitter 類別的屬性 .writer1 會被指派一個 PdfWriter 物件，之後把目標 PDF 檔案在 breakpoint 頁面之前（不含 breakpoint）的頁面寫入。然後屬性 .writer2 也會被指派一個 PdfWriter 物件，用來寫入目標 PDF 檔剩下的頁面。

呼叫 .write() 之後，會把兩個 PDF 檔案寫入指定的路徑，第一個檔案的路徑是 filename + "_1.pdf"，第二個檔案路徑是 filename + "_2.pdf"。

例如下面的範例會在第 4 頁把 mydoc.pdf 拆開，寫入 mydoc_split_1.pdf 和 mydoc_split_2.pdf 兩個檔案：

```
pdf_splitter.split(breakpoint=4)
pdf_splitter.write("mydoc_split")
```

把第 14 章 practice_files 資料夾裡的 Pride_and_Prejudice.pdf 檔案從第 150 頁拆開，確認程式能正確運作。

你可以在 https://www.flag.com.tw/bk/st/F3747 找到這個挑戰題的解答。

14.4 連接和合併 PDF 檔案

關於 PDF 檔案有 2 個很常見的需求，就是連接或合併檔案。

連接（**concatenate**）是把複數 PDF 檔一個接一個合併成一個檔案。例如，公司在月底要把所有日報表合併成一份月報表。

合併（**merging**）也是把兩個 PDF 檔變成一個檔案，不過不是首尾相連，而是把第 2 個 PDF 插入到第 1 個 PDF 的特定頁面後方。原本在插入點之後的第 1 個 PDF 的頁面，會被移動到第 2 個 PDF 的結尾。

你會在這一節學到使用 PyPDF2 套件的 `PdfMerger` 來連接和合併 PDF。

使用 PdfMerger 類別

`PdfMerger` 類別和你在上一節學到的 `PdfWriter` 類別非常相似，這兩個類別都可以用來編輯 PDF 檔案，流程都是把頁面先加到創好的物件裡，然後再用物件的方法寫入檔案。

兩者的主要區別在於 `PdfWriter` 只能把頁面連接到原本頁面的最末端，而 `PdfMerger` 可以在任何位置插入頁面。

我們來建立第一個 `PdfMerger` 物件。在 IDLE 的互動視窗輸入這段程式碼，導入 `PdfMerger` 類別，再建立一個新物件：

```
>>> from PyPDF2 import PdfMerger
>>> pdf_merger = PdfMerger()
```

`PdfMerger` 物件建立之後，內容會是空的，你要先增加一些頁面才能進行操作。

把頁面加進 `pdf_merger` 的方法有這 2 種，你可以依目的來選擇：

- `.append()` 會把傳入的 PDF 檔案連接到 `PdfMerger` 當前頁面的結尾。
- `.merge()` 會在 `PdfMerger` 的特定頁面後插入傳入的 PDF 檔案。

這 2 種方法都會在這節學到，我們先從 `.append()` 開始。

用 .append() 連接 PDF 檔案

第 14 章 practice_files 資料夾裡面有一個 expense_reports 子目錄，裡面有員工 Peter Python 的 3 份費用報告。Peter 需要把這 3 個 PDF 連接起來，做成一個 PDF 檔交給他的雇主，以便核銷一些工作相關費用。

首先，你可以用 `pathlib` 模組取得這 3 個費用報告的 `Path` 物件：

```
>>> from pathlib import Path
>>> reports_dir = (
...     Path.home() /
...     "python-exercises" /
...     "ch14" /
...     "practice_files" /
...     "expense_reports"
...     )
```

導入 `Path` 類別後，要先建立 expense_reports 目錄的路徑物件。把目錄的路徑指派給 `reports_dir` 變數後，就可以用 `.glob()` 來取得目錄裡所有 PDF 檔案的路徑。

檢查一下目錄裡的內容：

```
>>> for path in reports_dir.glob("*.pdf"):
...     print(path.name)
...
Expense report 1.pdf
Expense report 3.pdf
Expense report 2.pdf
```

這裡列出了 3 個檔案的名稱，但沒有按順序排列。你看到的檔案順序可能會不一樣。

`.glob()` 傳回的路徑順序通常不會符合我們的需求，需要自己排序。你可以用這 3 個檔案路徑建立一個 list，然後用 list 的 `.sort()` 方法來排序：

```
>>> expense_reports = list(reports_dir.glob("*.pdf"))
>>> expense_reports.sort()
```

在 9.6 節有提到，`.sort()` 會在原地對 list 排序，不需要把傳回值再指派給變數。呼叫 `.sort()` 之後，`expense_reports` 就會按檔案名稱排序。我們再來確認一次：

```
>>> for path in expense_reports:
...     print(path.name)
...
Expense report 1.pdf
Expense report 2.pdf
Expense report 3.pdf
```

看起來沒問題！那現在就可以開始連接這 3 個 PDF 檔案了。

我們要用 `PdfMerger.append()` 來連接檔案。這個類別方法需要一個 PDF 檔案路徑的字串作為參數。呼叫 `.append()` 之後，傳入路徑的 PDF 檔案的所有頁面都會被加到 `PdfMerger` 裡面。

來開始實作吧。首先，導入 PdfMerger 類別，建立一個新物件：

```
>>> from PyPDF2 import PdfMerger
>>> pdf_merger = PdfMerger()
```

再來用迴圈走訪排序過的 expense_reports，把裡面的路徑都加到 pdf_merger：

```
>>> for path in expense_reports:
...     pdf_merger.append(str(path))
...
>>>
```

呼叫 pdf_merger.append() 之前要記得，先用 str() 把每個 Path 物件都轉換為字串。

在 pdf_merger 物件把 expense_reports 目錄裡所有 PDF 檔案連接起來之後，最後一件事就是把內容寫入新的 PDF 檔。PdfMerger 也有一個 .write() 方法，運作方式和 PdfWriter.write() 完全一樣。

用二進位寫入模式開啟一個新檔案，然後把檔案物件傳給 pdf_merge.write() 方法：

```
>>> with (Path.home() / "expense_reports.pdf").open(mode="wb") as
output_file:
...     pdf_merger.write(output_file)
...
>>>
```

現在主目錄會有一個 expense_reports.pdf 檔案，用 PDF 閱覽程式開啟，會在檔案裡看到 3 份費用報告。

用 .merge() 合併 PDF 檔案

合併複數 PDF 檔案就要用到 PdfMerger.merge()。這個方法很像 .append()，差別在於你必須指定要插入到輸出 PDF 檔的哪個位置。

現在來看看範例，Goggle 公司準備了一份季報，卻忘記加上目錄。Peter Python 注意到這個錯誤，而且迅速做好了目錄的 PDF，現在他只需要再把目錄合併到季報裡。

季報和目錄這兩個 PDF 檔案可以在 ch14/practice_files 資料夾的 quarterly_report 子資料夾找到，季報是 report.pdf 檔，目錄則是 toc.pdf。

在 IDLE 的互動視窗導入 PdfMerger 類別，建立 report.pdf 和 toc.pdf 檔案的 Path 物件：

```
>>> from pathlib import Path
>>> from PyPDF2 import PdfMerger
>>> report_dir = (
...     Path.home() /
...     "python-exercises" /
...     "ch14" /
...     "practice_files" /
...     "quarterly_report"
...     )
>>> report_path = report_dir / "report.pdf"
>>> toc_path = report_dir / "toc.pdf"
```

第一件事是用 .append() 把季報 PDF 加到 PdfMerger 物件：

```
>>> pdf_merger = PdfMerger()
>>> pdf_merger.append(str(report_path))
```

現在 `pdf_merger` 裡有季報的頁面了，接下來要在正確的位置把目錄 PDF 合併進去。我們先用 PDF 閱覽程式開啟 report.pdf 確認裡面的內容。你會看到第 1 頁是標題頁，第 2 頁是簡介，剩下的是各種報告。

我們想要在標題頁之後、簡介頁之前插入目錄。PyPDF2 的 PDF 頁面索引是從 `0` 開始，所以你要在索引 `0` 的頁面後、索引 `1` 的頁面前插入目錄。用這 2 個引數來呼叫 `pdf_merger.merge()`：

1. 整數 `1`，代表目錄要插入的位置索引
2. 目錄 PDF 檔案路徑的字串

程式碼看起來會像這樣：

```
>>> pdf_merger.merge(1, str(toc_path))
```

所有目錄 PDF 裡的頁面都會插入在原本索引 1 的頁面之前。因為目錄 PDF 只有 1 頁，插入之後目錄就會變成新的索引 1，而原本在索引 1 的頁面則變成索引 2，原索引 2 的頁面變成索引 3，依此類推。

最後要把合併後的 PDF 寫入檔案：

```
>>> with (Path.home() / "full_report.pdf").open(mode="wb") as
output_file:
...     pdf_merger.write(output_file)
...
>>>
```

現在你的主目錄會有一個 full_report.pdf 檔案，可以用 PDF 閱覽程式開啟，檢查目錄是不是插入在正確的位置。

連接和合併 PDF 檔案是很常用到的操作。雖然這節的範例是虛構的，但你可以想像，如果需要合併數千個 PDF 檔案，或是每天都要處理固定的這類工作，像這樣的自動化程式會有多好用。

練習題

你可以在 https://www.flag.com.tw/bk/st/F3747 找到這些練習題的解答：

1. ch14/practice_files 資料夾裡有 3 個 PDF 檔案，分別是 merge1.pdf、merge2.pdf 和 merge3.pdf。用 PdfMerger 的 `.append()` 方法連接 merge1.pdf 和 merge2.pdf 這兩個檔案，把連接後的 PDF 儲存到主目錄，命名為 concatenated.pdf。
2. 從 Pride_and_Prejudice.pdf 取出所有索引 (不是頁碼) 是偶數的頁面，儲存到主目錄裡的新檔案 every_other_page.pdf。
3. 用一個新的 PdfMerger 物件，在練習題 1 建立的 concatenated.pdf 檔案的兩個頁面之間，用 `.merge()` 插入 merge3.pdf 的頁面。最後的結果應該是一個三頁的 PDF 檔案，第一頁是數字 1，第二頁是數字 2，第三頁是數字 3。

14.5 旋轉和裁剪 PDF 頁面

你現在學到了從 PDF 擷取文字和頁面，還有連接和合併複數 PDF 檔案。這些都是 PDF 的常見操作，但 PyPDF2 還有更多實用的功能。這一節你會學習旋轉和裁剪 PDF 檔案的頁面。

旋轉頁面

我們從旋轉頁面開始。在這個範例，我們會用 ch14/practice_files 資料夾裡的 ugly.pdf 檔案。ugly.pdf 檔案是一個迷人的安徒生童話《醜小鴨》(The Ugly Duckling)，可是每個奇數頁都逆時針旋轉了 90 度。

我們來解決這個問題吧！在新的 IDLE 互動視窗從 `PyPDF2` 導入 `PdfReader` 和 `PdfWriter` 類別，再從 `pathlib` 模組導入 `Path` 類別：

```
>>> from pathlib import Path
>>> from PyPDF2 import PdfReader, PdfWriter
```

現在建立一個 ugly.pdf 的 `Path` 物件：

```
>>> pdf_path = (
...     Path.home() /
...     "python-exercises" /
...     "ch14" /
...     "practice_files" /
...     "ugly.pdf"
...     )
```

最後，建立新的 `PdfReader` 和 `PdfWriter` 物件：

```
>>> pdf_reader = PdfReader(str(pdf_path))
>>> pdf_writer = PdfWriter()
```

我們的目標是用 `pdf_writer` 建立一個新的 PDF 文件，文件裡所有頁面的方向都要正確。

目前這個 PDF 的偶數頁的方向是正確的，奇數頁則是逆時針旋轉了 90 度。這個問題可以用 `PageObject.rotate()` 方法修正，這個方法會取一個整數引數，以角度為單位，把頁面順時針旋轉引數的角度。例如，`.rotate(90)` 會把 PDF 頁面順時針旋轉 90 度。

小提醒

`.rotate()` 的引數也可以是負數，例如 `.rotate(-90)`，就會逆時針旋轉頁面 90 度。

在 PDF 旋轉頁面有一些不同的做法，我們會討論其中 2 種。這 2 種都有用到 `.rotate()`，但是採用不同的方式來判斷哪些頁面需要旋轉。

做法 1：已知需旋轉的頁面

第一種作法是迭代 PDF 的頁面索引，直接挑出需要旋轉的頁面來處理。我們已經知道奇數頁需要旋轉，所以如果索引是奇數，就呼叫 `.rotate()` 旋轉頁面，偶數頁則略過。再來把頁面都加到 `pdf_writer`。

以下是程式碼的範例：

```
>>> for n in range(len(pdf_reader.pages)):
...     page = pdf_reader.pages[n]
...     if n % 2 == 0:
...         page.rotate(90)
...     pdf_writer.add_page(page)
...
>>>
```

注意，程式要在索引是偶數的時候旋轉頁面。這好像有點奇怪，應該是奇數頁碼要旋轉方向才對吧？這是因為頁碼和程式的索引不同，PDF 的頁碼從 1 開始，程式的索引則是從 0 開始，所以 PDF 的奇數頁面對應到的是偶數索引。

如果你感到頭暈腦漲，別擔心！專業的工程師即使在這類問題上有很多經驗，也還是可能在這種細節犯錯！

現在該旋轉的頁面都旋轉了，你可以把 `pdf_writer` 寫入一個新檔案，檢查一切是否正常：

```
>>> with (Path.home() / "ugly_rotated.pdf").open(mode="wb") as
output_file:
...     pdf_writer.write(output_file)
...
>>>
```

現在你的主目錄應該會有一個 ugly_rotated.pdf，裡面的頁面都已經轉成正確的方向。

做法 2：無法得知需旋轉的頁面位置

在前面的作法 1，我們需要事先知道有哪些頁面需要旋轉；但在現實的情況中，瀏覽整個 PDF 檔案再記下要旋轉的頁面是很不切實際的。其實就算事先未知，也可以用 Python 程式查出哪些頁面需要旋轉。至少在某些情況下可以。

我們用一個新的 `PdfReader` 物件來看看該怎麼做：

```
>>> pdf_reader = PdfReader(str(pdf_path))
```

創建新的物件是因為你已經更改過舊的物件了。在這裡要把舊物件取代掉，一切從頭開始。

先來談談 `PageObject`。這其實是一個關於頁面資訊的字典：

```
>>> pdf_reader.pages[0]
 {'/Contents': [IndirectObject(11, 0, 2642487501120),
IndirectObject(12, 0, 2642487501120), IndirectObject(13, 0,
2642487501120), IndirectObject(14, 0, 2642487501120),
IndirectObject(15, 0, 2642487501120), IndirectObject(16, 0,
2642487501120), IndirectObject(17, 0, 2642487501120),
IndirectObject(18, 0, 2642487501120)], '/Rotate': -90, '/Resources':
{'/ColorSpace': {'/CS1': IndirectObject(19, 0, 2642487501120), '/
CS0': IndirectObject(19, 0, 2642487501120)}, '/XObject': {'/Im0':
IndirectObject(21, 0, 2642487501120)}, '/Font': {'/TT1':
IndirectObject(23, 0, 2642487501120), '/TT0': IndirectObject(25, 0,
2642487501120)}, '/ExtGState': {'/GS0': IndirectObject(27, 0,
2642487501120)}}, '/CropBox': [0, 0, 612, 792], '/Parent':
IndirectObject(1, 0, 2642487501120), '/Mediabox': [0, 0, 612, 792],
'/Type': '/Page', '/StructParents': 0}
```

好長！雖然看起來是一堆毫無意義的東西混在一起，不過你還是可以在上面的第 6 行輸出看到一個 /Rotate 鍵，值是 -90。

既然 PageObject 是一個字典，那就可以用中括號來存取 /Rotate 對應的值：

```
>>> page = pdf_reader.pages[0]
>>> page["/Rotate"]
-90
```

如果你檢視 pdf_reader 第 2 頁（索引是 1）的 /Rotate 鍵，你會看到值是 0：

```
>>> page = pdf_reader.pages[1]
>>> page["/Rotate"]
0
```

索引 0 的頁面的旋轉值是 -90，也就是逆時針旋轉了 90 度。而索引 1 的頁面的旋轉值是 0，代表沒有旋轉。

如果用 .rotate(90) 旋轉第 1 頁，/Rotate 的值就會從 -90 變成 0：

```
>>> page = pdf_reader.pages[0]
>>> page["/Rotate"]
-90
>>> page.rotate(90)
>>> page["/Rotate"]
0
```

現在知道該怎麼檢查和更改 /Rotate 值了，接下來就可以旋轉 ugly.pdf 檔案的頁面。第一件事是初始化 pdf_reader 和 pdf_writer 物件，一切重新開始：

```
>>> pdf_reader = PdfReader(str(pdf_path))
>>> pdf_writer = PdfWriter()
```

現在寫一個迴圈，走訪 pdf_reader.pages 裡的頁面，檢查 /Rotate 的值；如果 /Rotate 是 -90，那就旋轉頁面：

```
>>> for page in pdf_reader.pages:
...     if page["/Rotate"] == -90:
...         page.rotate(90)
...     pdf_writer.add_page(page)
...
>>>
```

這個迴圈不但比第 1 個做法的迴圈短，而且也不需要事先知道哪些頁面需要旋轉。你可以用這樣的迴圈來旋轉任何 PDF 的頁面，甚至還不用先打開 PDF 檔案來檢查。

把 pdf_writer 的內容寫入新檔案：

```
>>> with (Path.home() / "ugly_rotated2.pdf").open(mode="wb") as
output_file:
...     pdf_writer.write(output_file)
...
>>>
```

現在你可以打開主目錄的 ugly_rotated2.pdf 檔案，和之前的 ugly_rotated.pdf 比較一下，看起來應該會完全一樣。

重要事項

有一點要特別警告：頁面的字典裡不一定都有 /Rotate 鍵。如果 /Rotate 鍵不存在，通常代表頁面沒有旋轉，不過這也不是一定的。

如果 PageObject 沒有 /Rotate 鍵，用 /Rotate 來存取值就會觸發 KeyError。你可以用 8.6 節提到的 try ... except 來避免這個例外。

另外，`/Rotate` 的值不一定都一如預期。假如一開始掃描紙本文件時，就已經是旋轉 90 度來掃描，那掃描出來的 PDF 頁面當然就不會是正向，但 `/Rotate` 的值卻會是 0。

這是處理 PDF 檔案的時候會遇到的眾多麻煩之一，你只能在 PDF 閱覽程式開啟要處理的 PDF 檔案，直接確認到底出了什麼問題。

裁剪頁面

PDF 另一個常見的需求是裁剪頁面。你可能會需要分割單一頁面，或是只擷取頁面的一小部分，譬如簽名或圖形。

我們用第 14 章 practice_files 資料夾裡的 half_and_half.pdf 檔案來做剪裁的示範，檔案裡是安徒生童話《小美人魚》(Little Mermaid)的一部分，每一頁都有兩欄，我們要把兩欄分成各為一頁。

首先，從 `PyPDF2` 導入 `PdfReader` 和 `PdfWriter` 類別，從 `pathlib` 模組導入 `Path` 類別：

```
>>> from pathlib import Path
>>> from PyPDF2 import PdfReader, PdfWriter
```

再來建立一個 half_and_half.pdf 檔案的 `Path` 物件：

```
>>> pdf_path = (
...     Path.home() /
...     "python-exercises" /
...     "ch14" /
...     "practice_files" /
...     "half_and_half.pdf"
...     )
```

接下來，建立一個 PdfReader 物件來取得 PDF 的第一頁：

```
>>> pdf_reader = PdfReader(str(pdf_path))
>>> first_page = pdf_reader.pages[0]
```

在裁剪頁面之前，我們要先瞭解頁面的結構。像 first_page 這類的 PageObject 物件會有一個 .mediabox 屬性，表示頁面邊界的矩形區域。你可以用 IDLE 的互動視窗來檢視：

```
>>> first_page.mediabox
RectangleObject([0, 0, 792, 612])
```

.mediabox 屬性會傳回一個 RectangleObject。這是 PyPDF2 套件定義的物件，代表頁面上的一個矩形區域。

上面輸出的 list [0, 0, 792, 612] 用 4 個數字定義了矩形區域，所有數字的單位都是點(point)，1 點等於 1/72 英寸。前兩個數字是矩形左下角的 x 和 y 座標，在這裡是原點 (0, 0)；第 3 和第 4 個數字分別是矩形的寬度和高度，寬度是 792 點(11 英寸)，高度是 612 點(8.5 英寸)。這是 US letter(美國等國家的官方紙張尺寸)的大小，也是小美人魚 PDF 的頁面尺寸。如果 PDF 頁面是直式，那就會傳回 RectangleObject([0, 0, 612, 792])。

RectangleObject 有 4 個屬性，分別會傳回矩形 4 個角落的座標：.lower_left、.lower_right、.upper_left 和 .upper_right。就像寬度和高度一樣，這些座標的單位是點。

你可以用這 4 個屬性來取得 RectangleObject 每個頂點的座標：

```
>>> first_page.mediabox.lower_left
(0, 0)
>>> first_page.mediabox.lower_right
(792, 0)
```

Next

```
>>> first_page.mediabox.upper_left
(0, 612)
>>> first_page.mediabox.upper_right
(792, 612)
```

每個屬性都會傳回一個 tuple，內容是指定點的座標。你可以像存取其他 tuple 那樣，用中括號存取座標裡的值：

```
>>> first_page.mediabox.upper_right[0]
792
>>> first_page.mediabox.upper_right[1]
612
```

你可以指派一個新的 tuple 給 .mediabox 的其中一個屬性，更改 .mediabox 的座標：

```
>>> first_page.mediabox.upper_left = (0, 480)
>>> first_page.mediabox.upper_left
(0, 480)
```

更改 .upper_left 座標之後，.upper_right 屬性會自動調整，讓頁面維持矩形：

```
>>> first_page.mediabox.upper_right
(792, 480)
```

只要更改 .mediabox 的 RectangleObject 座標，就可以方便的裁剪頁面。first_page 物件的內容現在只剩下新的 RectangleObject 邊界內的範圍。

把裁剪後的頁面寫入新的 PDF 檔案：

```
>>> pdf_writer = PdfWriter()
>>> pdf_writer.add_page(first_page)
```

Next

```
>>> with (Path.home() / "cropped_page.pdf").open(mode="wb") as
output_file:
...     pdf_writer.write(output_file)
...
>>>
```

現在開啟主目錄的 cropped_page.pdf 檔案，你會看到頁面的頂端部份被裁切掉了。

那要怎麼裁剪頁面，才會只剩下頁面左欄的文字呢？只要更改 `.mediabox` 物件的 `.upper_right` 座標，把頁面從中間切成兩半就好。我們來試試看吧。

你剛剛修改了 `pdf_reader` 的第 1 頁，又把這 1 頁加到 `pdf_writer`，所以要先創建新的 `PdfReader` 和 `PdfWriter` 物件：

```
>>> pdf_reader = PdfReader(str(pdf_path))
>>> pdf_writer = PdfWriter()
```

現在重新取得 PDF 的第 1 頁：

```
>>> first_page = pdf_reader.pages[0]
```

這次我們改用第 1 頁的副本來裁出左半邊的頁面，好讓本來的頁面保持完整，等等再用來裁出右半邊。你可以從 Python 的標準函式庫導入 `copy` 模組，用 `deepcopy()` 來產生頁面的副本（**編註**：關於 `deepcopy()`，可以複習 9.3 節的複製部分）：

```
>>> import copy
>>> left_side = copy.deepcopy(first_page)
```

你現在可以直接修改 `left_side`，不會改變 `first_page` 的任何屬性，稍後再用 `first_page` 來取得頁面右側的文字。

現在我們需要來算點簡單的數學。之前提到，修改 `.mediabox` 物件的 `.upper_right` 座標就可以把頁面切成兩半，剩下左半邊；更具體來說是把右上角座標移動到頁面上緣的正中央。把新的右上角設定在中央後，本來在右半邊的頁面就不會在矩形內，也就達到只留下左半邊的效果了。

所以我們要建立一個新的 tuple，第一個值（x 座標）是原本右上角的一半；再把這個 tuple 指派給 `.upper_right` 屬性。

首先取得 `.mediabox` 右上角現在的座標：

```
>>> current_coords = left_side.mediabox.upper_right
```

然後建立一個 tuple，把第一個座標值設成目前座標的一半，第二個座標值設成相同：

```
>>> new_coords = (current_coords[0] / 2, current_coords[1])
```

最後，把新座標指派給 `.upper_right` 屬性：

```
>>> left_side.mediabox.upper_right = new_coords
```

編註：在 9.1 節有提到，tuple 是不可變的，所以我們不能直接指派：

```
>>> first_page.mediabox.upper_right[0] = first_page.mediabox.upper_
right[0] / 2
```

只能建立一個新的 tuple 來取代原本的 tuple。

現在頁面已經剪裁好了，只剩下左欄的文字。接下來我們提取頁面的右欄。首先取得 `first_page` 的新副本 `right_side`：

```
>>> right_side = copy.deepcopy(first_page)
```

這次移動左上角座標（.upper_left），同樣移動到剛剛設定的新座標：

```
>>> right_side.mediabox.upper_left = new_coords
```

這時 right_side.mediabox 的左上角位於頁面的頂部中心，右上角位於原來的位置。

最後把 left_side 和 right_side 頁面都加到 pdf_writer，寫入一個新的 PDF 檔案：

```
>>> pdf_writer.add_page(left_side)
>>> pdf_writer.add_page(right_side)
>>> with (Path.home() / "cropped_pages.pdf").open(mode="wb") as
output_file:
...     pdf_writer.write(output_file)
...
>>>
```

現在用 PDF 瀏覽程式開啟 cropped_pages.pdf 檔案，應該會看到一個有 2 頁的文件，第 1 頁是原始第 1 頁左欄的文字，第 2 頁是右欄的文字。

練習題

你可以在 https://www.flag.com.tw/bk/st/F3747 找到這些練習題的解答：

1. **ch14/practice_files 資料夾裡有一個 split_and_rotate.pdf 檔案。在你的主目錄建立 rotated.pdf，內容是 split_and_rotate.pdf 逆時針旋轉 90 度的頁面。**
2. **用你在練習題 1 建立的 rotated.pdf 檔案，把每一頁從中間垂直拆分。在你的主目錄建立 split.pdf，內容是經過拆分後的 4 個頁面，內容分別是數字 1、2、3、4。**

14.6 加密和解密 PDF 檔案

PDF 檔案有時候會有密碼保護。你可以用 `PyPDF2` 套件處理加密的 PDF 檔案，也可以替現有的 PDF 檔案加上密碼。

加密 PDF 檔案

你可以使用 `PdfWriter()` 的 `.encrypt()` 方法為 PDF 檔案加上密碼，`.encrypt()` 有兩個主要參數：

1. **user_password** 設定使用者密碼。輸入使用者密碼只能開啟和閱讀 PDF 檔案。
2. **owner_password** 設定檔案擁有者密碼。輸入檔案擁有者密碼後，對檔案的任何操作都沒有限制，例如編輯等等。

我們來用 `.encrypt()` 為 PDF 檔案加上密碼。首先開啟 ch14/practice_files 目錄裡的 newsletter.pdf：

```
>>> from pathlib import Path
>>> from PyPDF2 import PdfReader, PdfWriter
>>> pdf_path = (
...     Path.home() /
...     "python-exercises" /
...     "ch14" /
...     "practice_files" /
...     "newsletter.pdf"
...     )
>>> pdf_reader = PdfReader(str(pdf_path))
```

然後建立一個 `PdfWriter` 物件，再加入 `pdf_reader` 全部的頁面：

```
>>> pdf_writer = PdfWriter()
>>> pdf_writer.append_pages_from_reader(pdf_reader)
```

接下來，用 pdf_writer.encrypt() 設置密碼 "SuperSecret"：

```
>>> pdf_writer.encrypt(user_password="SuperSecret")
```

如果只設定 user_password 參數，那 owner_password 參數會預設是相同的字串。也就是說，上面的程式碼同時設定了使用者和檔案擁有者的密碼。

最後把加密後的 PDF 寫入主目錄的 newsletter_protected.pdf 檔案：

```
>>> output_path = Path.home() / "newsletter_protected.pdf"
>>> with output_path.open(mode="wb") as output_file:
...     pdf_writer.write(output_file)
```

用 PDF 閱覽程式開啟這個檔案的時候，系統會要求你輸入密碼，輸入 SuperSecret 就能開啟。

如果你需要另外設定檔案擁有者密碼，就把密碼字串傳給 owner_password 參數：

```
>>> user_pwd = "SuperSecret"
>>> owner_pwd = "ReallySuperSecret"
>>> pdf_writer.encrypt(user_password=user_pwd, owner_password=owner_
pwd)
```

這個例子的使用者密碼是 "SuperSecret"，檔案擁有者密碼是 "ReallySuperSecret"。

一旦對 PDF 檔案加密，想查看內容就必須輸入密碼，就算用 Python 程式來讀取也一樣。接下來，我們看看如何用 PyPDF2 套件解密 PDF 檔案。

解密 PDF 檔案

PdfReader 的 .decrypt() 方法可以把加密過的 PDF 檔案解密。decrypt() 有一個 password 參數，用來傳入解密的密碼。另外，開啟 PDF 後取得的權限，會因你傳的引數是使用者密碼還是檔案擁有者密碼而不同。

我們來用 PyPDF2 開啟上一節加密的 newsletter_protected.pdf 檔案。

首先用這個加密檔案的路徑建立一個 PdfReader 物件：

```
>>> from pathlib import Path
>>> from PyPDF2 import PdfReader, PdfWriter
>>> pdf_path = Path.home() / "newsletter_protected.pdf"
>>> pdf_reader = PdfReader(str(pdf_path))
```

在解密這個 PDF 之前，試試看讀取第一頁會發生什麼事：

```
>>> pdf_reader.pages[0]
Traceback (most recent call last):
  File "C:\realpython\venv\lib\site-packages\PyPDF2\_reader.py",
      line 1266, in get_object
    raise FileNotDecryptedError("File has not been decrypted")
PyPDF2.errors.FileNotDecryptedError: File has not been decrypted
```

你會看到 FileNotDecryptedError，告訴你 PDF 檔案尚未解密。

小提醒

我們縮短了這個錯誤訊息，只留下重要的部分。你看到的訊息會更長。

現在來解密這個檔案：

```
>>> pdf_reader.decrypt(password="SuperSecret")
<PasswordType.OWNER_PASSWORD: 2>
```

`.decrypt()` 會回傳一個代表解密結果的類別：

- 0 表示密碼不正確。
- 1 表示符合使用者密碼。
- 2 表示符合檔案擁有者密碼。

編註：先前將擁有者密碼設定為 "ReallySuperSecret" 後，並沒有再次寫入檔案，因此擁有者密碼依然是 "SuperSecret"。

檔案解密後，就可以存取 PDF 的內容：

```
>>> pdf_reader.pages[0]
{'/Contents': IndirectObject(5, 0, 2324813998320), '/CropBox': [0,
0, 612, 792], '/MediaBox': [0, 0, 612, 792], '/Resources':
IndirectObject(6, 0, 2324813998320), '/Rotate': 0, '/Type': '/Page',
'/Parent': IndirectObject(1, 0, 2324813998320)}
```

你現在可以隨心所欲的提取文字、裁剪或旋轉頁面了！

練習題

你可以在 https://www.flag.com.tw/bk/st/F3747 找到這些練習題的解答：

1. **ch14/practice_files 資料夾裡有一個 top_secret.pdf 檔案，用 `PdfWriter.encrypt()`，以使用者密碼 "Unguessable" 加密文件，再把加密的檔案用 top_secret_encrypted.pdf 檔名儲存到主目錄。**
2. **開啟你在練習題 1 建立的 top_secret_encrpyted.pdf 檔案進行解密，然後顯示出 PDF 第 1 頁的文字。**

14.7 挑戰：整理 PDF

ch14/practice_files 資料夾有一個 scrambled.pdf 檔案，檔案內容有七頁，每頁都有 1 到 7 的其中一個數字，但沒有依照順序排列。

此外，有些頁面會旋轉 90、180 或 270 度。

寫一個程式來整理這個 PDF 檔案，整理好的檔案要以頁面上的數字排序，而且所有頁面都要旋轉到正確的方向。

小提醒

你可以預設 scrambled.pdf 的每個 `PageObject` 都有一個 `"/Rotate"` 鍵。

把整理過的 PDF 儲存到主目錄的 unscrambled.pdf 檔案。

你可以在 https://www.flag.com.tw/bk/st/F3747 找到這個挑戰題的解答。

14.8 從頭開始建立一個 PDF 檔案

PyPDF2 套件非常適合閱讀和修改現有的 PDF 檔案，但有一個主要限制：PyPDF2 無法自由編輯 PDF 的內容，只能放入空白頁面或現有的 PDF 頁面。在這節，你會學習用 ReportLab 套件建立和編輯 PDF 檔。

ReportLab 是一個全功能的 PDF 套件。它有一個需要付費的商業版本，但也有一個功能受限的開放原始碼版本。

安裝 reportlab

首先要用 pip 來安裝 reportlab：

```
$ python -m pip install reportlab
$ python -m pip show reportlab
Name: reportlab
Version: 3.6.11
Summary: The Reportlab Toolkit
Home-page: http://www.reportlab.com/
Author: Andy Robinson, Robin Becker, the ReportLab team
and the community
Author-email: reportlab-users@lists2.reportlab.com
License: BSD license (see license.txt for details),
Copyright (c) 2000-2018, ReportLab Inc.
Location: c:\realpython\venv\lib\site-packages
Requires: pillow
Required-by:
```

在編輯這本書的時候，reportlab 的最新版本是 3.6.11。如果你已經開啟 IDLE，要先關閉再重新開啟，才能使用 reportlab 套件。

使用 Canvas 類別

`reportlab` 建立 PDF 的主要介面是 `reportlab.pdfgen.canvas` 模組裡的 `Canvas` 類別。canvas 指的是帆布，也是油畫的畫布，在電腦領域經常用來代表一塊可以任意設置圖形、文字的區域。

開啟一個新的 IDLE 互動視窗，導入 `Canvas` 類別和 `pathlib` 的 `Path` 類別：

```
>>> from pathlib import Path
>>> from reportlab.pdfgen.canvas import Canvas
```

建立新的 Canvas 物件時，需要傳入一個字串(不能用 Path 物件)，做為要建立的 PDF 檔名。我們用 Canvas 物件來建立一個主目錄的 hello.pdf 檔案：

```
>>> canvas = Canvas(str(Path.home() / "hello.pdf"))
```

現在你已經把一個 Canvas 類別的物件指派到變數 canvas，canvas 會連結到主目錄的 hello.pdf 檔案，只不過這個檔案現在還不存在。

我們來用 .drawString() 方法在 PDF 裡加入一些文字：

```
>>> canvas.drawString(72, 72, "Hello, World")
```

傳給 .drawString() 的前兩個參數會設定 canvas 上寫入文字的位置；第一個參數指定和畫面左側邊緣的距離，第二個參數指定和底部邊緣的距離。

傳給 .drawString() 的值是以點為單位，一個點等於 1/72 英寸，因此 .drawString(72, 72, "Hello, World") 會在距離頁面左側和底部各一英寸的位置設置字串 "Hello, World"。

再來用 .save() 把 PDF 儲存成檔案：

```
>>> canvas.save()
```

現在你的主目錄會有一個 hello.pdf 檔案。你可以用 PDF 閱覽程式開啟，應該會在頁面底部看到 Hello, World 文字。

關於你剛剛建立的 PDF，有幾點值得注意：

1. 預設頁面大小是 A4。

2. 預設字型是 Helvetica，文字大小 12 點。

不過，這些設定也不是不能更改。

設定頁面大小

創建 Canvas 物件的時候，可以指定 pagesize 參數來改變頁面大小。這個參數會取一個浮點數的 tuple，tuple 的內容是頁面的寬度和高度，都以點為單位。例如，要把頁面大小設為 US letter 格式（8.5 英寸寬、11 英寸高），可以像這樣建立 Canvas：

```
canvas = Canvas("hello.pdf", pagesize=(612.0, 792.0)
```

如果你不喜歡自己辛苦的把點轉換為英寸或公分，那也可以讓 reportlab.lib.units 模組幫助你。.units 模組包含很多輔助物件，譬如 inch 和 cm，可以簡化轉換的麻煩。

從 reportlab.lib.units 模組導入 inch 和 cm 物件：

```
>>> from reportlab.lib.units import inch, cm
```

你可以先檢視這兩個物件，瞭解一下內容：

```
>>> cm
28.346456692913385
>>> inch
72.0
```

cm 和 inch 都是浮點數，表示這個單位等於多少點。cm 等於 28.346456692913385 點，inch 等於 72.0 點。

使用的時候，只要直接把數值乘以單位的名稱就好。這裡示範用 inch 把頁面大小設為 8.5 英寸寬、11 英寸高：

```
>>> canvas = Canvas("hello.pdf", pagesize=(8.5 * inch, 11 * inch))
```

直接把尺寸的 tuple 傳給 pagesize 參數，就可以建立指定大小的頁面，不過 reportlab 套件的 reportlab.lib.pagesizes 模組也有一些內建的標準頁面尺寸，使用起來更方便。例如，要把頁面尺寸設定為 US letter 大小的話，可以從 pagesizes 模組導入 LETTER 物件，在建立 Canvas 時傳給 pagesize 參數：

```
>>> from reportlab.lib.pagesizes import LETTER
>>> canvas = Canvas("hello.pdf", pagesize=LETTER)
```

檢視 LETTER 物件，你會發現這就是一個浮點數 tuple：

```
>>> LETTER
(612.0, 792.0)
```

reportlab.lib.pagesizes 模組裡有很多頁面尺寸的標準。下表是其中的一些尺寸：

名稱	尺寸
A4	210 毫米 × 297 毫米
B5	176 毫米 × 250 毫米
LETTER	8.5 英寸 × 11 英寸
LEGAL	8.5 英寸 × 14 英寸

除此之外，這個模組還收錄了所有 ISO 216 的標準紙張尺寸（https://en.wikipedia.org/wiki/ISO_216）。

設定字型屬性

你還可以在寫入文字時更改字型、文字大小和文字顏色。

.setFont() 方法可以更改字型和文字大小。首先用 font-example.pdf 檔名和 US letter 頁面尺寸來建立一個 Canvas 物件：

```
>>> canvas = Canvas(str(Path.home() / "font-example.pdf"),
pagesize=LETTER)
```

然後把字型設為 Times New Roman，大小為 18 點：

```
>>> canvas.setFont("Times-Roman", 18)
```

最後，把字串 `"Times New Roman (18 pt)"` 寫入 `canvas` 並儲存：

```
>>> canvas.drawString(1 * inch, 10 * inch, "Times New Roman (18
pt)")
>>> canvas.save()
```

這個設定會把文字寫在距離頁面左側 1 英寸、底部 10 英寸的位置。開啟主目錄的 font-example.pdf 檔案來看看吧！

`reportlab` 預設有三種字型可以使用：

1. "Courier"
2. "Helvetica"
3. "Times-Roman"

每個字型都有粗體和斜體，以下是所有可用的字型選項：

- "Courier"
- "Courier-Bold"
- "Courier-BoldOblique"
- "Courier-Oblique"
- "Helvetica"

- "Helvetica-Bold"
- "Helvetica-BoldOblique"
- "Helvetica-Oblique"
- "Times-Bold"
- "Times-BoldItalic"
- "Times-Italic"
- "Times-Roman"

你還可以用 `.setFillColor()` 來設定字型顏色。這個範例會建立一個內文是藍色的 font-colors.pdf 檔案：

```
from reportlab.lib.colors import blue
from reportlab.lib.pagesizes import LETTER
from reportlab.lib.units import inch
from reportlab.pdfgen.canvas import Canvas
from pathlib import Path

canvas = Canvas(str(Path.home() / "font-colors.pdf"),
pagesize=LETTER)

# 設定字型為 Times New Roman，大小為 12 點
canvas.setFont("Times-Roman", 12)

# 文字顏色設定為藍色
canvas.setFillColor("blue")

# 設置在距離左側 1 英寸、底部 10 英寸處
canvas.drawString(1*inch, 10*inch, "Blue text")

# 儲存 PDF 檔
canvas.save()
```

`blue` 是從 `reportlab.lib.colors` 模組導入的物件。這個模組有各種常見的顏色，你可以在 `reportlab` 原始碼（https://realpython.com/pybasics-reportlab-source）找到完整的顏色列表。

這節的範例簡要介紹了 `Canvas` 物件，但這只是很基本的內容。reportlab 還可以建立表格、表單，甚至是高畫質的圖形！

reportLab 使用指南（https://www.reportlab.com/docs/reportlab-userguide.pdf）有大量從頭製作 PDF 檔案的範例，如果你有興趣更深入了解，這會是很好的起點。

14.9 摘要與額外資源

在這一章，你學會用 `PyPDF2` 和 `reportlab` 套件建立和修改 PDF 檔案。

你學會用 `PyPDF2` 套件來達成：

- 用 `PdfReader` 類別讀取 PDF 檔案、存取文字
- 用 `PdfWriter` 類別寫入新的 PDF 檔案
- 用 `PdfMerger` 類別連接和合併 PDF 檔案
- 旋轉和裁剪 PDF 頁面
- 加密和解密 PDF 檔案

我們還介紹如何使用 `reportlab` 套件建立 PDF 檔案，你學會了：

- 使用 `Canvas` 類別
- 用 `.drawString()` 把文字寫入 `Canvas`
- 用 `.setFont()` 設定字型和文字大小
- 用 `.setFillColor()` 更改文字顏色

額外資源

想要更深入瞭解用 Python 處理 PDF 檔案，可以參考以下資源：

- How to Work With a PDF in Python（https://realpython.com/pdf-python/）
- ReportLab PDF Library User Guide（https://www.reportlab.com/docs/reportlab-userguide.pdf）

如果想進一步提升你的 Python 實力，歡迎查看：https://realpython.com/python-basics/resources/。

MEMO

使用資料庫

你在第 12 章學到用 Python 存取檔案裡的資料。在這章，你要學習用 Python 操作另一種常見的資料儲存方式——**資料庫**（**database**）。

資料庫（**database**）是用來儲存資料的結構化系統，可以簡單的用一些目錄和 CSV 檔案組成，也可以是更複雜的東西。**資料庫管理系統**（**database management system**）則是管理資料庫存取和互動的軟體。Python 有內建一個名為 SQLite 的輕量級資料庫管理系統，非常適合用來學習使用資料庫。

SQLite 使用**結構化查詢語言**（**structured query language，SQL**）和資料庫互動。如果你有使用 SQL 的經驗，在閱讀這章時會很有幫助。

在這章你會學到：

- ▶ 建立 SQLite 資料庫
- ▶ 從 SQLite 資料庫存取資料
- ▶ 處理其他資料庫的常用套件簡介

15.1 SQLite 簡介

SQL 資料庫引擎有很多種，各有各的強項，其中最簡易、最輕量的就是 SQLite，可以直接在你的電腦上運行，而且在 Python 安裝時就一併安裝好了。

在這節，你會用 sqlite3 套件建立一個 SQLite 資料庫，儲存和提取裡面的資料。

SQLite 基礎知識

使用 SQLite 有 4 個基本步驟：

1. 導入 sqlite3 套件
2. 連接到現有的資料庫或建立新的資料庫
3. 在資料庫上執行 SQL 敘述
4. 關閉資料庫連結

我們用 IDLE 互動視窗練習一下這 4 個步驟。開啟 IDLE 輸入以下內容：

```
>>> import sqlite3
>>> connection = sqlite3.connect("test_database.db")
```

函式 `sqlite3.connect()` 的功能是連接或建立資料庫。執行 `.connect("test_database.db")` 之後，Python 會先搜索名稱是 test_database.db 的現有資料庫，如果沒有找到，就會在當前工作目錄建立一個新的資料庫。

如果要在不同的目錄建立資料庫，只要在 `.connect()` 的參數指定完整的絕對路徑就好。

小提醒

你可以在 `.connect()` 傳入字串 `":memory:"`，建立**記憶體內部資料庫（in-memory database）**：

```
connection = sqlite3.connect(":memory:")
```

這樣資料就不會在程式結束執行之後保存下來。如果你只是想練習或測試一些程式碼，這會是個方便的做法。

`.connect()` 會傳回一個 `sqlite3.Connection` 物件，你可以使用 `type()` 來確認：

```
>>> type(connection)
<class 'sqlite3.Connection'>
```

`Connection` 物件代表程式和資料庫之間的連結，它有幾個屬性和方法可以和資料庫互動。存取資料還需要一個 `Cursor` 物件，你可以用 `connection.cursor()` 來取得：

```
>>> cursor = connection.cursor()
>>> type(cursor)
<class 'sqlite3.Cursor'>
```

`sqlite3.Cursor` 物件是你和資料庫互動的通道。你可以用 `Cursor` 物件建立資料庫表格、執行 SQL 敘述，還有取得資料查詢的結果。

小提醒

在資料庫術語中，**資料指標（cursor）**指的是一個用來取得資料的物件，一次只能讀取一行，就像一個指著資料的指標一樣。

我們先用 SQLite 函式 `datetime()` 來取得現在的本地時間：

```
>>> query = "SELECT datetime('now', 'localtime');"
>>> results = cursor.execute(query)
>>> results
<sqlite3.Cursor object at 0x000001A27EB85E30>
```

`"SELECT datetime('now', 'localtime');"` 是取得當前日期和時間的 SQL 敘述，我們把這個敘述的字串指派給 `query` 變數，接著把 `query` 變數傳入 `cursor.execute()`。這個 `Cursor` 的方法會查詢資料庫，然後傳回一個 `Cursor` 物件，我們再把傳回的物件指派給 `results` 變數。

你可能會想知道 `datetime()` 傳回的時間到底在哪裡。要取得查詢結果的話，還要再使用 `results.fetchone()`，這會傳回查詢結果第一列的 tuple（結果如果有很多列，就只會顯示第一列；這裡的時間只有一列資料）：

```
>>> row = results.fetchone()
>>> row
('2022-7-26 23:07:21',)
```

因為 `.fetchone()` 傳回的是（只有一個元素的）tuple，你要再存取第一個元素才能取得日期和時間：

```
>>> time = row[0]
>>> time
'2022-7-26 23:07:21'
```

最後呼叫 `connection.close()` 關閉資料庫的連結：

```
>>> connection.close()
```

使用完資料庫一定要關閉資料庫的連結，不然程式停止執行之後還是會繼續佔用系統資源。

用 with 敘述管理資料庫連結

回想一下第 12 章的內容，你可以用 with 敘述和 open() 開啟檔案，這樣在 with 主體執行完之後就會自動關閉檔案。相同的方式也適用於 SQLite 資料庫連結，而且也是最推薦的使用方式。

這是用 with 敘述查詢 datetime() 的範例：

```
>>> with sqlite3.connect("test_database.db") as connection:
...     cursor = connection.cursor()
...     query = "SELECT datetime('now', 'localtime');"
...     results = cursor.execute(query)
...     row = results.fetchone()
...     time = row[0]
...
>>> time
'2022-7-26 23:14:37'
```

在這個範例中，with 敘述把 sqlite3.connect() 傳回的 Connection 物件指派給 connection 變數。除此之外，with 主體裡的程式就和沒有使用 with 的時候完全一樣。

用 with 敘述來管理資料庫連結有很多優點。首先，程式碼通常會比沒有 with 敘述的程式碼更簡潔一點；另外，對資料庫所做的任何更改都會自動保存，這點會在下一個範例看到。

使用資料庫表格

只為了知道現在的時間就建立一個資料庫，實在是有點大材小用。資料庫是用來儲存和提取資料的，但現在資料庫裡什麼都沒有，所以我們來建立一個表格再輸入一些值，把資料存進資料庫裡。

建立一個名為 People 的表格，裡面包含 3 個欄位：FirstName、LastName 和 Age。建立這個表格的 SQL 敘述如下所示：

```
CREATE TABLE People(FirstName TEXT, LastName TEXT, Age INT);
```

注意，FirstName 和 LastName 後面是 TEXT，而 Age 後面則是 INT，這是要告訴 SQLite，FirstName 和 LastName 這 2 欄的值是文字，而 Age 這欄的值是整數。

建立表格之後，就可以用 SQL 指令 INSERT INTO 填入資料。下面的 SQL 敘述會分別在 FirstName、LastName 和 Age 欄插入 Ron、Obvious 和 42：

```
INSERT INTO People VALUES('Ron', 'Obvious', 42);
```

仔細看，字串 'Ron' 和 'Obvious' 用的是單引號。雖然 Python 的字串用單引號或雙引號都沒問題，但是 SQLite 字串只能使用單引號來標註。

重要事項

把 SQL 敘述放在 Python 字串裡的時候，一定要用雙引號來框住字串，這樣才能在字串裡面使用單引號的 SQLite 敘述，不會發生錯誤。

規定只能使用單引號的 SQL 資料庫管理系統不是只有 SQLite。使用任何 SQL 資料庫都要注意這一點。

我們來看看怎麼用 Python 執行這些敘述，把資料儲存到資料庫裡。首先，在新的編輯視窗輸入這段程式（這次先不用 with 敘述）：

```
import sqlite3

create_table = """
CREATE TABLE People(
    FirstName TEXT,
    LastName TEXT,
    Age INT
```
Next

```
);"""

insert_values = """
INSERT INTO People VALUES(
    'Ron',
    'Obvious',
    42
);"""

connection = sqlite3.connect("test_database.db")
cursor = connection.cursor()
cursor.execute(create_table)
cursor.execute(insert_values)

connection.commit()
connection.close()
```

首先建立 2 個字串，字串的內容是建立 People 表格需要的 SQL 敘述；這 2 個字串分別指派給 create_table 和 insert_values 變數。在這裡我們使用三引號的字串，維持 SQL 敘述的縮排格式；因為 SQL 敘述裡的空格對於資料庫不會有任何效果，所以我們可以在字串裡盡量使用空格，讓 Python 程式碼可以更好閱讀。

再來，用 sqlite3.connect() 產生一個 Connection 物件並指派給 connection 變數。然後用 connection.cursor() 產生一個 Cursor 物件，用 .execute() 執行前面字串裡的 2 個 SQL 敘述。

最後用 connection.commit() 把資料儲存到資料庫裡。**commit（確認）**是資料庫的術語，代表儲存資料，如果沒有執行 connection.commit()，那 People 表格就不會真的保存在資料庫裡面。

儲存檔案再按 F5 執行程式。現在 test_database.db 裡會有一個 People 表格，裡面只有一列資料。你可以在互動視窗檢驗：

```
>>> connection = sqlite3.connect("test_database.db")
>>> cursor = connection.cursor()
>>> query = "SELECT * FROM People;"
>>> results = cursor.execute(query)
>>> results.fetchone()
('Ron', 'Obvious', 42)
```

現在我們用 with 敘述改寫這個程式。不過在操作之前，你要先刪除 People 表格才能重新建立一個。在互動視窗輸入這些程式碼，刪除資料庫裡的 People 表格：

```
>>> cursor.execute("DROP TABLE People;")
<sqlite3.Cursor object at 0x000001F739DB6650>
>>> connection.commit()
>>> connection.close()
```

回到編輯視窗，把程式碼改成以下內容：

```
import sqlite3

create_table = """
CREATE TABLE People(
    FirstName TEXT,
    LastName TEXT,
    Age INT
);"""

insert_values = """
INSERT INTO People VALUES(
    'Ron',
    'Obvious',
    42
);"""

with sqlite3.connect("test_database.db") as connection:
    cursor = connection.cursor()
    cursor.execute(create_table)
    cursor.execute(insert_values)
```

這次就不需要 `connection.commit()` 和 `connection.close()` 了，`with` 主體執行完之後，你對資料庫所做的任何變更都會自動儲存並關閉。這是用 `with` 敘述管理資料庫連結的另一個優點。

SQL 腳本

SQL 腳本（script）是一連串的 SQL 敘述，敘述之間會用分號（`;`）分隔，只要執行腳本就可以一次執行全部的敘述。`Cursor` 物件有一個 `.executescript()` 方法可以執行 SQL 腳本。

下面的程式碼會執行一個 SQL 腳本，這個腳本會建立一個 `People` 表格並輸入一些值：

```
import sqlite3

sql = """
DROP TABLE IF EXISTS People;
CREATE TABLE People(
    FirstName TEXT,
    LastName TEXT,
    Age INT
);
INSERT INTO People VALUES(
    'Ron',
    'Obvious',
    '42'
);"""

with sqlite3.connect("test_database.db") as connection:
    cursor = connection.cursor()
    cursor.executescript(sql)
```

你還可以用 `.executemany()` 方法，傳入一個雙層的 tuple 來執行一串結構相同、資料不同的 SQL 敘述，內層的 tuple 就是各組不同的資料。例如，如果你需要輸入很多筆資料到 `People` 表格，你可以把這些資料儲存成這樣的巢狀 tuple：

```
people_values = (
    ("Ron", "Obvious", 42),
    ("Luigi", "Vercotti", 43),
    ("Arthur", "Belling", 28)
)
```

然後，你就可以用一行程式碼存入所有的資料：

```
cursor.executemany("INSERT INTO People VALUES(?, ?, ?)", people_
values)
```

在這個敘述裡的問號是保留給 `people_values` 的預留位置符號，像這樣的敘述就稱為**參數化（parameterized）**的敘述。每個 `?` 都是代表一個參數，在執行 `cursor.executemany()` 方法的時候，會由 `people_values` 裡的值取代。內層 tuple 裡的資料會依序取代參數，以第 1 個 tuple 為例，第 1 個 `?` 會由 `"Ron"` 取代，第 2 個 `?` 會由 `"Obvious"` 取代，以此類推。`people_values` 內層有 3 個 tuple，所以總共就會存入 3 筆資料。

用參數化查詢保護資訊安全

為了資訊安全考量，你應該永遠都只用參數化的 SQL 敘述來操作資料庫，尤其是 SQL 敘述裡會包含使用者的輸入的時候。這是因為使用者輸入的值可能會包含有效的 SQL 語法，導致你的 SQL 敘述把使用者輸入當成語法的一部分來執行，這個情況就稱為 **SQL 資料隱碼攻擊（SQL injection attack）**。就算使用者不是出於惡意，也有可能會偶然發生。

例如，假設要把使用者提供的資料輸入到 `People` 表格裡，你可能會這樣做：

```
import sqlite3

# 讓使用者輸入資料
first_name = input("Enter your first name: ")
last_name = input("Enter your last name: ")
age = int(input("Enter your age: "))

# 執行 INSERT 敘述將人的資料輸入 People 表格
query = (
    "INSERT INTO People VALUES"
    f"('{first_name}', '{last_name}', {age});"
)
with sqlite3.connect("test_database.db") as connection:
    cursor = connection.cursor()
    cursor.execute(query)
```

但是，萬一使用者的名稱包含撇號（'），那會出現什麼問題？試試看在 `first_name` 輸入 `Flannery`、在 `last_name` 輸入 `O'Connor`。你會發現這個名字讓程式碼出錯了（出現 OperationalError 例外訊息）。這是因為撇號和 SQL 敘述裡的單引號是一樣的符號，讓 SQL 敘述終斷在人名裡的撇號。

在這個範例，程式碼只是發生錯誤而已。雖然這樣已經夠糟了，但在某些情況下，錯誤的輸入可能會破壞表格，甚至刪除資料。為了避免這種情況，務必要使用參數化敘述：

```
import sqlite3

first_name = input("Enter your first name: ")
last_name = input("Enter your last name: ")
age = int(input("Enter your age: "))
data = (first_name, last_name, age)

with sqlite3.connect("test_database.db") as connection:
    cursor = connection.cursor()
    cursor.execute("INSERT INTO People VALUES(?, ?, ?);", data)
```

我們再次把 Flannery O'Connor 加進表格。這次就可以成功加入，不會出現例外訊息了。

參數化敘述在用 SQL UPDATE 敘述更新資料庫的時候也很好用（只是示範，不用執行）：

```
cursor.execute(
    "UPDATE People SET Age=? WHERE FirstName=? AND LastName=?;",
    (45, 'Luigi', 'Vercotti')
)
```

這段程式碼會把 `FirstName` 是 `"Luigi"`、`LastName` 是 `"Vercotti"` 那一列的 `Age` 更新成 `45`。

提取資料

如果我們不能從資料庫裡取得資料，那在資料庫輸入和更新資料也就沒什麼用處。你可以用 `cursor` 的 `.fetchone()` 和 `.fetchall()` 方法從資料庫裡提取資料。`.fetchone()` 方法會從查詢結果中傳回第一列，而 `.fetchall()` 會一次傳回所有查詢結果。

我們用這個程式來說明如何使用 `.fetchall()`：

```
import sqlite3

values = (
    ("Ron", "Obvious", 42),
    ("Luigi", "Vercotti", 43),
    ("Arthur", "Belling", 28),
)

with sqlite3.connect("test_database.db") as connection:
    cursor = connection.cursor()
    cursor.execute("DROP TABLE IF EXISTS People")
    cursor.execute("""
        CREATE TABLE People(
```

Next

```
            FirstName TEXT,
            LastName TEXT,
            Age INT
        );"""
    )
    cursor.executemany("INSERT INTO People VALUES(?, ?, ?);",
values)

    # 顯示所有大於 30 歲的人的姓名
    cursor.execute(
        "SELECT FirstName, LastName FROM People WHERE Age > 30;"
    )
    for row in cursor.fetchall():
        print(row)
```

上面的程式先刪除了 `People` 表格，移除前面範例做的更改，然後重新建立 `People` 表格，再用 `.executemany()` 輸入了幾個值。接下來用 `.execute()` 執行一個 `SELECT` 敘述，傳回所有 `30` 歲以上的人的名字和姓氏。

最後，`.fetchall()` 會把查詢結果做成一個 tuple 組成的 list 傳回，每個 tuple 都是一列查詢結果。

在新的編輯視窗輸入這支程式，儲存並執行檔案，你會在互動視窗看到以下輸出：

```
('Ron', 'Obvious')
('Luigi', 'Vercotti')
```

結果正確，資料庫裡只有 Ron 和 Luigi 超過 30 歲。

練習題

你可以在 https://www.flag.com.tw/bk/st/F3747 找到這些練習題的解答

1. 用一個叫 `Roster` 的表格建立一個資料庫，表格要有三個欄位：`Name`、`Species` 和 `Age`。`Name` 和 `Species` 欄是文字欄位(`TEXT`)，`Age` 欄是整數欄位(`INT`)。
2. 把這些值填進表格：

Name	Species	Age
Benjamin Sisko	Human	40
Jadzia Dax	Trill	300
Kira Nerys	Bajoran	29

3. 把 `Jadzia Dax` 的名字更新成 `Ezri Dax`。
4. 顯示表格裡分類是 `Bajoran` 的所有人的 `Name` 和 `Age`。

15.2 其他 SQL 資料庫的套件

如果你想用 Python 來存取其他的 SQL 資料庫，大多的基本語法會和你剛剛在 SQLite 學到的相同。不過你還需要安裝額外的套件來和其他資料庫互動，因為 Python 的內建套件只能存取 SQLite。

很多 SQL 資料庫都有對應的 Python 第三方套件可以使用。以下是一些常用又可靠的開放原始碼資料庫和對應的套件名稱：

- pyodbc（https://github.com/mkleehammer/pyodbc/wiki）連接到 ODBC（Open Database Connectivity）資料庫，例如 Microsoft SQL Server。
- psycopg2（http://initd.org/psycopg/docs/）連接到 PostgreSQL 資料庫。
- PyMySQL（https://pymysql.readthedocs.io/en/latest/）連接到 MySQL 資料庫。

除了 SQL 語言的實際語法會略有不同之外，SQLite 和其他資料庫引擎最大的差別是，大多數資料庫都需要使用者帳號和密碼才能連接。使用前記得查閱你要使用的套件的說明文件，確認建立資料庫連接的正確語法。

SQLAlchemy（https://www.sqlalchemy.org/）套件是另一個很受歡迎的資料庫工具，這是一個物件關係對映器（object-relational mapper，ORM），使用物件導向範式來建構資料庫的查詢，可以連接到各種資料庫。物件導向的設計讓你可以不需要寫 SQL 敘述就進行查詢。

15.3 摘要與額外資源

在這一章，你學會用 sqlite3 套件和 Python 內建的 SQLite 資料庫引擎互動。SQLite 是一個小巧輕便的 SQL 資料庫管理系統，可以讓 Python 程式存取資料庫。

使用 SQLite 資料庫之前，要先用 `sqlite3.connect()` 連接到現有的資料庫或建立一個新的資料庫，這會傳回一個 `Connection` 物件。然後你可以用 `Connection.cursor()` 方法來取得一個 `Cursor` 物件。

`Cursor` 物件是用來執行 SQL 敘述和提取查詢結果的。例如，`cursor.execute()` 和 `cursor.executescript()` 可以執行 SQL 查詢；`cursor.fetchone()` 和 `cursor.fetchall()` 可以提取查詢結果。

最後，你認識了幾個可以連接其他 SQL 資料庫的第三方套件，像是連接 PostgreSQL 資料庫的 psycopg2 和連接 Microsoft SQL Server 的 pyodbc，另外還有 SQLAlchemy 函式庫，提供了連接到各類 SQL 資料庫的標準介面。

互動式測驗

這一章有免費的線上測驗，可以確認你的學習進度。你可以使用手機或電腦到這個網址進行測驗：https://realpython.com/quizzes/pybasics-databases/

額外資源

想要更深入瞭解資料庫的處理，可以參考以下資源：

- Introduction to Python SQL Libraries（https://realpython.com/python-sql-libraries/）
- Preventing SQL Injection Attacks With Python（https://realpython.com/prevent-python-sql-injection/）

如果想進一步提升你的 Python 實力，歡迎查看：https://realpython.com/python-basics/resources/。

網站操作

網際網路可能是世界上最巨大的資訊來源，不過同時也是錯誤資訊的淵藪。許多不同領域，例如資料科學、商業智慧和調查報導，都可以從網站收集和分析資料中受益匪淺。

網站抓取（Web scraping）就是從網路上收集和解析資料的程序，Python 社群已經開發出不少強大的網站抓取工具。

如果你有使用 HTML 的經驗，在這一章會很有幫助。

在這章你會學到：

- ▶ 用字串方法和常規表達式解析網站資料
- ▶ 用 HTML 解析器解析網站資料
- ▶ 和表單或其他網站組件互動

16.1 從網站上抓取和解析文字

用自動化程序從網站收集資料就稱為網站抓取。有些網站會明確規定，禁止使用者用這章介紹的自動工具來抓取資料，這有兩個可能的原因：

1. 網站需要保護資料。例如 Google 地圖不允許在短時間內要求大量搜尋結果。
2. 向網站伺服器重複發出資料請求可能會耗盡網站的頻寬，降低其他人使用網站的速度，甚至讓伺服器過載，造成網站完全停止回應。

重要事項

在抓取網站資料之前，務必先閱讀該網站的使用政策，確認使用自動工具存取資料是否違反使用條款。在網站禁止的情況做網站抓取很有可能觸法，請讀者多加留意。

我們從抓取單一網頁裡的 HTML 碼開始吧。我們已經在 Real Python 網站上設置了這章會用到的網頁，讓你方便實作。

網站抓取

Python 的標準函式庫有一個 urllib 套件，其中包含處理 URL（Uniform Resource Locator，統一資源定位符，俗稱為網頁位址，或是簡稱為網址）的工具，特別是 `urllib.request` 模組裡的函式 `urlopen()`，可以在程式裡開啟網址。

在 IDLE 的互動視窗導入 `urlopen()`：

```
>>> from urllib.request import urlopen
```

設定要開啟的 Aphrodite 網址字串，這是我們製作的簡單練習網頁：

```
>>> url = "http://olympus.realpython.org/profiles/aphrodite"
```

把 `url` 變數傳給 `urlopen()` 來開啟網頁：

```
>>> page = urlopen(url)
```

`urlopen()` 會傳回一個 `HTTPResponse` 物件：

```
>>> page
<http.client.HTTPResponse object at 0x105fef820>
```

用 `HTTPResponse` 物件的 `.read()` 方法，從網頁提取 HTML 碼。`.read()` 會回傳一串位元組，接著再用 `.decode()` 方法以 UTF-8（關於編碼，可以在 12.5 節複習）解碼成字串。

```
>>> html_bytes = page.read()
>>> html = html_bytes.decode("utf-8")
```

現在你可以顯示 `html`，查看網頁的內容：

```
>>> print(html)
<html>
<head>
<title>Profile: Aphrodite</title>
</head>
<body bgcolor="yellow">
<center>
<br><br>
<img src="/static/aphrodite.gif" />
<h2>Name: Aphrodite</h2>
<br><br>
Favorite animal: Dove
<br><br>
Favorite color: Red
<br><br>
```

Next

```
Hometown: Mount Olympus
</center>
</body>
</html>
```

有了文字格式的 HTML，你就可以用各種方式從中提取資訊。

編註：什麼是 HTML？

HTML（**H**yper**T**ext **M**arkup **L**anguage，超文本標記語言）是用來建立網頁的標記語言，主要負責網頁的結構。在上面的 HTML 可以看見許多角括弧（又稱尖括弧）的標籤，大部分會成對出現，如 **`<head>`**、**`</head>`**；沒有斜線的是起始標籤，帶有斜線的則是結尾標籤，兩個標籤加上中間的內容則合稱 HTML 元素。HTML 元素的內容也可以包含其他 HTML 元素，像上方的 **`html`** 元素裡包含了 **`head`** 元素，**`head`** 元素裡又包含了 **`title`** 元素。

不同的 HTML 元素在網頁中有不同功能，了解這些功能才能有效抓取網站資訊。如果還不熟悉也沒有關係，本章的範例都會附上說明。

用字串方法提取 HTML 裡的文字

字串方法是從網頁的 HTML 碼提取資訊的方式之一。例如，你可以用 `.find()` 在 HTML 碼搜索 `<title>` 標籤，取得網頁的標題（**編註**：`title` 元素的內容就是網頁標題），我們用剛才的範例來試試。如果知道 `<title>` 起始標籤後的第一個字元和 `</title>` 結尾標籤的前一個字元這兩者的索引，那就能使用字串切片（見 4.2 節）來提取網頁的標題。

因為 `.find()` 會傳回子字串第一次出現的索引，你可以把字串 `"<title>"` 傳給 `.find()` 來取得 `<title>` 標籤左括號 `<` 的索引：

```
>>> title_index = html.find("<title>")
>>> title_index
14
```

不過我們要的不是 `<title>` 標籤的左括號，而是需要右括號後面的第一個字元，也就是標題第一個字的索引。可以把 `title_index` 再加上字串 `"<title>"` 的長度：

```
>>> start_index = title_index + len("<title>")
>>> start_index
21
```

現在把字串 "</title>" 也傳給 .find()，取得結尾標籤 </title> 的左括號索引：

```
>>> end_index = html.find("</title>")
>>> end_index
39
```

最後，我們可以用 html 的字串切片提取標題：

```
>>> title = html[start_index:end_index]
>>> title
'Profile: Aphrodite'
```

和這個 Aphrodite 網頁上的 HTML 碼相比，實際的 HTML 會複雜很多，而且內容難以預測。另一個 Poseidon 網頁的 HTML 碼比較混亂一點，你可以在 http://olympus.realpython.org/profiles/poseidon 抓取。我們試試看用上一個範例的方法，從這個網址提取標題：

```
>>> url = "http://olympus.realpython.org/profiles/poseidon"
>>> page = urlopen(url)
>>> html = page.read().decode("utf-8")
>>> start_index = html.find("<title>") + len("<title>")
>>> end_index = html.find("</title>")
>>> title = html[start_index:end_index]
>>> title
'\n<head>\n<title >Profile: Poseidon'
```

糟了，標題裡混了一些 HTML 碼進去！怎麼會這樣？

Poseidon 網頁的 HTML 碼看起來和 Aphrodite 的很像，不過有一點點不同。title 元素的起始標籤在 > 之前多了一個空格，變成 <title >。

因為確切的子字串 `"<title>"` 不存在，`html.find("<title>")` 就會傳回 `-1`。`-1` 加上 `len("<title>")` 之後，`start_index` 變數的值就是 `6`。而字串 `html` 裡索引 `6` 的字元，是在 `<head>` 標籤的 `<` 前面的換行字元（`\n`）。因此 `html[start_index:end_index]` 會傳回從這個換行字元開始到 `</title>` 標籤前面的所有內容。

這樣的問題會以各種不可預測的方式發生，我們需要一種更可靠的方法來提取 HTML 的文字。

常規表達式入門

常規表達式（Regular expression 或簡稱 **regex**、**RE）**（https://zh.wikipedia.org/wiki/常規表達式）是一種可以在字串裡搜索特定文字的格式，Python 只要導入標準函式庫的 `re` 模組，就可以使用常規表達式。

```
>>> import re
```

小提醒

常規表達式並不是 Python 特有的，這是一個通用的程式概念，任何程式語言都能使用。

常規表達式使用稱為**中繼字元（metacharacter）**的特殊字元來表示不同的格式。例如，星號字元（*）代表在星號之前的字元可以重複任意次數，也可以一個都沒有。

編註：常規表達式有點類似於 12.3 節搜尋檔案的萬用字元。雖然符號不同，但是用格式進行字串匹配的概念大同小異。另外，萬用字元是在許多字串裡找出匹配的字串，常規表達式則是在字串裡找出所有匹配的子字串。

在下面的範例，我們用 `re.findall()` 來查找字串裡和特定常規表達式匹配的部分：

```
>>> re.findall("ab*c", "ac")
['ac']
```

re.findall() 的第 1 個參數是要匹配的常規表達式，第 2 個參數是要被測試的字串。在這個範例，我們要在字串 "ac" 裡搜尋 "ab*c" 格式。

常規表達式 "ab*c" 可以匹配的字串是 a 開頭、c 結尾，並且在兩者之間沒有字元或是有任意個 "b"。re.findall() 會傳回一個 list，裡面是有所有成功匹配的結果。因為只有子字串 "ac" 和這個格式匹配，所以在傳回的 list 裡面只有 "ac"。

接著用相同的格式來匹配不同字串：

```
>>> re.findall("ab*c", "abcd")
['abc']
>>> re.findall("ab*c", "acc")
['ac']
>>> re.findall("ab*c", "abcac")
['abc', 'ac']
>>> re.findall("ab*c", "abdc")
[]
```

注意，如果沒有找到匹配的部分，.findall() 還是會傳回一個空的 list。

常規表達式的匹配有區分大小寫，如果想要不分大小寫匹配，也可以傳第 3 個參數，re.IGNORECASE 給 .findall()：

```
>>> re.findall("ab*c", "ABC")
[]

>>> re.findall("ab*c", "ABC", re.IGNORECASE)
['ABC']
```

接著來試試另一個中繼字元，句點（.），這在常規表達式裡會匹配任何單一字元。例如，你可以用常規表達式找到用一個字元分隔字母 a 和 c 的子字串，如下所示：

```
>>> re.findall("a.c", "abc")
['abc']
>>> re.findall("a.c", "abbc")
[]
>>> re.findall("a.c", "ac")
[]
>>> re.findall("a.c", "acc")
['acc']
```

我們再把 . 和 * 結合在一起使用，.* 會匹配重複任意次數的任何字元。例如 "a.*c" 可以查找 a 開頭、c 結尾的任何子字串，不論中間有多少字元：

```
>>> re.findall("a.*c", "abc")
['abc']
>>> re.findall("a.*c", "abbc")
['abbc']
>>> re.findall("a.*c", "ac")
['ac']
>>> re.findall("a.*c", "acc")
['acc']
```

一般來說，我們會用函式 re.search() 來搜索字串裡的特定格式。這個函式比 re.findall() 稍微複雜一點，它會傳回一個 MatchObject 物件，裡面會儲存第一個匹配子字串的一些資料。這些資料除了匹配的內容外，還有索引、字串長度等等，在這裡不會細講。現在先在 MatchObject 上呼叫 .group()，這會傳回第一個匹配字串，在大多數情況下只需要這個功能就夠了：

```
>>> match_results = re.search("ab*c", "ABC", re.IGNORECASE)
>>> match_results.group()
'ABC'
```

re 模組裡還有一個解析文字的函式 .sub()。這是 substitute 的縮寫，可以用新的文字取代字串裡和常規表達式匹配的文字，運作方式有點像第 4 章學到的 .replace() 字串方法。

傳給 re.sub() 的引數要有 3 個：常規表達式、用來取代的文字、目標字串。範例如下：

```
>>> string = "Everything is <replaced> if it's in <tags>."
>>> string = re.sub("<.*>", "ELEPHANTS", string)
>>> string
'Everything is ELEPHANTS.'
```

這個結果可能和你預想的不太一樣？

程式並沒有出錯，re.sub() 會用常規表達式 "<.*>" 來尋找和取代第一個 < 和最後一個 > 之間的所有內容，也就是從 <replaced> 的 < 到 <tags> 的 >。這是因為 Python 的常規表達式是**貪婪的**（**greedy**），也就是說，使用 * 這種字元的時候，會盡可能找到最長的匹配字串。

替代方案是，你可以改用**非貪婪**（**non-greedy**）匹配格式 *?，它的運作方式和 * 幾乎一樣，只是改成在字串裡尋找匹配的最短文字：

```
>>> string = "Everything is <replaced> if it's in <tags>."
>>> string = re.sub("<.*?>", "ELEPHANTS", string)
>>> string
"Everything is ELEPHANTS if it's in ELEPHANTS."
```

用常規表達式提取 HTML 裡的文字

學會這些之後，現在可以試試從 http://olympus.realpython.org/profiles/dionysus 解析標題，網頁裡包含了這段「不小心」寫得很怪的 HTML（這樣的 HTML 還是會正常運作）：

```
<TITLE >Profile: Dionysus</title / >
```

.find() 字串方法很難處理這種格式混亂的狀況，但是巧妙利用常規表達式，你就可以有效的處理這個問題：

```
import re
from urllib.request import urlopen
url = "http://olympus.realpython.org/profiles/dionysus"
page = urlopen(url)
html = page.read().decode("utf-8")
pattern = "<title.*?>.*?</title.*?>"
match_results = re.search(pattern, html, re.IGNORECASE)
title = match_results.group()
title = re.sub("<.*?>", "", title)  # 移除 HTML 標籤
print(title)
```

先把 pattern 字串裡的常規表達式分解成 3 個部分來仔細看看：

1. <title.*?> 會匹配 HTML 的 <TITLE > 標籤。因為 re.search() 是用 re.IGNORECASE 呼叫的，所以 <title 可以和 <TITLE 匹配；而 .*?> 則會匹配 <TITLE 後面一直到第一個 > 之間的所有文字（在這裡就是一個空格和一個右括號）。

2. .*? 從 <TITLE > 後面開始匹配，直到下一個部分 </title.*?> 為止。

3. </title.*?> 和第一部分的不同之處在於多了 / 字元，用來匹配 </title /> 結尾標籤。

接下來再看看倒數第 2 行程式的常規表達式 "<.*?>"，這會匹配 title 字串裡的所有 HTML 標籤，然後 re.sub() 用 "" 取代所有的匹配結果，也就是刪除所有標籤，只傳回標題內容。

如果使用得當，常規表達式會是一個很強大的工具。目前介紹的內容還只是皮毛，有關常規表達式的更多資訊，可以參考：

- Regular Expressions: Regexes in Python (Part 1)(https://realpython.com/regex-python/)
- Regular Expressions: Regexes in Python (Part 2)(https://realpython.com/regex-python-part-2/)

小提醒

網站抓取通常會是個苦差事。每個網站的組織方式都不一樣，裡頭密密麻麻的 HTML 可能雜亂無章。更麻煩的是，網站隨時會修改，因此就算現在可以運作，也不保證明年 (甚至明天) 就不會出問題！

練習題

你可以在 https://www.flag.com.tw/bk/st/F3747 找到這些練習題的解答

1. 寫一個程式，從 http://olympus.realpython.org/profiles/dionysus 網頁抓取完整的 HTML。
2. 用 `.find()` 字串方法顯示 `"Name:"` 和 `"Favorite Color:"` 後面的文字 (不包括空格或 HTML 標籤)。
3. 改用常規表達式完成練習題 2。常規表達式的結尾應該設定成 `"<"` (HTML 標籤的開頭) 或 `"\n"` (換行字元)，取出匹配的字串後，再用 `.strip()` 字串方法刪除換行字元或額外的空格。

16.2 使用 HTML 解析器抓取網站

儘管常規表達式非常適合字串匹配，不過專門分析 HTML 的 HTML 解析器（HTML parser）會更容易使用。相關的 Python 工具有很多，從 Beautiful Soup 函式庫入門是個很好的開始。

安裝 Beautiful Soup 函式庫

在終端視窗執行以下指令，安裝 Beautiful Soup：

```
$ python -m pip install beautifulsoup4
```

執行 `pip show`，查看你剛安裝的套件的資訊：

```
$ python -m pip show beautifulsoup4
Name: beautifulsoup4
Version: 4.11.1
Summary: Screen-scraping library
Home-page: http://www.crummy.com/software/BeautifulSoup/bs4/
Author: Leonard Richardson
Author-email: leonardr@segfault.org
License: MIT
Location: c:\realpython\venv\lib\site-packages
Requires: soupsieve
Required-by:
```

編輯這本書的時候，Beautiful Soup 的最新版本是 4.11.1。新版本的內容可能會有些微差異。

建立 BeautifulSoup 物件

在新的編輯視窗輸入下列程式：

```
from bs4 import BeautifulSoup
from urllib.request import urlopen
url = "http://olympus.realpython.org/profiles/dionysus"
page = urlopen(url)
html = page.read().decode("utf-8")
soup = BeautifulSoup(html, "html.parser")
```

這個程式會做 3 件事情：

1. 用 `urllib.request` 模組的 `urlopen()` 來開啟 http://olympus.realpython.org/profiles/dionysus
2. 從網頁讀取整個 HTML，作為字串指派給 `html` 變數。
3. 建立一個 `BeautifulSoup` 物件，指派給 `soup` 變數。

指派給 `soup` 的 `BeautifulSoup` 物件是用 2 個引數建立的，第 1 個引數是要解析的 `html` 字串，第 2 個引數則用來指定解析器種類，`"html.parser"` 是 Python 內建的 HTML 解析器。最後儲存並執行上述程式。

使用 BeautifulSoup 物件

程式執行後，就可以在互動視窗裡透過 `soup` 變數用各種方式解析 `html` 的內容。例如 `BeautifulSoup` 物件有一個 `.get_text()` 方法，可以從文件裡提取所有文字，自動刪除所有 HTML 標籤。

在 IDLE 的互動視窗輸入這行程式碼：

```
>>> print(soup.get_text())


Profile: Dionysus


                                                      Next
```

```
Name: Dionysus
Hometown: Mount Olympus
Favorite animal: Leopard
Favorite Color: Wine
```

輸出裡有很多空行！這些是 HTML 文件的換行字元造成的結果。需要的話，可以用 `.replace()` 字串方法來刪除。

通常你只會需要從 HTML 文件取得特定的文字，所以用 Beautiful Soup 全部提取之後再用 `.find()` 字串方法尋找，有時候會比常規表達式容易很多。

不過抓取資料還有不少學問，我們來看看另一種情況。有時候 HTML 標籤本身就包含你想要查詢的資料，例如你想找出網頁上所有圖片的來源路徑，這個資訊就在 HTML 標籤 `<img>` 的 `src` 屬性裡。這種時候你可以用 `.find_all()` 傳回指定標籤組成的 list：

```
>>> soup.find_all("img")
[<img src="/static/dionysus.jpg"/>, <img src="/static/grapes.png"/>]
```

編註：在 HTML 起始標籤裡可以加上標籤的屬性，用來指定標籤的性質。`<img>` 標籤是 image 的縮寫，用來表示網頁上的圖片；`src` 代表 source，可以在 `<img>` 標籤指定圖片的來源路徑。

這行程式碼會以 list 傳回 HTML 裡所有的 `<img>` 標籤。這些 `<img>` 標籤雖然看起來像字串，但其實是 Beautiful Soup 的 `Tag` 類別產生的物件。`Tag` 物件有一個簡單的介面可以處理標籤裡的資訊。

我們先把 list 解包，看看裡面的 `Tag` 物件：

```
>>> image1, image2 = soup.find_all("img")
```

每個 Tag 物件都有一個 .name 屬性，用字串表示 HTML 標籤的類型：

```
>>> image1.name
'img'
```

你還可以把屬性名稱放在中括號 [] 裡存取 Tag 物件的 HTML 屬性，就好像這些屬性是字典裡的鍵一樣。

例如 <img src="/static/dionysus.jpg"/> 標籤裡有一個 src 屬性，值是 "/static/dionysus.jpg"。這個連結標籤 <a href="https://realpython.com" target="_blank"> 則有兩個屬性，href 和 target。(**編註**：<a> 代表 anchor，錨點元素，也就是網頁上的超連結。)

你可以用中括號取 src 屬性的內容，得到網頁裡的圖片來源路徑：

```
>>> image1["src"]
'/static/dionysus.jpg'
>>> image2["src"]
'/static/grapes.png'
```

BeautifulSoup 物件還有一些屬性可以直接取得 HTML 的某些標籤。例如 .title 屬性可以取得 <title> 標籤：

```
>>> soup.title
<title>Profile: Dionysus</title>
```

如果你到 Dionysus 的網頁(http://olympus.realpython.org/profiles/dionysus)，在頁面點右鍵，選擇 **檢視頁面來源**(Edge)/ **檢視網頁原始碼**(Chrome)，你會發現本來的 <title> 標籤是這樣：

```
<TITLE >Profile: Dionysus</title  / >
```

Beautiful Soup 會自動整理標籤，像是刪除起始標籤的空格並轉換成小寫，還有刪除結尾標籤裡多餘的斜線。

你也可以用 `Tag` 物件的 `.string` 屬性取得 `<title></title>` 標籤裡面的字串：

```
>>> soup.title.string
'Profile: Dionysus'
```

Beautiful Soup 有個很好用的功能。對 `.find_all()` 額外指定屬性的引數，就可以搜索特定類型、特定屬性的標籤。例如要查找 `src` 屬性等於 `/static/dionysus.jpg` 的所有 `<img>` 標籤，可以這樣呼叫：

```
>>> soup.find_all("img", src="/static/dionysus.jpg")
[<img src="/static/dionysus.jpg"/>]
```

在這個範例沒辦法明顯表現這一招的厲害之處。很多網站的 HTML 結構極其複雜，但是把整個網站抓下來後，通常只需要其中一小部分。觀察過 HTML 原始碼之後，你通常會識別出具有某個屬性的標籤就是你需要提取的資料。比起用複雜的常規表達式或 `.find()` 來搜尋，直接撈出重要的標籤才是最有效率的方法。

如果你發現 Beautiful Soup 沒有你需要的某個功能，也可以試試 lxml（https://lxml.de/）函式庫。雖然 lxml 函式庫比較難上手，但在解析 HTML 文件方面比 Beautiful Soup 更加靈活。建議你熟悉 Beautiful Soup 之後，也可以認識一下 lxml 函式庫的功能。

小提醒

在尋找網頁裡的特定資料時，Beautiful Soup 之類的 HTML 解析器可以節省大量時間和精力。然而，有些 HTML 寫得實在太糟糕又雜亂無章，即使像 Beautiful Soup 這樣精密的解析器也可能無法正確解析。這種狀況就只能土法煉鋼（例如用 `.find()` 和常規表達式），慢慢嘗試找出需要的資訊。

練習題

你可以在 https://www.flag.com.tw/bk/st/F3747 找到這些練習題的解答

1. 寫一個程式，從網頁 http://olympus.realpython.org/profiles 抓取完整的 HTML 碼。
2. 利用 Beautiful Soup 查找名稱為 a 的 HTML 標籤，檢查每個標籤的 `href` 屬性，把網頁上的所有連結一一列出。
3. 把連結的路徑還原成完整網址後，用這些連結獲取每個網頁的 HTML 原始碼，再用 Beautiful Soup 的 `.get_text()` 方法取出沒有 HTML 標籤的文字。

16.3 操作 HTML 表格

這章前半段使用的 urllib 模組非常適合取得網頁的內容，但有時候必須和網頁互動才能獲得需要的資料。例如，你可能要提交表單或點擊按鈕才會顯示某些內容。

Python 標準函式庫沒有處理互動式網頁的方法，但 PyPI 提供了很多第三方套件。其中 MechanicalSoup 是很受歡迎、使用起來也相對簡單的套件。

MechanicalSoup 會安裝所謂的**無頭瀏覽器（headless browser）**，這是一種沒有圖形介面的網路瀏覽器，只能透過 Python 程式來控制。

安裝 MechanicalSoup

你可以在終端視窗用 pip 安裝 MechanicalSoup：

```
$ python -m pip install MechanicalSoup
```

用 `pip show` 檢視套件的詳細資訊：

```
$ python -m pip show mechanicalsoup
Name: MechanicalSoup
Version: 1.2.0
Summary: A Python library for automating interaction with websites
Home-page: https://mechanicalsoup.readthedocs.io/
Author:
Author-email:
License: MIT
Location: c:\realpython\venv\lib\site-packages
Requires: beautifulsoup4, lxml, requests
Required-by:
```

編輯本文時 Mechanicalsoup 的最新版本是 1.2.0，新版本的內容可能會有些微差異。現在重新啟動你的 IDLE 視窗，才能使用剛安裝的 MechanicalSoup。

建立 Browser 物件

在 IDLE 的互動視窗輸入以下內容：

```
>>> import mechanicalsoup
>>> browser = mechanicalsoup.Browser()
```

`Browser` 物件就是代表無頭瀏覽器。你可以把網址傳給 `Browser` 物件的 `.get()` 方法，對網站發出**請求（request）**，嘗試取得網頁內容：

```
>>> url = "http://olympus.realpython.org/login"
>>> page = browser.get(url)
```

`page` 是一個 `Response` 物件，用來儲存從網路伺服器得到的回應：

```
>>> page
<Response [200]>
```

數字 200 是網站傳回的 **HTTP 狀態碼**，狀態碼 200 表示請求成功。如果請求的網址不存在，就會顯示 404 狀態碼；如果過程中出現伺服器錯誤，狀態碼會顯示 500。

MechanicalSoup 會使用 Beautiful Soup 來解析 HTML。`page` 有一個 `.soup` 屬性，是一個 `BeautifulSoup` 物件：

```
>>> type(page.soup)
<class 'bs4.BeautifulSoup'>
```

你可以用 `.soup` 屬性檢視 HTML 的內容：

```
>>> page.soup
<html>
<head>
<title>Log In</title>
</head>
<body bgcolor="yellow">
<center>
<br/><br/>
<h2>Please log in to access Mount Olympus:</h2>
<br/><br/>
<form action="/login" method="post" name="login">
Username: <input name="user" type="text"/><br/>
Password: <input name="pwd" type="password"/><br/><br/>
<input type="submit" value="Submit"/>
</form>
</center>
</body>
</html>
```

可以看到頁面裡有一個 `<form>` 表單標籤，內容有 `Username`（使用者名稱）、`Password`（密碼），還有三個 `<input>` 輸入標籤。這些在網頁上會怎麼顯示呢？

在你慣用的瀏覽器開啟這個登入網頁（http://olympus.realpython.org/login），試試隨機輸入一組使用者名稱和密碼。如果你猜錯了，在頁面底部會顯示 Wrong username or password!（錯誤的使用者名稱或密碼！）。

如果你輸入正確的登入資訊（使用者名稱是 zeus、密碼是 ThunderDude），那網站就會把你導向個人簡介頁面（http://olympus.realpython.org/profiles）。

我們來看看怎麼用 MechanicalSoup 填寫和提交這個登入表單。

用 MechanicalSoup 提交表單

上一段 HTML 碼的重點就在登入表單，也就是 `<form>` 標籤的所有內容（又可以稱為 `form` 元素）。這個 `<form>` 表單標籤的 `name` 屬性是 `login`；表單裡的 `<input>` 元素，第一個的 `name` 是 `user`，第二個是 `pwd`，第三個 `<input>` 元素則是 `Submit` 按鈕，沒有 `name` 屬性。

現在看過了表單的內部結構，也知道登入時需要的名稱、密碼，就可以來寫一個能填寫表單並提交的程式。在新的編輯視窗輸入以下程式碼：

```
import mechanicalsoup

# 1
browser = mechanicalsoup.Browser()
url = "http://olympus.realpython.org/login"
login_page = browser.get(url)
login_html = login_page.soup

# 2
form = login_html.select("form")[0]
form.select("input")[0]["value"] = "zeus"
```

Next

```
form.select("input")[1]["value"] = "ThunderDude"

# 3
profiles_page = browser.submit(form, login_page.url)
```

存檔再按 F5 來執行程式。你可以在互動視窗輸入這些內容來確認你已經成功登入：

```
>>> profiles_page.url
'http://olympus.realpython.org/profiles'
```

現在來說明上面的範例：

1. 建立一個 `Browser` 物件，用來向登入網頁送出請求，然後用 `.soup` 屬性把網頁的 HTML 內容指派給 `login_html` 變數。

2. `login_html.select("form")` 會傳回一個 list，內容是頁面上所有的 `form` 元素。這個頁面上只有一個 `<form>` 元素，所以用索引 `0` 就能取出我們要使用的表單。接下來的兩行程式，用 `.select()` 方法選中使用者名稱和密碼的 `<input>` 標籤，增加 `value` 屬性，把屬性值分別設為 `"zeus"` 和 `"ThunderDude"`。

3. 最後用 `browser.submit()` 來提交表單。注意 `.submit()` 傳了兩個引數：`form` 物件和 `login_page` 的網址（可以用 `login_page.url` 取得）。

你可以在互動視窗用 `profiles_page.url` 確認表單提交成功，頁面也導向到個人簡介網頁（http://olympus.realpython.org/profiles）了。如果某個環節出錯，`profiles_page.url` 的值就仍然會是登入頁面 http://olympus.realpython.org/login。

小提醒

駭客可以透過像這樣的自動化程式，使用**蠻力攻擊法(brute force)**快速嘗試大量的使用者名稱和密碼，直到找到正確的組合來登入。

這種行為除了嚴重違法之外，如果你登入失敗太多次，幾乎所有的網站都會把你封鎖，記錄你的 IP 位址，所以請不要嘗試！

現在我們已經設定了 `profiles_page` 變數，可以來看看要怎麼用程式取得頁面上每個連結的網址。

再次使用 `.select()` 方法，這次傳入字串 `"a"`，選擇頁面上的所有 `<a>` 元素(超連結)：

```
>>> links = profiles_page.soup.select("a")
```

現在你可以走訪每個連結，找出 `href` 屬性：

```
>>> for link in links:
...     address = link["href"]
...     text = link.text
...     print(f"{text}: {address}")
...
Aphrodite: /profiles/aphrodite
Poseidon: /profiles/poseidon
Dionysus: /profiles/dionysus
```

`href` 屬性裡的網址都是相對網址，如果想用 MechanicalSoup 瀏覽這些連結，相對網址是派不上用場的。不過如果你碰巧知道完整的網址，就可以取出需要的部分和相對網址合併，建構完整的網址。在這個例子，上層的網址就是 http://olympus.realpython.org，你可以把這個網址和 `href` 屬性裡的相對網址連接起來：

```
>>> base_url = "http://olympus.realpython.org"
>>> for link in links:
...     address = base_url + link["href"]
...     text = link.text
...     print(f"{text}: {address}")
...
Aphrodite: http://olympus.realpython.org/profiles/aphrodite
Poseidon: http://olympus.realpython.org/profiles/poseidon
Dionysus: http://olympus.realpython.org/profiles/dionysus
```

雖然你用 `.get()`、`.select()` 和 `.submit()` 就已經做到很多事情了，但 MechanicalSoup 還有更多功能。要了解更多資訊，請查看官方的說明文件（https://mechanicalsoup.readthedocs.io/en/stable/）。

練習題

你可以在 https://www.flag.com.tw/bk/st/F3747 找到這些練習題的解答

1. 用 `MechanicalSoup` 向登入網頁（http://olympus.realpython.org/login）提交表單，使用正確的使用者名稱（`"zeus"`）和密碼（`"ThunderDude"`）。
2. 顯示目前頁面的標題，確定你已經到達個人簡介網頁（http://olympus.realpython.org/profiles）。
3. 用 `MechanicalSoup` 返回上一頁（登入頁面）。
4. 在登入表單填入錯誤的使用者名稱和密碼，然後在傳回的網頁 HTML 碼搜尋 `Wrong username or password!` 訊息，確認登入失敗。

16.4 即時與網站互動

有些網站會不斷更新，你可能會想要隨時取得即時的資料。在學 Python 之前，你只能在瀏覽器不斷按重新載入，確認有沒有新的內容。但是現在你可以建立一個 MechanicalSoup 的 `Browser` 物件，用 `.get()` 方法自動執行這個程序。

開啟瀏覽器，連到我們的丟骰子網頁（http://olympus.realpython.org/dice），這個頁面會模擬投擲一個六面骰子，每次重新載入這個頁面都會重新投擲。我們要寫一個程式，反覆抓取網頁，取得新的結果。

第一件事是確認網頁的哪個元素是擲骰子的結果。在網頁的任何位置點擊右鍵，選擇 **檢視頁面來源**（Edge）/ **檢視網頁原始碼**（Chrome）。在原始碼一半多一點的地方可以看到像這樣的 `<h2>` 標籤：

```
<h2 id="result">4</h2>
```

你看到的標籤裡的數字可能會不一樣，不過這就是我們要找的元素沒錯。

我們先從一個簡單的程式開始，這個程式會開啟擲骰子網頁，把抓取結果顯示到互動視窗：

```
import mechanicalsoup

browser = mechanicalsoup.Browser()
page = browser.get("http://olympus.realpython.org/dice")
tag = page.soup.select("#result")[0]
result = tag.text
print(f" 擲骰子的結果是： {result}")
```

這個範例用 BeautifulSoup 物件的 .select() 方法來查找屬性有 id="result" 的元素。傳給 .select() 的字串 "#result" 是使用 CSS 語法的 ID 選擇器（https://developer.mozilla.org/en-US/docs/Web/CSS/ID_selectors）# 來指定 result 必須要是一個 id 值。

小提醒

在這個範例，你可以很簡單就確認只有一個元素有 id="result" 屬性。雖然 id 屬性的值照理來說是獨一無二的，不過實務上你還是該檢查一下這個元素真的是你想找的元素。

如果要定期獲得新的結果，就建立一個迴圈，在每一輪迴圈都重新載入頁面。上面程式碼的 browser = Mechanicalsoup.Browser() 以下都要放進迴圈的主體區塊。

除此之外，我們希望能以 10 秒為間隔，擲四次骰子就好，所以在程式碼最後一行還需要讓 Python 暫停運行 10 秒鐘。這可以用 Python 的 time 模組裡的 sleep() 來辦到。sleep() 會接受一個引數，以秒為單位暫停程式裡的時間。

這裡示範 sleep() 如何運作：

```
import time

print("等待五秒 ...")
time.sleep(5)
print("等待完畢")
```

執行這個程式，你會看到第一個 print() 執行完之後停止了 5 秒才顯示「等待完畢」。那在擲骰子的程式，就把數字 10 傳給 sleep()，以下是更新後的程式：

```
import time
import mechanicalsoup

browser = mechanicalsoup.Browser()

for i in range(4):
    page = browser.get("http://olympus.realpython.org/dice")
    tag = page.soup.select("#result")[0]
    result = tag.text
    print(f"擲骰子的結果是：{result}")
    time.sleep(10)
```

執行程式後，會立即看到第 1 個結果顯示在互動視窗，十秒後會顯示第 2 個結果，然後是第 3 個、第 4 個。顯示第 4 個結果之後，程式還會繼續運行 10 秒鐘才停止。

當然，程式沒有出錯，這確實是按照程式碼執行的結果，但有點浪費時間。你可以用 if 敘述，改成只在前 3 次迴圈執行 time.sleep()：

```
import time
import mechanicalsoup

browser = mechanicalsoup.Browser()

for i in range(4):
    page = browser.get("http://olympus.realpython.org/dice")
    tag = page.soup.select("#result")[0]
    result = tag.text
    print(f"擲骰子的結果是：{result}")

    # 如果不是最後一個請求，就讓程式等待 10 秒
    if i < 3:
        time.sleep(10)
```

這個技巧可以定期從網站上抓取資料。不過，接收過多的網頁請求可能會導致伺服器當機，所以你也要注意，重複、快速、多次請求頁面，有可能被視為對網站可疑甚至惡意的使用。

重要事項

大多數網站都會公布使用條款，通常可以在網站的頁腳看到連結。

從網站抓取資料之前，請務必閱讀這些使用條款。如果你找不到使用條款，可以聯繫網站所有者，詢問是否對存取流量有任何規定。

違反使用條款可能會導致你的 IP 被封鎖，請謹慎小心並遵守規則！

練習題

你可以在 https://www.flag.com.tw/bk/st/F3747 找到這些練習題的解答

1. **像這一節的範例一樣從網頁抓取擲骰子的結果，另外也抓取擲骰子當下的時間。這個時間是某個 <p> 標籤內容字串的一部分，就在 HTML 碼的投擲結果下方不遠處。**

16.5 摘要與額外資源

儘管用 Python 標準函式庫的工具從 Web 解析資料也是可行，但 PyPI 上有很多工具可以讓過程更簡單。

在這章你學會了：

- 用 Python 內建的 urllib 模組來存取網頁
- 用 Beautiful Soup 解析 HTML
- 用 MechanicalSoup 和網站上的表單互動
- 反覆向網站請求資料以檢查更新

設計自動網頁抓取程式很有趣，而且網路上永遠不缺值得抓取的內容。但請記住，並不是每個人都樂見於你從他們的網站伺服器抓取資料。在開始網站抓取之前，務必要查看網站的使用條款，在安排你的網站請求頻率時也要尊重其他使用者，避免流量導致伺服器擁塞。

互動式測驗

這一章有免費的線上測驗，可以確認你的學習進度。你可以使用手機或電腦到這個網址進行測驗：https://realpython.com/quizzes/pybasics-web/

額外資源

想要更深入瞭解如何用 Python 和網站互動，可以參考以下資源：

- Beautiful Soup: Build a Web Scraper With Python（https://realpython.com/beautiful-soup-web-scraper-python/）
- Python and REST APIs: Interacting With Web Services（https://realpython.com/api-integration-in-python/）

如果想進一步提升你的 Python 實力，歡迎查看：https://realpython.com/python-basics/resources/。

Numpy 科學運算

Python 是科學運算和資料科學領域中最廣為使用的程式語言之一。主要的原因是 PyPI 上有大量的第三方套件，可以用在資料的操作和視覺化。從處理巨大的資料陣列到視覺化資料圖表，Python 有一切你需要的工具。

在這章你會學到：

- ▶ 建立 Numpy 陣列
- ▶ Numpy 陣列的基本運算
- ▶ Numpy 陣列的堆疊和變形

17.1 矩陣操作

這一節會學習用 NumPy 套件儲存和操作資料矩陣。不過在開始之前，我們先來看一下 NumPy 可以處理什麼樣的問題。

小提醒

這一章需要一些關於矩陣的知識。如果你不熟悉矩陣或對科學運算不感興趣，也可以先跳過這章。

在數學上，矩陣是一個矩形的數字陣列。我們先用 Python 內建的雙層 list 來建立一個矩陣：

```
>>> matrix = [[1, 2, 3], [4, 5, 6], [7, 8, 9]]
```

看起來沒什麼問題。我們之前說過，雙層 list 像有行有列的表格，所以也可以模擬行和列組成的矩陣。你可以用索引存取矩陣的各個元素，例如存取矩陣第 1 行的第 2 個元素：

```
>>> matrix[0][1]
2
```

如果要把矩陣的每個元素都乘以 2，那會需要寫一個巢狀 for 迴圈來走訪矩陣裡每一行的每個元素，就像這樣：

```
>>> for row in matrix:
...     for i in range(len(row)):
...         row[i] = row[i] * 2
...
>>> matrix
[[2, 4, 6], [8, 10, 12], [14, 16, 18]]
```

雖然用 Python 內建的功能處理矩陣並不算難，但還是要費很多功夫，才能完成簡單的矩陣運算。

在處多維陣列方面，NumPy 套件幾乎提供了所有功能。而且 NumPy 是以 C 語言編寫，又使用複雜的演算法來提高運算效率，所以相較於 Python 的內建運算，效率又高出許多。

小提醒

NumPy 也適用於科學運算以外的很多場合。像是設計遊戲時，就可以用來操作類似棋盤的方格。NumPy 陣列處理各種二維資料都很方便。

17.2 安裝 NumPy

在使用 NumPy 之前，要先用 pip 來安裝：

```
$ python -m pip install numpy
```

安裝完成之後，可以執行 `pip show` 來查看詳細資訊：

```
$ python -m pip show numpy
Name: numpy
Version: 1.23.4
Summary: NumPy is the fundamental package for array computing with
Python.
Home-page: http://www.numpy.org
Author: Travis E. Oliphant et al.
Author-email:
License: BSD
Location: c:\realpython\venv\lib\site-packages
Requires:
Required-by:
```

注意，在編輯這一章的時候，NumPy 套件的最新版本是 1.23.4，新版本的內容可能會有些微差異。

17.3 建立 NumPy 陣列

現在你已經安裝了 NumPy，我們來建立和這節的第一個例子相同的矩陣。NumPy 的矩陣是 `ndarray` 類別的物件，代表 **n 維陣列（n-dimensional array）**。

小提醒

n 維陣列是指有 n 個維度的陣列。例如，一維陣列是一個數列、二維陣列是一個矩陣，陣列也可以有 3 個、4 個或更多維度。

這一節我們會聚焦在一維和二維的陣列。

我們可以用一個巢狀 list 來建立 `ndarray` 物件。像這樣就可以用 NumPy 陣列建立前面的範例矩陣（創建 `ndarray` 的時候，可以用 `array` 別名就好）：

```
>>> import numpy as np
>>> matrix = np.array([[1, 2, 3], [4, 5, 6], [7, 8, 9]])
>>> matrix
array([[1, 2, 3],
       [4, 5, 6],
       [7, 8, 9]])
```

編註：在這裡和往後的範例，我們都會用 11.1 節提到的 `import` **<模組名稱>** `as` **<模組別稱>** 語法，把 **numpy** 命名空間改名成 **np**，縮短一點程式長度。**np** 這個別稱這在 Python 社群中也是一個不成文的慣例。

注意 NumPy 在這裡會以容易閱讀的格式來顯示矩陣。用 `print()` 顯示矩陣的時候也是如此：

```
>>> print(matrix)
[[1 2 3]
 [4 5 6]
 [7 8 9]]
```

讀取陣列元素的方式就和讀取巢狀 list 一樣：

```
>>> matrix[0][1]
2
```

不同的是，你也可以只用一組中括號來存取元素，改用逗號分隔索引：

```
>>> matrix[0, 1]
2
```

現在你可能會想知道 NumPy 陣列和 Python list 的主要區別是什麼。首先，NumPy 陣列只能保存相同資料型別的物件，例如上面範例那樣，元素全都是數值的矩陣；但 Python list 可以混合不同資料型別的物件。

來看看建立混合資料型別的 Numpy 陣列會發生什麼事：

```
>>> np.array([[1, 2, 3], ["a", "b", "c"]])
array([['1', '2', '3'],
       ['a', 'b', 'c']], dtype='<U11')
```

NumPy 沒有發出錯誤訊息，只是把每個元素都轉換為字串了。在上面輸出裡看到的 `dtype='<U11'` 代表這個陣列只能儲存最大 11 個位元組的 Unicode 字串。

自動轉換資料型別有時候會有幫助，但也有可能會很麻煩，因為不見得是轉換成你想要的型別。通常建議在建立物件之前就先把資料型別轉換成同一種，減少自動轉換造成的意外。

NumPy 陣列裡的維度會稱為**軸（axis）**。剛剛建立的 `matrix` 是一個二維陣列，也可以說有兩個軸。下面則是一個三維陣列的範例：

```
>>> matrix = np.array([
...     [[1, 2, 3], [4, 5, 6]],
...     [[7, 8, 9], [10, 11, 12]],
```

Next

```
...       [[13, 14, 15], [16, 17, 18]]
...       ])
```

存取三維陣列的元素就需要有 3 個索引：

```
>>> matrix[0][1][2]
6
>>> matrix[0, 1, 2]
6
```

如果你覺得用這種方式建立三維陣列很讓人眼花瞭亂，後面也會學到建立高維陣列更好的方法。

17.4 Numpy 陣列操作

建立了一個陣列物件後，你就可以開始發揮 NumPy 的威力了。回想一下之前的範例，你必須寫一個巢狀的 for 迴圈，就只為了把矩陣的每個元素乘以 2。在 NumPy，你只要把陣列物件乘以 2 就好：

```
>>> A = np.array([[1, 2, 3], [4, 5, 6], [7, 8, 9]])
>>> 2 * A
array([[ 2,  4,  6],
       [ 8, 10, 12],
       [14, 16, 18]])
```

至於 2 個 np.array 之間的運算則會**逐元素**（**element-wise**）執行，算符會在每一組索引相同的 np.array 元素之間執行運算：

```
>>> B = np.array([[5, 4, 3], [7, 6, 5], [9, 8, 7]])
>>> C = B - A
>>> C
array([[ 4,  2,  0],
       [ 3,  1, -1],
       [ 2,  0, -2]])
```

從計算結果可以看到，`C[0][0]` 等於 `B[0][0] - A[0][0]`，在其他索引也都是這樣。所有基本算術算符（+、-、*、/）都是逐元素進行操作的。

例如，用 `*` 算符把兩個 `np.array` 相乘的話，是把各個元素分別相乘，而不是計算線性代數的矩陣乘法：

```
>>> A = np.array([[1, 1, 1], [1, 1, 1], [1, 1, 1]])
>>> A * A
array([[1, 1, 1],
       [1, 1, 1],
       [1, 1, 1]])
```

如果要計算線性代數的矩陣乘法，就要使用 @ 算符：

```
>>> A @ A
array([[3, 3, 3],
       [3, 3, 3],
       [3, 3, 3]])
```

@ 算符是在 Python 3.5 版新增的，如果你用的是舊版 Python，就要用 `.matmul()` 函式計算矩陣乘法：

```
>>> np.matmul(A, A)
array([[3, 3, 3],
       [3, 3, 3],
       [3, 3, 3]])
```

@ 運算符實際上也只是在你看不到的地方呼叫了函式 `.matmul()`，所以這兩種做法之間沒有寫法以外的任何區別。

以下列出其他常見的矩陣操作：

```
>>> matrix = np.array([[1, 2, 3], [4, 5, 6], [7, 8, 9]])
>>> # 取得軸長度的 tuple
>>> matrix.shape
```

Next

```
(3, 3)
>>> # 取得對角線陣列
>>> matrix.diagonal()
array([1, 5, 9])
>>> # 取得包含所有元素的一維陣列
>>> matrix.flatten()
array([1, 2, 3, 4, 5, 6, 7, 8, 9])
>>> # 取得轉置矩陣
>>> matrix.transpose()
array([[1, 4, 7],
       [2, 5, 8],
       [3, 6, 9]])
>>> # 取得最小元素
>>> matrix.min()
1
>>> # 取得最大元素
>>> matrix.max()
9
>>> # 計算所有元素的平均值
>>> matrix.mean()
5.0
>>> # 計算所有元素的總和
>>> matrix.sum()
45
```

堆疊和變形陣列

現在我們來看一些把舊陣列改造成新陣列的方法。假如兩個陣列有同樣大小的軸（也就是各維度的長度都一樣），你就可以用 `np.vstack()` 垂直堆疊（vertical stack）這兩個陣列，或是用 `np.hstack()` 水平堆疊（horizontal stack）：

```
>>> A = np.array([[1, 2, 3], [4, 5, 6]])
>>> B = np.array([[7, 8, 9], [10, 11, 12]])
>>> np.vstack([A, B])
array([[ 1,  2,  3],
       [ 4,  5,  6],
       [ 7,  8,  9],
       [10, 11, 12]])
```

Next

```
>>> np.hstack([A, B])
array([[ 1, 2, 3, 7, 8, 9],
       [ 4, 5, 6, 10, 11, 12]])
```

你還可以用 `np.reshape()` 來改變陣列形狀（也就是各維度的長度）：

```
>>> A.reshape(6, 1)
array([[1],
       [2],
       [3],
       [4],
       [5],
       [6]])
```

注意 `.reshape()` 會傳回一個新的陣列，而不是直接原地修改陣列。

改變形狀之後的陣列，體積（元素的總數）必須和原本的陣列相同。例如你不能執行 `A.reshape(2, 5)`：

```
>>> A.reshape(2, 5)
Traceback (most recent call last):
  File "<stdin>", line 1, in <module>
    A.reshape(2, 5)
ValueError: cannot reshape array of size 6 into shape (2, 5)
```

在這個範例，我們試圖把 6 個元素的陣列變形成有 2 列、5 行的陣列，但這總共需要 10 個元素。

認識 `np.reshape()` 後，我們要來介紹 `np.arange()`。NumPy 的 `np.arange()` 相當於 Python 的內建函式 `range()`，兩者的主要區別在於 `np.arange()` 會傳回一個一維陣列：

```
>>> nums = np.arange(1, 10)
>>> nums
array([1, 2, 3, 4, 5, 6, 7, 8, 9])
```

np.arange() 和 range() 一樣是從第一個參數開始，在第二個參數前結束。所以 np.arange(1, 10) 會傳回數字 1 到 9 的陣列。

把 np.arange() 和 np.reshape() 組合起來建立矩陣非常方便：

```
>>> matrix = nums.reshape(3, 3)
>>> matrix
array([[1, 2, 3],
      [4, 5, 6],
      [7, 8, 9]])
```

你也可以把 np.arange() 和 np.reshape() 串在一起，用一行程式碼就寫完：

```
>>> np.arange(1, 10).reshape(3, 3)
array([[1, 2, 3],
       [4, 5, 6],
       [7, 8, 9]])
```

這個建立矩陣的技巧對於高維度的陣列特別有用。以下是用 np.arange() 和 np.reshape() 建立三維陣列的範例：

```
>>> np.arange(1, 13).reshape(3, 2, 2)
array([[[ 1, 2],
        [ 3, 4]],

       [[ 5, 6],
        [ 7, 8]],

       [[ 9, 10],
        [11, 12]]])
```

當然，並不是每個多維陣列都適合用連續的數字來建立。在不能用 np.arange() 快速建立的情況下，比較簡單的方法是先用 np.array() 建一個一維陣列，然後用 np.reshape() 把一維陣列轉換成所需的形狀：

```
>>> arr = np.array([1, 3, 5, 7, 9, 11, 13, 15, 17, 19, 21, 23])
>>> arr.reshape(3, 2, 2)
```

Next

```
array([[[ 1,  3],
        [ 5,  7]],

       [[ 9, 11],
        [13, 15]],

       [[17, 19],
        [21, 23]]])
```

上面範例傳給 np.array() 的 list 是一個等差數列，相鄰數字的差值都是 2。你也可以在 np.arange() 傳入第 3 個參數，也就是**間距（stride）**參數，同樣可以建立這類陣列：

```
>>> np.arange(1, 24, 2)
array([ 1,  3,  5,  7,  9, 11, 13, 15, 17, 19, 21, 23])
```

用 np.arange() 的間距來重寫前面的範例：

```
>>> np.arange(1, 24, 2).reshape(3, 2, 2)
array([[[ 1,  3],
        [ 5,  7]],

       [[ 9, 11],
        [13, 15]],

       [[17, 19],
        [21, 23]]])
```

你在這節學到很多用 NumPy 建立和操作多維陣列的方法，不過這只是 NumPy 功能的一小部分。這章結尾還提供了一些網站的連結，可以幫助你進一步了解 NumPy。

練習題

你可以在 https://www.flag.com.tw/bk/st/F3747 找到這些練習題的解答

1. 用 np.arange() 和 np.reshape() 建立一個 3 × 3 NumPy 陣列 A，內容是數字 3 到 11。
2. 顯示上一題 A 陣列所有元素的最小值、最大值和平均值。
3. 用 ** 算符對 A 的每個元素進行平方運算，把結果儲存成陣列 B。
4. 用 np.vstack() 把 A 堆疊在 B 上面，然後把結果儲存成陣列 C。
5. 用 @ 算符計算 C 和 A 的矩陣乘積。
6. 把 C 變形成一個 3 × 3 × 2 的陣列。

17.5 摘要與額外資源

在這章你學會用 NumPy 處理陣列和矩陣。Numpy 和科學運算，值得一整本書來深入討論。你在這章學到的主題會為你未來的科學運算、資料分析和資料科學之旅奠定堅實的基礎。

互動式測驗

這一章有免費的線上測驗，可以確認你的學習進度（測驗包含第 18 章的內容）。你可以使用手機或電腦到這個網址進行測驗：https://realpython.com/quizzes/pybasics-scientific-computing/

額外資源

- Look Ma, No For-Loops: Array Programming With NumPy（https://realpython.com/numpy-array-programming/）
- Data Science With Python Core Skills（https://realpython.com/learning-paths/data-science-python-core-skills/）

如果想進一步提升你的 Python 實力，歡迎查看：https://realpython.com/python-basics/resources/。

Matplotlib 資料視覺化

我們在上一章學到使用 NumPy 來處理陣列資料。雖然 NumPy 可以很有效的處理資料，但一般人都不喜歡閱讀大量的數字，所以就需要視覺化（visualization）的技巧，以圖表和圖形呈現這些資料。

在這章你會學到：

- ▶ 繪製基本的折線圖
- ▶ 設定圖表的樣式和文字說明
- ▶ 繪製長條圖和直方圖

18.1 用 pyplot 繪製基本圖形

你可以在終端視窗用 pip 安裝 Matplotlib：

```
$ python -m pip install matplotlib
```

然後你可以用 **pip show** 檢視套件的詳細資料：

```
$ python -m pip show matplotlib
Name: matplotlib
Version: 3.6.1
Summary: Python plotting package
Home-page: http://matplotlib.org
Author: John D. Hunter, Michael Droettboom
Author-email: matplotlib-users@python.org
License: PSF
Location: c:\realpython\venv\lib\site-packages
Requires: contourpy, cycler, fonttools, kiwisolver, numpy,
packaging, pillow, pyparsing, python-dateutil Required-by:
```

注意，編輯這一章時 Matplotlib 的最新版本是 3.6.1，新版本的內容可能會有些微差異。

小提醒

如果你曾經用 MATLAB 建立圖表，那你會發現 Matplotlib 用起來也很熟悉。其實 MATLAB 和 Matplotlib 之間的相似並不是巧合，因為 Matplotlib 的設計確實參考了 MATLAB 的繪圖介面。不過就算沒有使用過 MATLAB，你也還是會覺得 Matplotlib 既簡單又直觀。

Matplotlib 套件提供了兩種不同的繪圖方式。第一種是 pyplot 介面，這比較簡單，也是 MATLAB 的使用者熟悉的方式；第二種是利用物件導向的 API，和 pyplot 介面相比，物件導向的方式可以控制得更精細，只是概念也會更抽象。

我們在這一章會學到用 pyplot 介面快速製作漂亮的圖表。物件導向 API 是更進階的技巧，就算是簡單介紹也需要很長的篇幅，所以我們會專注在 pyplot 介面的使用，有興趣的讀者可以另外找資料來研究。

我們先來建立一個簡單的圖表。在新的 IDLE 編輯視窗輸入以下內容：

```
from matplotlib import pyplot as plt

plt.plot([1, 2, 3, 4, 5])
plt.show()
```

編註：就像 numpy 會改用縮寫 np 來導入一樣，慣例上會把 pyplot 導入成別稱 plt。

儲存程式並按 F5 執行。這時會出現一個新的視窗，顯示這張圖表：

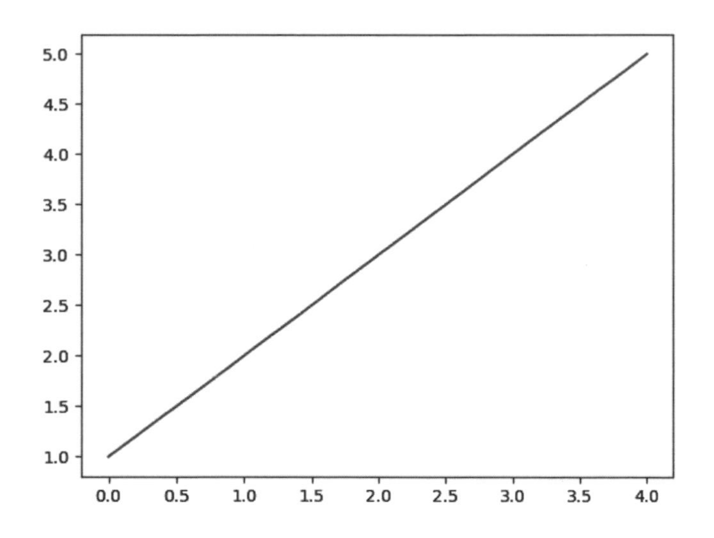

`plt.plot([1, 2, 3, 4, 5])` 會畫出一條直線，穿過點 (0, 1)、(1, 2)、(2, 3)、(3, 4) 和 (4, 5)。

傳給 `plt.plot()` 的 list `[1, 2, 3, 4, 5]` 代表圖中各個點的 y 值。因為沒有指定 x 值，Matplotlib 就會自動用各點在 list 裡面的索引當作 x 值。因為 Python 從 0 開始計數，所以 x 值就是 0、1、2、3、4。

函式 `plt.plot()` 會建立圖表，但不會把圖表顯示在畫面上。我們需要另外呼叫函式 `plt.show()` 才會顯示出建立好的圖表。

你也可以把 2 個 list 傳給 `plt.plot()`。當 `plt.plot()` 收到 2 個引數，就會把第 1 個引數當成 x 值，第 2 個引數當成 y 值。在編輯視窗把程式更改成這樣：

```
from matplotlib import pyplot as plt

xs = [1, 2, 3, 4, 5]
ys = [2, 4, 6, 8, 10]

plt.plot(xs, ys)
plt.show()
```

儲存之後按 F5 執行，應該會看到這張圖表：

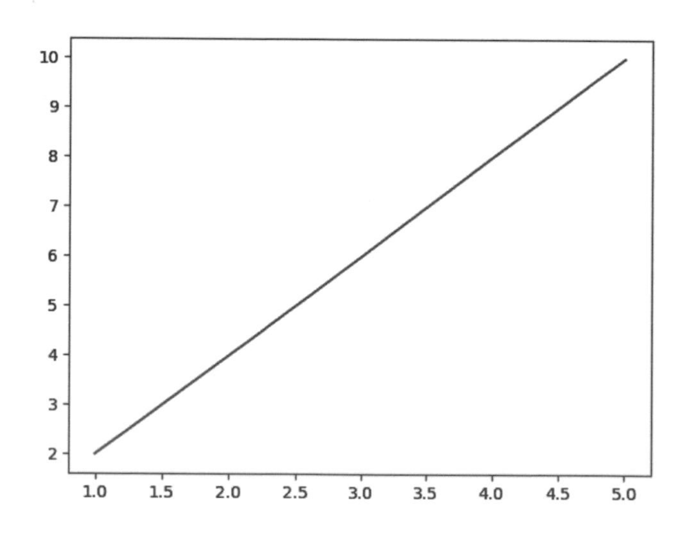

注意軸上的標籤顯示出新的 x、y 值。學會設定 x、y 值之後，你還可以用 `plot()` 來繪製更多東西。

用 **plot()** 繪製圖表時，相鄰的點預設都會用線段連接，畫成折線圖的樣子。前面的圖表繪製的點都是落在同一條線上，我們可以修改程式裡的 x、y 值，把各個點改成不在同一直線：

```
from matplotlib import pyplot as plt

xs = [1, 2, 3, 4, 5]
ys = [3, -1, 4, 0, 6]

plt.plot(xs, ys)
plt.show()
```

儲存檔案並按 F5 執行後，會顯示這張圖表：

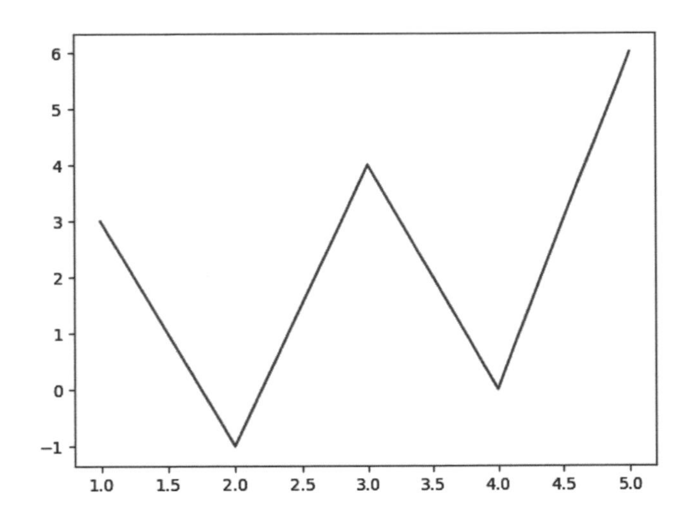

plot() 還有一個樣式參數，可以用來指定線條和點的顏色、樣式。例如這段程式把字串 **"g-o"** 傳到樣式參數：

```
from matplotlib import pyplot as plt

plt.plot([2, 4, 6, 8, 10], "g-o")
plt.show()
```

"g-o" 的 g 是表示綠色，- 是指實線，o 是指線上的點要是圓點，呈現的圖表如下：

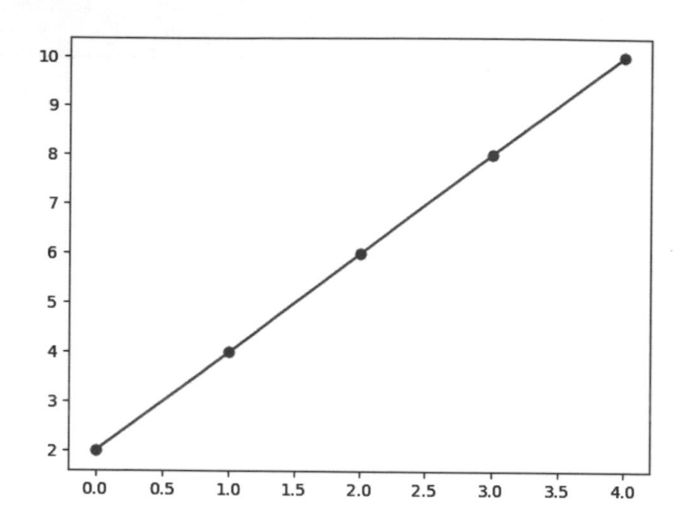

你可以在 Matplotlib 的說明文件（https://matplotlib.org/2.0.2/api/pyplot_api.html）找到所有的樣式組合列表。

在同一個視窗繪製多個圖形

如果你需要在同一個視窗繪製很多圖形的話，可以重複呼叫 plot() 就好。例如下面的程式會在同一個圖表上顯示 2 個圖形：

```
from matplotlib import pyplot as plt

plt.plot([1, 2, 3, 4, 5])
plt.plot([1, 2, 4, 8, 16])
plt.show()
```

儲存程式並按 F5 執行：

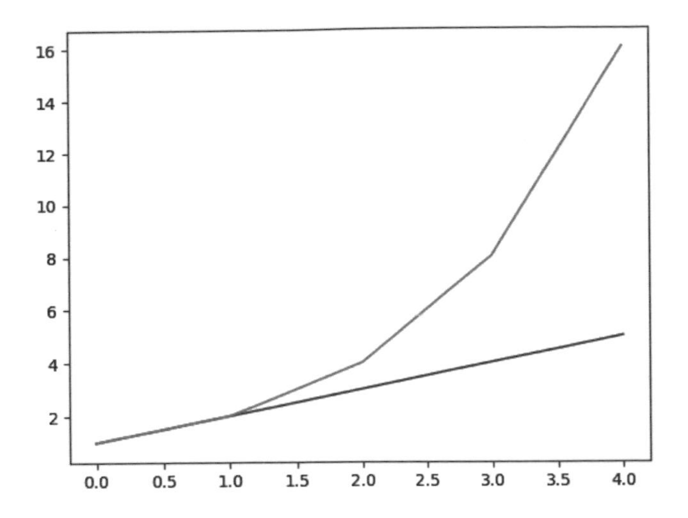

注意這裡的兩條線會自動設定成不同顏色。如果要控制每個圖形的樣式，可以把樣式字串和 x、y 值一起傳給 plot()：

```
from matplotlib import pyplot as plt

plt.plot([1, 2, 3, 4, 5], "g-o")
plt.plot([1, 2, 4, 8, 16], "b-^")
plt.show()
```

現在的圖形就改成用綠色和藍色來顯示了，而且每個點也都有樣式：

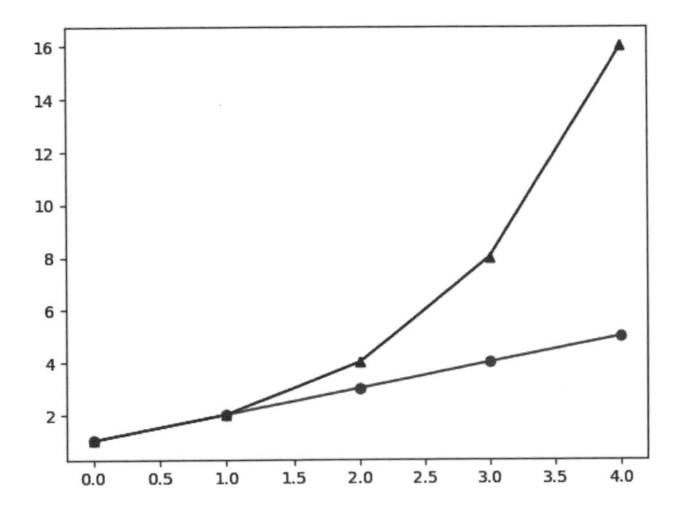

緊接著我們來看看，從不同類型的資料來源繪製圖表的方法。

用 NumPy 陣列繪製資料圖表

前面我們都是把資料儲存在 Python list，不過在現實情況，統計資料更可能是用上一章學的 NumPy 陣列來儲存。幸好 Matplotlib 也可以處理 NumPy 的 `ndarray` 物件。例如，我們可以改用 NumPy 的函式 `arange()` 來產生資料點，然後把陣列物件傳給 `plot()`：

```
from matplotlib import pyplot as plt
import numpy as np

array = np.arange(1, 6)

plt.plot(array)
plt.show()
```

這會產生以下的圖表：

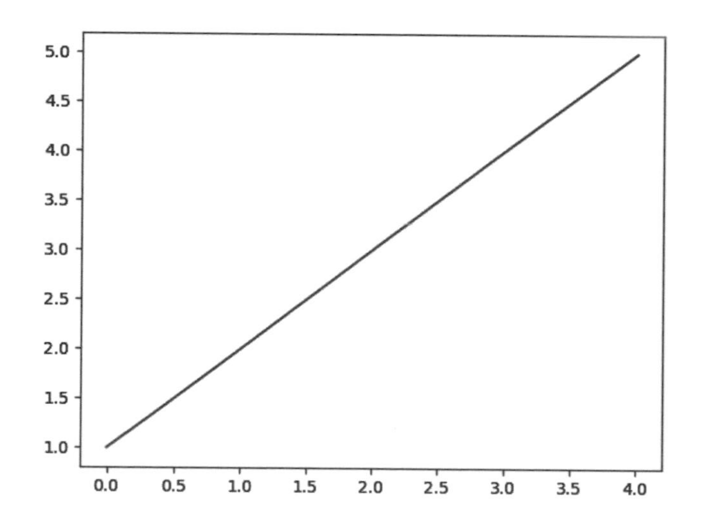

如果把二維陣列（矩陣）傳給 `plt.plot()` 的話，每一欄都會被繪製成一條線，而欄上的每個數字都會是一個點，索引是 x 座標，內容值是 y 座標。例如下面的程式碼會繪製 4 條直線：

```
from matplotlib import pyplot as plt
import numpy as np

data = np.arange(1, 21).reshape(5, 4)

# 現在 data 是這個陣列：
# array([[ 1,  2,  3,  4],
#        [ 5,  6,  7,  8],
#        [ 9, 10, 11, 12],
#        [13, 14, 15, 16],
#        [17, 18, 19, 20]])

plt.plot(data)
plt.show()
```

這段程式碼產生的 4 條直線：

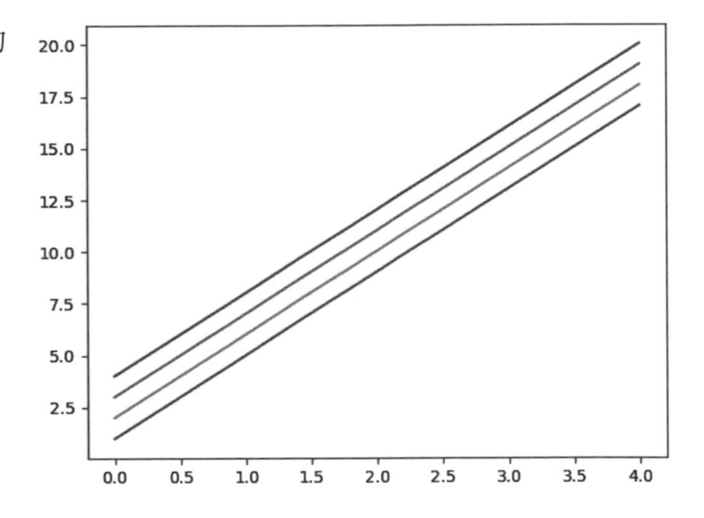

如果想要反過來用矩陣另一個方向的數值來繪製圖形，可以用 .transpose() 取得轉置陣列：

```
from matplotlib import pyplot as plt
import numpy as np

data = np.arange(1, 21).reshape(5, 4)

plt.plot(data.transpose())
plt.show()
```

這個程式產生的圖形是用矩陣的橫列繪製的直線：

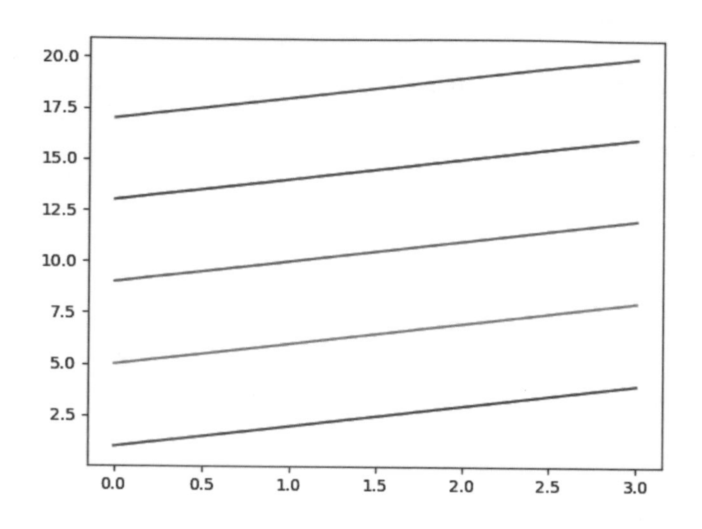

前面這些圖表都沒有提供圖形的任何說明資訊。接下來，你會調整圖表樣式、增加文字說明，讓圖表更好理解。

18.2 調整圖表樣式

首先我們來製做一個圖表，比較 20 天內從 Real Python 和另一個網站學習 Python 的進步幅度：

```
from matplotlib import pyplot as plt
import numpy as np

days = np.arange(0, 21)
other_site, real_python = days, days ** 2

plt.plot(days, other_site)
plt.plot(days, real_python)
plt.show()
```

這段程式碼生成的圖表會像這樣：

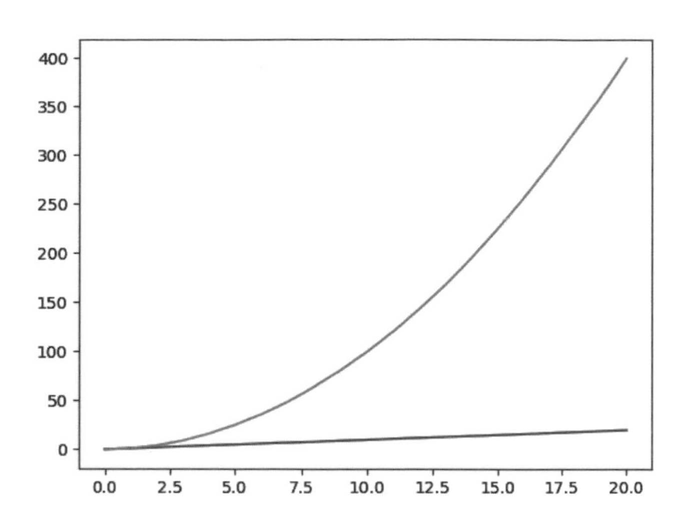

這個圖表的樣式不太理想：x 軸會出現小數、沒有標題、也沒有標示 x、y 軸的涵義。

我們先來調整 x 軸，你可以用 `plt.xticks()` 指定顯示的刻度：

```
from matplotlib import pyplot as plt
import numpy as np

days = np.arange(0, 21)
other_site, real_python = days, days ** 2

plt.plot(days, other_site)
plt.plot(days, real_python)
plt.xticks([0, 5, 10, 15, 20])
plt.show()
```

現在 x 軸上只有第 0、5、10、15、20 天有標記刻度：

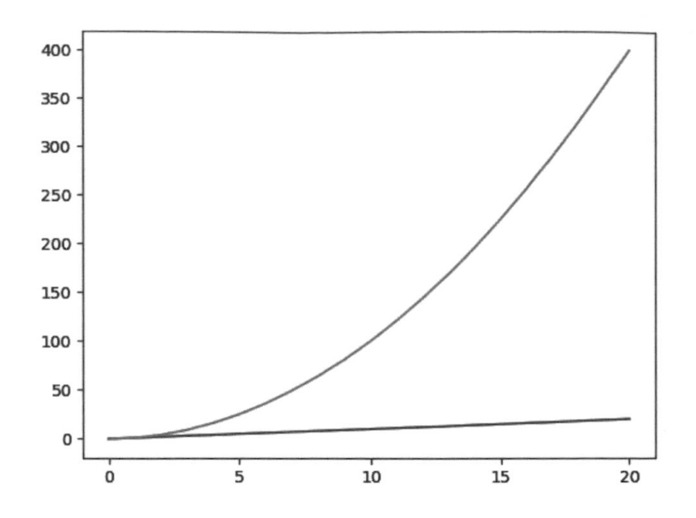

看起來有更好判讀一些，但還是不知道兩個軸代表的意義。你可以用函式 plt.xlabel() 和 plt.ylabel() 來加入軸的標籤，這兩個函式都有一個參數，需要傳入標籤的字串。

此外還可以用 plt.title() 設置圖表標題，和 plt.xlabel()、plt.ylabel() 一樣，函式 plt.title() 只接受標題字串一個引數。

編註：Matplotlib 的中文顯示問題

Matplotlib 的預設字體不支援中文，只會以方塊顯示，同時會出現 missing from current font 警告。如果想要顯示中文，請執行下面的步驟：

1. 在互動視窗輸入以下程式碼，檢視目前可以使用的字型：

```
>>> import matplotlib.font_manager
>>> print(list(sorted([f.name for f in matplotlib.font_manager.
    fontManager.ttflist])))
```

2. 如果有看到想使用的中文字型，就可以直接複製字型名稱，跳到第 7 步。
3. 如果想新增字型，可以在互動視窗輸入以下程式碼，找到 matplotlibrc 的檔案路徑：

```
>>> import matplotlib
>>> matplotlib.matplotlib_fname()
```

4. 在 matplotlibrc 檔案的上一層路徑 mpl-data 找到 fonts 資料夾裡的 ttf 資料夾，把想使用的字體 .ttf 或 .otf 檔（可在網路搜尋「開源字型」下載）放入，然後打開字型檔，複製字型的英文名稱。
5. 回到 matplotlibrc 檔案，把檔案內容 #font.family: 和 #font.serif: 註解刪除，再把複製的字型名稱加在 font-family: 和 font-serif: 後面，然後儲存關閉 matplotlibrc 檔案。
6. 接著把 C:/Users/ 使用者名稱 /.matplotlib 資料夾（即暫存檔，裡面包含字體參考表）刪除。
7. 在導入 plt 的 import 敘述之後、繪圖的程式碼之前，先輸入這行程式：

```
>>> plt.rcParams["font.sans-serif"]=[" 字型名稱（英文）"]
```

如此即可正確顯示中文。這個方法也可以用來加入其他字型。

修改繪製圖表的程式碼，把標籤 " 學習時間（天）" 加到 x 軸，"Python 學習進度 " 加到 y 軸，再加入標題 "Real Python vs 某網站 "：

```
from matplotlib import pyplot as plt
import numpy as np

# 此處以 Windows 系統示範，字型使用內建的微軟正黑體
plt.rcParams["font.sans-serif"]=["Microsoft JhengHei"]

days = np.arange(0, 21)
other_site, real_python = days, days ** 2

plt.plot(days, other_site)
plt.plot(days, real_python)
plt.xticks([0, 5, 10, 15, 20])
plt.xlabel(" 學習時間（天）")
plt.ylabel("Python 學習進度 ")
plt.title("Real Python vs 某網站 ")
plt.show()
```

可以看到帶有標題和軸標籤的圖表：

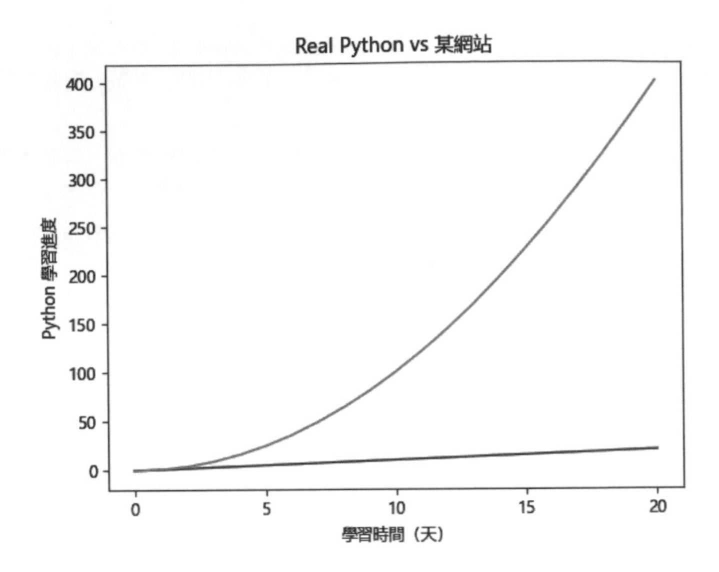

現在看起來有點樣子了！不過還有一個問題：我們不知道哪條線代表 Real Python 網站、哪條線代表另一個網站。

你可以用 `plt.legend()` 加入圖例來標示圖形代表的資料。`plt.legend()` 需要一個參數，這個參數接受一個字串 list，內容是圖表中每個圖形的名稱，字串的順序必須和每個圖形加到圖表裡的順序相同。

下面的新版繪圖程式碼加入了一個圖例，用來標識 "某網站" 和 "Real Python"。由於我們先把 `other_site` 資料的圖形加到圖表，所以傳給 `plt.legend()` 的 list 裡的第一個字串就要是 "某網站"：

```
from matplotlib import pyplot as plt
import numpy as np

# 此處以 Windows 系統示範，字型使用內建的微軟正黑體
plt.rcParams["font.sans-serif"]=["Microsoft JhengHei"]

days = np.arange(0, 21)
other_site, real_python = days, days ** 2

plt.plot(days, other_site)
plt.plot(days, real_python)
```

Next

```
plt.xticks([0, 5, 10, 15, 20])
plt.xlabel("學習時間（天）")
plt.ylabel("Python 學習進度")
plt.title("Real Python vs 某網站")
plt.legend(["某網站", "Real Python"])
plt.show()
```

最後的圖表是這個樣子：

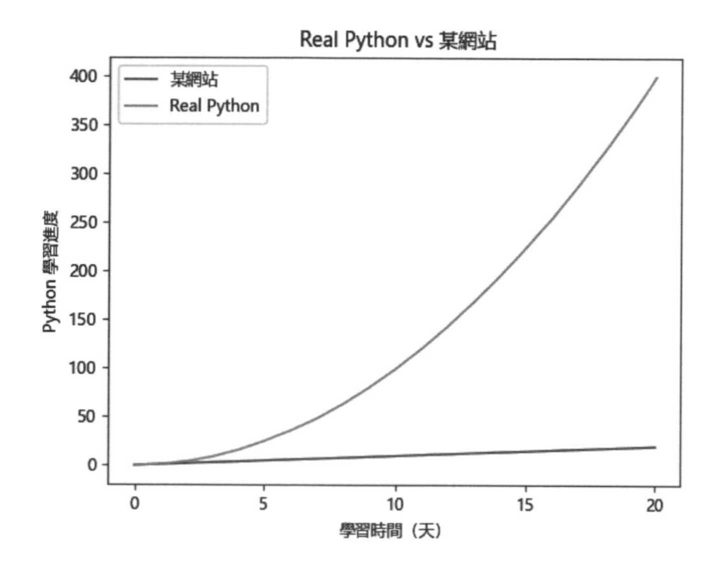

`plt.legend()` 有很多可以自定義圖例的參數，Matplotlib 說明文件的圖例指南（https://matplotlib.org/stable/tutorials/intermediate/legend_guide.html）上有更多資訊。

18.3 繪製其他類型的圖表

目前我們只建立了折線圖，但 Matplotlib 可以產生各種不同類型的圖表，包括長條圖和直方圖。

長條圖

你可以用函式 `plt.bar()` 來繪製長條圖（bar chart），`plt.bar()` 需要 2 個參數：

1. 每個長條中心點的 x 值所組成的 list
2. 每個長條高度的 y 值所組成的 list

例如，下面這段程式碼會產生一個長條圖，每個長條的中心分別位於 x 軸上的 1、2、3、4、5，高度分別是 2、4、6、8、10：

```
from matplotlib import pyplot as plt

centers = [1, 2, 3, 4, 5]
tops = [2, 4, 6, 8, 10]

plt.bar(centers, tops)
plt.show()
```

這是畫出的長條圖：

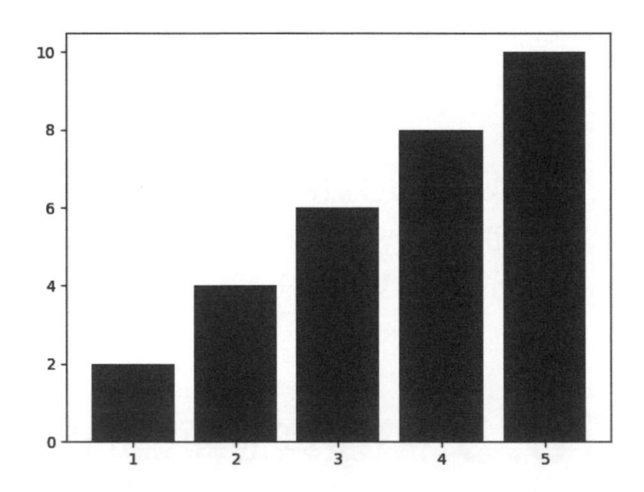

你也可以用 NumPy 陣列來指定中心點和長條高度。這段程式碼把 list 改成 NumPy 陣列，繪製的是相同的圖：

```
from matplotlib import pyplot as plt
import numpy as np

centers = np.arange(1, 6)
tops = np.arange(2, 12, 2)

plt.bar(centers, tops)
plt.show()
```

`plt.bar()` 的設定也很有彈性。第一個參數不一定要是數字 list，也可以是說明文字的字串 list。

假如你要繪製一個長條圖，用來表示這個字典的資料內容：

```
fruits = {
    "apples": 10,
    "oranges": 16,
    "bananas": 9,
    "pears": 4,
}
```

你可以用 `fruits.keys()` 取得水果名稱的 list，再用 `fruits.values()` 取得相應的數字 list：

```
>>> fruits.keys()
dict_keys(['apples', 'oranges', 'bananas', 'pears'])
>>> fruits.values()
dict_values([10, 16, 9, 4])
```

水果名稱和數量值傳給 `plt.bar()`，根據這兩項輸入值繪圖：

```
from matplotlib import pyplot as plt

fruits = {
    "apples": 10,
    "oranges": 16,
    "bananas": 9,
```

Next

```
    "pears": 4,
}

plt.bar(fruits.keys(), fruits.values())
plt.show()
```

在圖表中，長條之間的距離會相等，x 軸的標籤則以水果名稱標示：

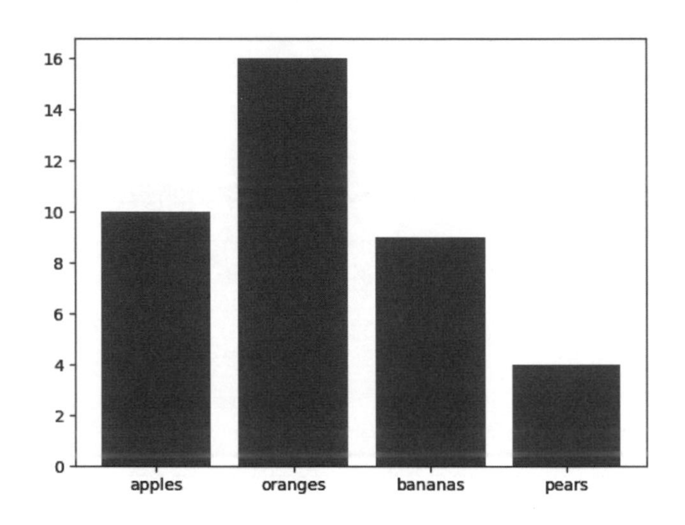

直方圖

另一種常用的圖表類型是直方圖，可以顯示資料的分佈方式。直方圖（histogram）可以用函式 `plt.hist()` 來繪製，`plt.hist()` 需要 2 個參數：

1. 數值的 list（或 NumPy 陣列）

2. 直方圖要顯示的分組（bin）數量

`plt.hist()` 會自動計算 list 裡的每個值在哪個分組的範圍內、每個分組內有多少個值。這可以省掉自己計算數值再用長條圖繪製的麻煩。

我們來看一個例子，這個直方圖裡面有 10,000 個常態分布的隨機數，分成 20 個分組。我們先用 NumPy 的 `random` 模組函式 `randn()` 來產生 10,000 個隨機數；這個函式會傳回一個陣列，裡面有指定數量的隨機浮點數，其中大部分接近於零。再來我們用 `plt.hist()` 繪製一個直方圖，把這 10,000 個數的分布分成 20 組。

以下是直方圖的程式碼：

```
from matplotlib import pyplot as plt
from numpy import random

plt.hist(random.randn(10000), 20)
plt.show()
```

Matplotlib 會自動建立 20 個間隔相等的分組：

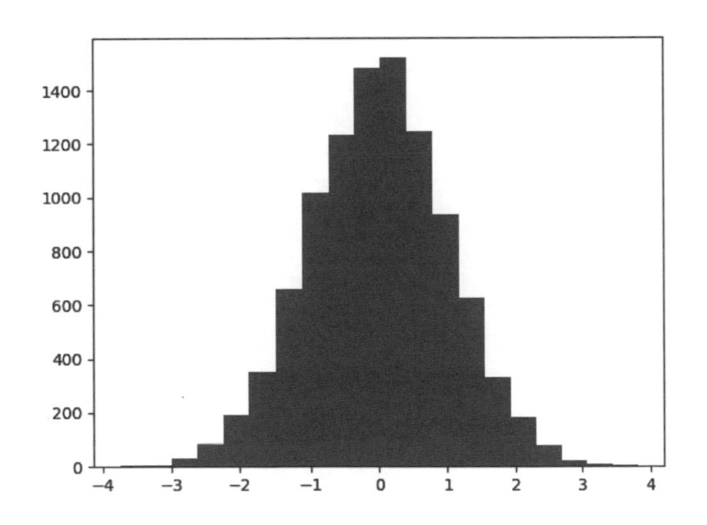

直方圖的自訂選項很多，關於 Python 繪製直方圖的詳細討論，可以查看 Real Python 網站上的 "Python Histogram Plotting: NumPy, Matplotlib, Pandas & Seaborn"（https://realpython.com/python-histograms/）。

把圖形存為檔案

你可能已經注意到顯示圖表的視窗底部有一排工具列，其中最右邊的按鈕可以把圖表儲存成圖片檔。可是每匯出一次圖表就要按一次按鈕真的很麻煩，還好 Matplotlib 可以輕鬆的用程式儲存圖表。你可以用函式 `plt.savefig()`，傳入要儲存的路徑字串。

這個範例會把一個簡單的長條圖儲存在當前工作目錄，檔名為 bar.png（傳入絕對路徑就可以把圖表儲存到其他位置）：

```
from matplotlib import pyplot as plt
import numpy as np

xs = np.arange(1, 6)
tops = np.arange(2, 12, 2)

plt.bar(xs, tops)
plt.savefig("bar.png")
```

小提醒

如果你想儲存圖形，也想在螢幕上顯示圖形，一定要確保儲存的執行順序在顯示之前！

因為函式 **show()** 會暫停程式，直到顯示視窗關閉才會執行下一行程式碼，但關閉視窗會讓程式裡的圖表消失，在這時儲存，只會存到一個空白檔案。

互動式圖表

當你在調整圖表的外觀樣式的時候，肯定會覺得，如果可以不用重新執行整個程式就看到修改結果，那該有多好。

其中一個最簡單的方法是使用 Jupyter Notebook，這個工具會在瀏覽器建立一個互動式 Python 直譯器。Jupyter Notebook 是解析和操作資料的重要工具，和 NumPy、Matplotlib 都能配合得很好。

使用 Jupyter Notebook 的互動式教學，可以查看 Jupyter 的 "IPython in Depth"（https://realpython.com/pybasics-ipython-in-depth）教程。

練習題

你可以在 https://www.flag.com.tw/bk/st/F3747 找到這些練習題的解答

1. **先不要看文中的程式碼，盡可能自己寫程式重新繪製這一章的所有圖表。**
2. **海盜會導致全球暖化嗎？ch18/practice_files 資料夾裡有一個 CSV 檔案，裡面是海盜數量（Pirates）和全球溫度（Temperature）的資料。寫一個程式，讀取 pirates.csv 檔案並繪製圖形，x 軸是海盜數量，y 軸是溫度，把兩者的關係視覺化。在圖表裡加入標題並標記兩個軸的涵義，然後把產生的圖表儲存成 PNG 圖檔。**

18.4 摘要與額外資源

在這一章，你學會使用 Matplotlib 繪製各種圖表，也會調整圖表的樣式、在圖表上標示詳細的文字說明。

Matplotlib 還有數不清的其他功能，Python 也有很多其他的資料視覺化工具。有了這章的經驗後，未來你也能嘗試用 Python 繪製更精緻、複雜的圖表。

互動式測驗

這一章有免費的線上測驗，可以確認你的學習進度（測驗包含第 17 章的內容）。你可以用手機或電腦到這個網址進行測驗：https://realpython.com/quizzes/pybasics-scientific-computing/

額外資源

想要了解更多內容，可以參考以下資源：

- Data Science With Python Core Skills（https://realpython.com/learning-paths/data-science-python-core-skills/）

如果想進一步提升你的 Python 實力，歡迎查看：https://realpython.com/python-basics/resources/。

圖形使用者介面入門— EasyGUI

命令列應用程式（command-line application）是從命令列視窗啟動、在命令列視窗輸出的程式。工程師使用的工具很多都是命令列應用程式，但絕大多數的軟體使用者都不會使用命令列。一般人使用的程式，都會有圖形使用者介面。

圖形使用者介面（graphical user interface，或簡稱 GUI）會有一個程式視窗，裡面有按鈕、文字欄位等元件，提供使用者親切、視覺化的互動方式。

在這章你會學到：

▶ 用 EasyGUI 函式庫設計基本的 GUI

▶ 用 EasyGUI 建立一個簡單的應用程式

19.1 使用 EasyGUI 加入 GUI 元素

你可以用 EasyGUI 函式庫輕鬆把 GUI 加進程式。雖然 EasyGUI 的功能有不少限制，但很適合用來設計只需要處理少量輸入的簡易工具。

安裝 EasyGUI

使用前，首先需要用 pip 安裝 EasyGUI：

```
$ python -m pip install easygui
```

安裝完 EasyGUI 後，你可以用 `pip show` 檢視套件的詳細資訊：

```
$ python -m pip show easygui
Name: easygui
Version: 0.98.3
Summary: EasyGUI is a module for very simple, very easy GUI
programming in Python.  EasyGUI is different from other GUI
generators in that EasyGUI is NOT event-driven.  Instead, all GUI
interactions are invoked by simple function calls.
Home-page: https://github.com/robertlugg/easygui
Author: easygui developers and Stephen Ferg
Author-email: robert.lugg@gmail.com
License: BSD
Location: c:\realpython\venv\lib\site-packages
Requires:
Required-by:
```

這章的程式是用 EasyGUI 版本 0.98.3 測試的，新版本的內容可能會有些微差異。

第一個 EasyGUI 應用程式

EasyGUI 很適合用**對話框（dialog box）**的呈現形式來讓使用者輸入資料或顯示輸出；對於要建立好幾個視窗、選單和工具列的大型應用程式來說，這就沒有這麼好用了。

我們之前都是用函式 `input()` 和 `print()` 來處理輸入和輸出，你可以把 EasyGUI 當成是它們的替代品。

EasyGUI 的程式流程一般來說會這樣規劃：

1. 在某一段程式碼，讓一個視窗顯示在使用者的螢幕上。
2. 程式暫停執行，直到使用者在視窗完成輸入。
3. 把使用者的輸入當作物件傳回，然後繼續執行程式。

現在就在 IDLE 開啟一個新的互動視窗，執行以下程式碼，實際了解 EasyGUI 的工作原理：

```
>>> import easygui as gui
>>> gui.msgbox(msg="Hello!", title="My first message box")
```

如果你是在 Windows 執行，就會在螢幕上看到這樣的視窗：

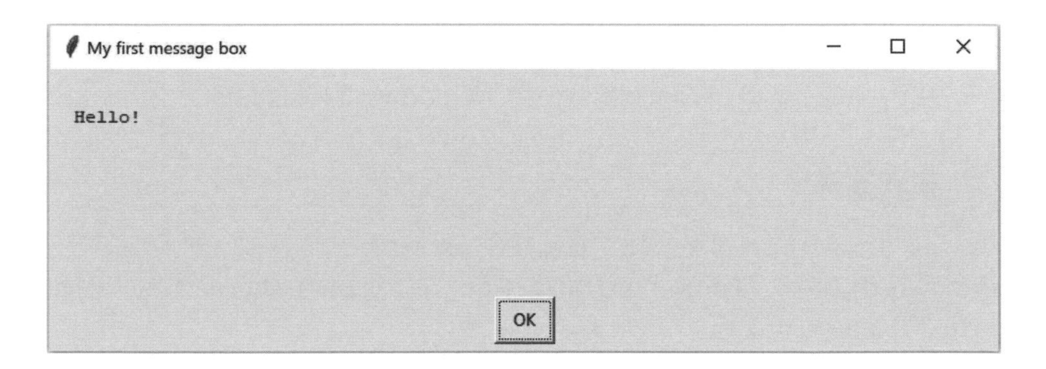

視窗的外觀是執行程式碼的作業系統決定的。在 macOS，視窗則是像這樣：

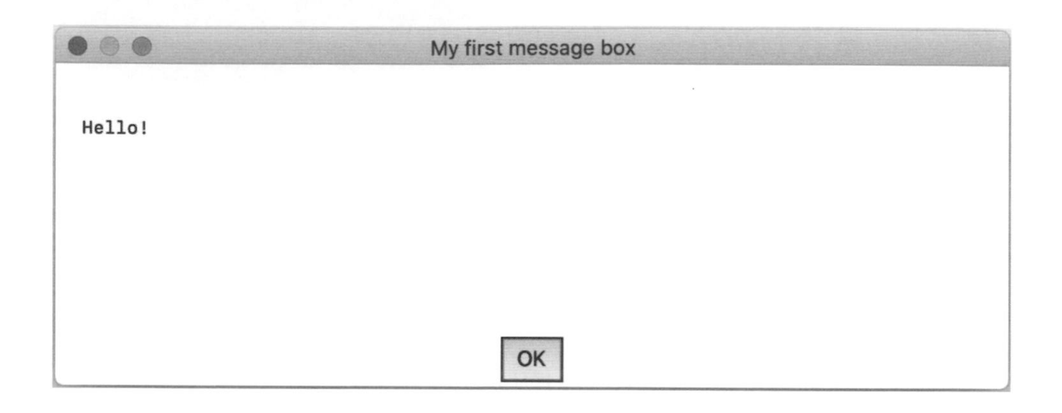

在 Ubuntu 上視窗會長這樣：

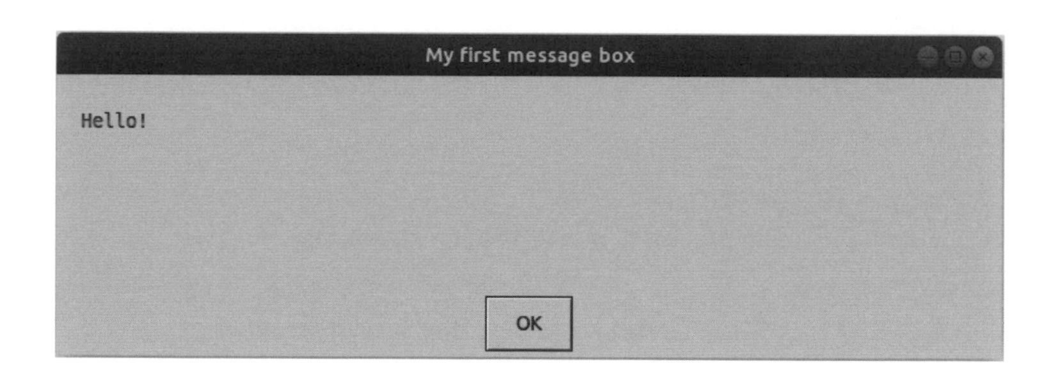

我們在這一章後面的範例都會使用 Windows 的螢幕截圖。

重要事項

EasyGUI 和 IDLE 的內部程式碼其實都是用 Tkinter 函式庫寫的，你會在第 19 章學到這個工具。這種函式庫的重疊使用，有時會導致執行的問題，例如對話框凍結或程式卡住。

如果你擔心會發生這種狀況，也可以用命令列視窗執行你的程式。不同作業系統要用不同的指令，Windows 執行 **python** 指令、macOS / Ubuntu 則執行 **python3** 或 **python3.x**（可以參考第 13 章），命令列會出現互動式的 Python 環境，使用起來和 IDLE 相差不大。

我們來比對一下剛剛的程式碼和執行後產生的對話框：

1. 傳給 `msgbox()` 的 `msg` 引數 `"Hello!"` 顯示在對話框裡。
2. 傳給 `title` 參數的字串 `"My first message box"` 出現在對話框的標題。
3. 對話框裡有一個 OK 。

點擊 OK 關閉對話框之後，檢查 IDLE 的互動視窗，會看到字串 `"OK"` 顯示在你輸入的最後一行程式碼下方：

```
>>> gui.msgbox(msg="Hello!", title="My first message box")
'OK'
```

`msgbox()` 會在對話框關閉的時候傳回按鈕的標籤，如果使用者沒有按 OK ，而是直接關閉對話框，那 `msgbox()` 就會傳回 `None`。你也可以傳入第 3 個參數 `ok_button`，自己設定按鈕標籤。例如這個範例會建立一個有 點這裡 按鈕的對話框：

```
>>> gui.msgbox(msg="Hello!", title="Greeting", ok_button="點這裡")
```

EasyGUI 的 GUI 函式

`msgbox()` 非常適合用來顯示訊息，但是沒有辦法用來和程式進行更多互動。不過 EasyGUI 還有其他函式，可以顯示各種類型的對話框。下表整理了一些常用的函式：

函式	功能	回傳值
msgbox()	顯示訊息，有一個按鈕	按下的按鈕標籤
buttonbox()	顯示訊息，有多個按鈕	按下的按鈕標籤
indexbox()	顯示訊息，有多個按鈕	按下的按鈕索引
enterbox()	文字輸入框	使用者輸入的文字
fileopenbox()	讓使用者選擇要開啟的檔案	選中檔案的絕對路徑
diropenbox()	讓使用者選擇要開啟的目錄	選中目錄的絕對路徑
filesavebox()	讓使用者選擇儲存檔案的路徑	選中的絕對路徑

我們來個別檢視每一個函式。

buttonbox()

EasyGUI 的 buttonbox() 會顯示一個對話框，其中包含一則訊息和幾個使用者可以點擊的按鈕。單擊按鈕後，按鈕的標籤會被傳回程式。

和 msgbox() 一樣，buttonbox() 也有 msg 和 title 參數，用來設定要顯示的訊息和對話框的標題。另外 buttonbox() 還有第三個參數 choices，用傳入的 tuple 或 list 來設置按鈕。例如下面的程式碼會產生一個對話框，上面有 "Red"、"Yellow" 和 "Blue" 3 個按鈕：

```
>>> gui.buttonbox(
...     msg="What is your favorite color?",
...     title="Choose wisely...",
...     choices=("Red", "Yellow", "Blue"),
... )
```

這是對話框的樣子：

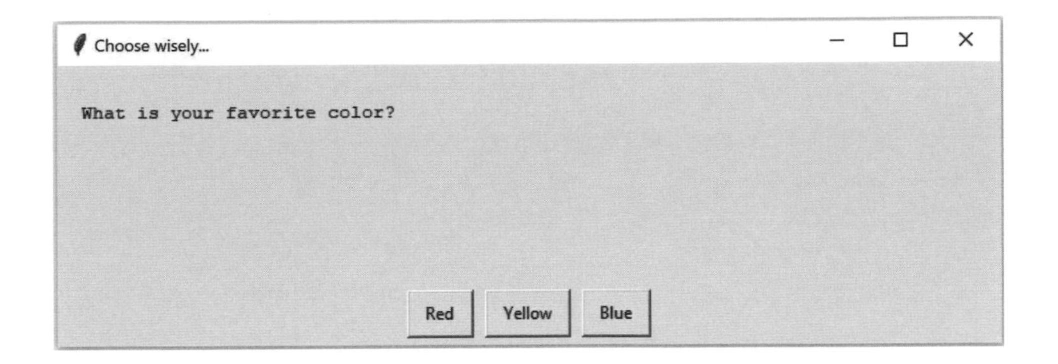

按下其中一個按鈕之後，按鈕標籤就會以字串的形式傳回。例如按下 Yellow 會讓 buttonbox() 傳回字串 "Yellow"：

```
>>> gui.buttonbox(
...     msg="What is your favorite color?",
...     title="Choose wisely...",
...     choices=("Red", "Yellow", "Blue"),
... )
'Yellow'
```

就像 msgbox()，如果使用者沒有按下任何按鈕就關閉對話框，buttonbox() 就會傳回 None。

indexbox()

indexbox() 顯示的對話框看起來和 buttonbox() 完全一樣，建立的方式也是一樣的：

```
>>> gui.indexbox(
...     msg="What is your favorite color?",
...     title="Choose wisely...",
...     choices=("Red", "Yellow", "Blue"),
... )
```

這是對話框的樣子：

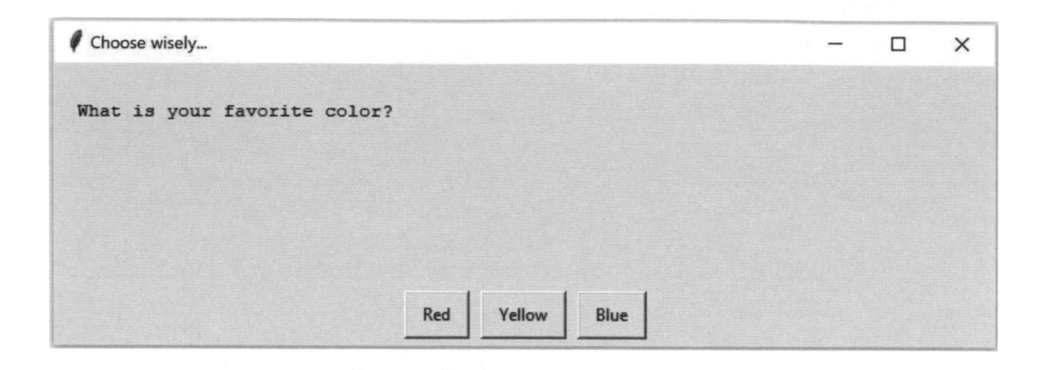

indexbox() 和 buttonbox() 的區別在於 indexbox() 不是傳回按鈕標籤的字串，而是傳回按鈕在 choices 參數裡的索引。

例如點擊 Yellow 之後，indexbox() 會傳回整數 1：

```
>>> gui.indexbox(
...     msg="What is your favorite color?",
...     title="Choose wisely...",
...     choices=("Red", "Yellow", "Blue"),
... )
1
```

因為 indexbox() 傳回的是索引而不是字串，所以最好在呼叫函式之前就先定義好要傳給 choices 的 tuple，再把變數傳進函式。這樣在後續的程式裡就可以用索引找回按鈕標籤的內容：

```
>>> colors = ("Red", "Yellow", "Blue")
>>> choice = gui.indexbox(
    msg="What is your favorite color?",
...     title="Choose wisely...",
...     choices=colors,
)
>>> choice
1
>>> colors[choice]
'Yellow'
```

enterbox()

buttonbox() 和 indexbox() 可以讓使用者從預設的一組選項裡做選擇，不過這些函式沒辦法讓使用者輸入名稱或電子郵件等資訊。遇到這種需求的時候，可以改用 enterbox() 取得使用者的文字輸入：

```
>>> gui.enterbox(
...     msg=""What's your favorite color?",
...     title="Favorite color",
... )
```

enterbox() 產生的對話框有一個輸入框，使用者可以輸入自己的答案：

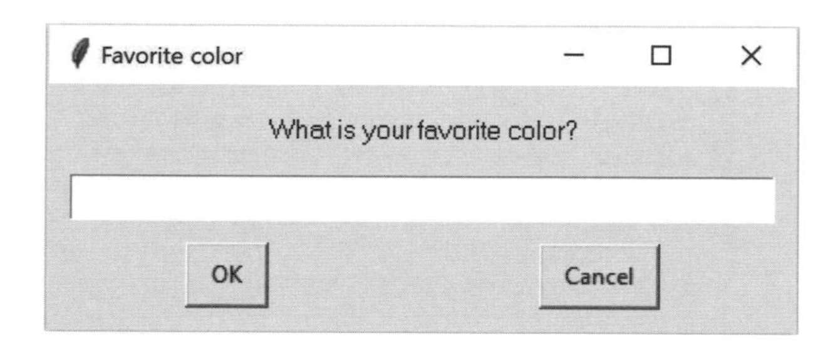

輸入答案然後按 OK，你輸入的文字就會以字串形式傳回：

```
>>> gui.enterbox(
...     msg="What is your favorite color?",
...     title="Favorite color",
... )
'Yellow'
```

fileopenbox()、diropenbox()、filesavebox()

對話框還有一個常見的功能，就是讓使用者在檔案系統裡選擇檔案或資料夾。EasyGUI 也有專門為此設計的函式。

首先是 `fileopenbox()`，這會顯示一個對話框，用來選擇要開啟的檔案：

```
>>> gui.fileopenbox(title="Select a file")
```

這個對話框看起來會像你常見到的系統檔案對話框：

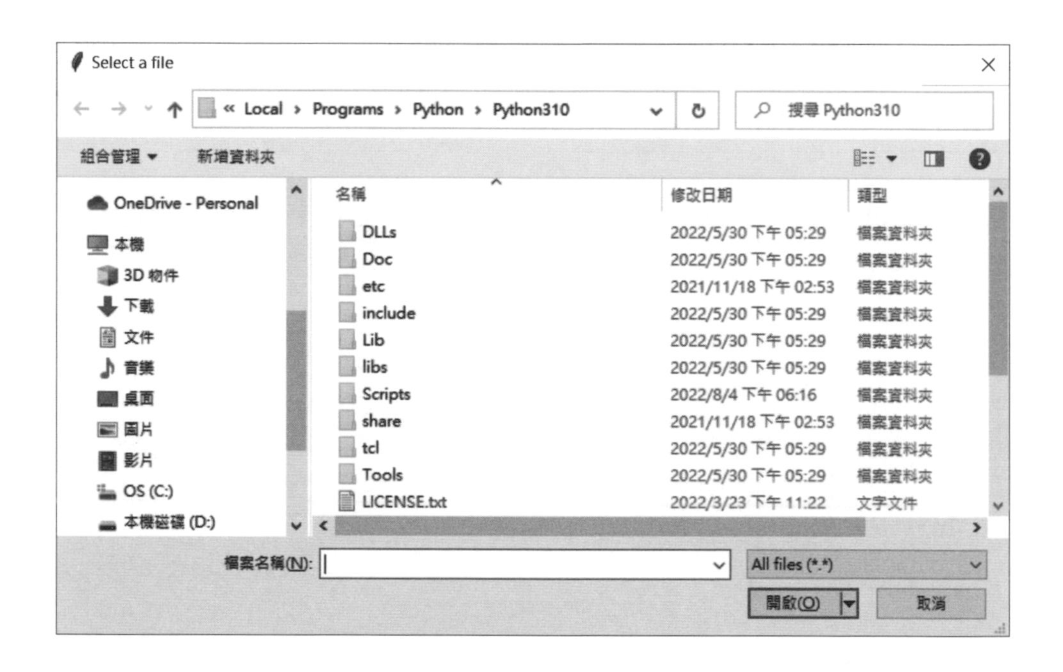

選擇一個檔案，點擊 開啟 (O)，就會傳回檔案的完整路徑字串。

另外還有 `diropenbox()` 和 `filesavebox()`，這兩個函式會產生和 `fileopenbox()` 幾乎相同的對話框。`diropenbox()` 的對話框是用來選擇目錄而不是檔案，使用者按下 開啟 (O) 按鈕後，會傳回目錄的完整路徑。

而 `filesavebox()` 的對話框則是用來選擇檔案儲存的位置，如果選擇的名稱已經存在，就會詢問使用者是否要覆蓋檔案。和 `fileopenbox()` 一樣，`filesavebox()` 在使用者按下 存檔 (S) 按鈕之後會傳回檔案的路徑，不過就只是傳回路徑而已。實際的存檔需要另外的程式碼來執行。

重要事項

fileopenbox()、diropenbox() 和 filesavebox() 都不會真正開啟檔案、開啟目錄或儲存檔案，只會傳回選取的目錄或檔案的絕對路徑。

要真正進行檔案操作的話，可以用第 12 章學到的內容，自己設計需要的程式碼。

就像 msgbox() 和 buttonbox() 一樣，如果使用者沒有選擇檔案或資料夾，而是按下 **取消** 或關閉對話框，那 fileopenbox()、diropenbox() 和 filesavebox() 都會傳回 None。這可能會導致程式崩潰，要特別注意。

像是這段程式碼，如果使用者沒有選擇、直接關閉對話框，就會引發 TypeError：

```
>>> path = gui.fileopenbox(title="Select a file")
>>> open_file = open(path, "r")
Traceback (most recent call last):
  File "<stdin>", line 2, in <module>
    open_file = open(path, "r")
TypeError: expected str, bytes or os.PathLike object, not NoneType
```

這種問題會大大影響應用程式的使用體驗。

妥善退出程式

想像一下，你要寫一個提取 PDF 檔案頁面的程式。程式做的第一件事應該是用 fileopenbox() 讓使用者選擇要打開的 PDF。

如果使用者決定中斷程式，按下 **取消** 鈕，你會讓程式怎麼反應？

你必須確保程式能夠妥善處理這種情況，不會當掉或產生任何意外輸出。在上述情境，程式應該要單純的停止執行就好。

停止程式執行的一種方法是用 Python 內建的函式 exit()。在下面的範例，使用者按下檔案對話框的 **取消** 鈕之後，就會用 exit() 來停止程式：

```
import easygui as gui
path = gui.fileopenbox(title="Select a file")
if path is None:
    exit()
```

如果使用者沒有按 **開啟 (O)** 就關閉對話框，path 的值就會是 None，讓程式進入 if 區塊執行 exit()，接著程式就會停止執行。

小提醒

如果你是在 IDLE 執行程式，那 exit() 也會把互動視窗關閉。

上面的程式範例裡使用的 is 關鍵字在這之前還沒有出現過。is 會比較兩個物件的記憶體位址是否相同，如果相同就回傳 True，不同就回傳 False。在這裡，path is None 的結果和 path == None 會是一樣的。

Python 的程式設計師在確認一個變數是不是 None 的時候，慣例上會選擇用 is，而不是 == 比較算符。這也可以避免一些 (很少見的) 意外狀況。

現在你已經知道怎麼用 EasyGUI 建立對話框，我們來活用一下剛剛學到的東西，做出一個真正的應用程式。

練習題

你可以在 https://www.flag.com.tw/bk/st/F3747 找到這些練習題的解答：

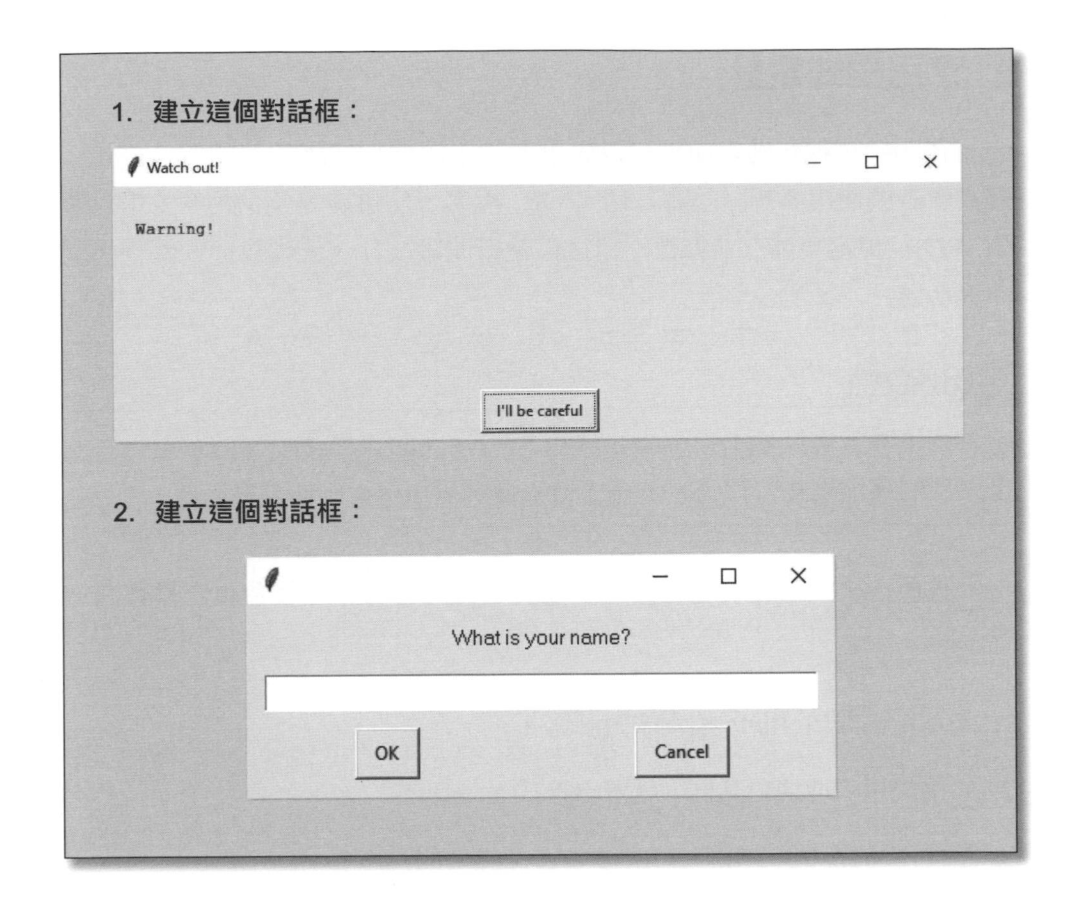

19.2 應用程式範例：PDF 頁面旋轉程式

想要自動處理簡單又重複的工作的話，用 EasyGUI 設計一個應用程式會是不錯的選擇。如果你是在辦公室工作的上班族，有個 EasyGUI 自動化工具肯定會大大提高工作效率，擺脫處理每日庶務的痛苦。

在這一節，你會使用前面學到的一些 EasyGUI 對話框建立旋轉 PDF 頁面的應用程式。

應用程式設計

在開始寫程式碼之前，可以先思考一下這個程式該如何運作。首先，程式要詢問使用者想開啟哪一個 PDF 檔案、每頁旋轉多少角度，還有新的 PDF 檔案要儲存在哪裡；隨後再執行開啟文件、旋轉頁面、儲存新文件等功能。

小提醒

設計應用程式時，強烈建議寫程式碼之前就計劃好程式的每個步驟。特別是大型的應用程式，有個製作程式的流程圖可以保持一切井井有條。

我們再來把上述的運作方式整理成明確的步驟，之後會更容易轉寫為程式碼。

1. 顯示用來開啟 PDF 檔案的對話框。
2. 如果使用者取消對話框，就退出程式。
3. 請使用者從 90、180、270 度中選擇旋轉的角度。
4. 顯示檔案對話框，取得 PDF 檔旋轉後的儲存路徑。
5. 如果使用者想把新的檔案儲存到輸入檔案的相同路徑（相同資料夾、相同檔名）：
    - 用對話框提醒使用者不能這麼做。
    - 回到步驟 4。
6. 如果使用者取消檔案儲存對話框，就退出程式。
7. 進行頁面旋轉：

- 開啟選擇的檔案。
- 旋轉所有頁面。
- 把旋轉後的 PDF 儲存到選擇的路徑。

實作程式碼

現在有了詳細流程，你可以一次一個搞定所有步驟。在 IDLE 開啟一個新的編輯視窗，導入 EasyGUI 和 PyPDF2：

```
import easygui as gui
from PyPDF2 import PdfReader, PdfWriter
```

你計劃的步驟 1 是顯示一個檔案對話框，用來開啟 PDF 檔案。這可以用 `fileopenbox()` 來完成：

```
# 1. 顯示用來開啟 PDF 檔案的對話框。
input_path = gui.fileopenbox(
    title="Select a PDF to rotate...",
    default="*.pdf"
```

這裡把 `default`（預設）參數設為 `"*.pdf"`，對話框就只會顯示副檔名 .pdf 的檔案，防止使用者選擇其他檔案導致錯誤。

之後使用者選擇的檔案路徑會指派給 `input_path` 變數。如果使用者沒有選擇檔案就關閉對話框（步驟 2），那 `input_path` 的值就會是 `None`，應該要退出程式。所以再來要檢查 `input_path` 的值，如果是 `None` 就呼叫 `exit()`：

```
# 2. 如果使用者取消對話框，就退出程式。
if input_path is None:
    exit()
```

步驟 3 是詢問使用者 PDF 頁面要旋轉什麼角度，使用者可以選擇 90、180 或 270 度。你可以用 buttonbox() 來讓使用者選擇：

```
# 3. 請使用者從 90、180、270 度中選擇旋轉的角度。
choices = ("90", "180", "270")
degrees = gui.buttonbox(
    msg="Rotate the PDF clockwise by how many degrees?",
    title="Choose rotation...",
    choices=choices,
)
```

這裡產生的對話框會有 3 個按鈕，標籤分別是 90、180 和 270。使用者點擊其中一個按鈕之後，按鈕的標籤就會作為字串指派給 degrees 變數。

你需要整數型別的變數才能旋轉 PDF 頁面，所以要把 degrees 轉換成整數：

```
degrees = int(degrees)
```

接下來用 filesavebox() 讓使用者選擇輸出檔案的路徑：

```
# 4. 顯示檔案對話框，取得 PDF 檔旋轉後的儲存路徑。
save_title = "Save the rotated PDF as..."
file_type = "*.pdf"
output_path = gui.filesavebox(title=save_title, default=file_type)
```

和 fileopenbox() 一樣，可以把 default 參數設為 "*.pdf"，這樣檔案會自動以 .pdf 副檔名儲存。

存檔的時候不應該讓使用者覆蓋原始檔案（步驟 5），你可以用 while 迴圈反覆顯示警告，直到使用者選擇不同的路徑：

```
# 5. 如果使用者想把新的檔案儲存到輸入檔案的相同路徑：
while input_path == output_path:
```

Next

```
    # - 用對話框提醒使用者不能這麼做。
    gui.msgbox(msg="Cannot overwrite original file!")
    # - 回到步驟 4.
    output_path = gui.filesavebox(title=save_title, default=file_
type)
```

這個 `while` 迴圈會檢查 `input_path` 是否和 `output_path` 相同。如果兩者不同，就會略過迴圈區塊的程式碼；如果相同，那就會用 `msgbox()` 顯示警告，告訴使用者不能覆蓋原始檔案。

警告使用者之後會顯示另一個 `filesavebox()` 檔案對話框，使用的引數都和之前相同，也就是讓使用者回到步驟 4。儘管程式實際上沒有回到第一次呼叫 `filesavebox()` 的程式碼位置，但效果是一樣的。

接著再次檢查，如果使用者沒有點擊 **存檔 (S)** 就關閉檔案對話框，那程式就直接退出(步驟 6)：

```
# 6. 如果使用者取消檔案對話框，就退出程式。
if output_path is None:
    exit()
```

現在已經集齊最後一步(步驟 7)需要的所有條件：

```
# 7. 進行頁面旋轉：
#      - 開啟選擇的檔案。
input_file = PdfReader(input_path)
output_pdf = PdfWriter()

#      - 旋轉所有頁面。
for page in input_file.pages:
    page = page.rotate(degrees)
    output_pdf.add_page(page)

#      - 把旋轉後的 PDF 儲存到選擇的路徑。
with open(output_path, "wb") as output_file:
   output_pdf.write(output_file)
```

現在可以試用這個 PDF 旋轉程式了！這在 Windows、macOS 和 Ubuntu Linux 都能運作。

下面是這個應用程式的完整程式碼：

```
import easygui as gui
from PyPDF2 import PdfReader, PdfWriter

# 1. 顯示用來開啟 PDF 檔案的對話框。
input_path = gui.fileopenbox(
    title="Select a PDF to rotate...",
    default="*.pdf"
)

# 2. 如果使用者取消對話框，就退出程式。
if input_path is None:
    exit()

# 3. 請使用者從 90、180、270 度中選擇旋轉的角度。
choices = ("90", "180", "270")
degrees = gui.buttonbox(
    msg="Rotate the PDF clockwise by how many degrees?",
    title="Choose rotation...",
    choices=choices,
)
degrees = int(degrees)

# 4. 顯示檔案對話框，取得 PDF 檔旋轉後的儲存路徑。
save_title = "Save the rotated PDF as..."
file_type = "*.pdf"
output_path = gui.filesavebox(title=save_title, default=file_type)

# 5. 如果使用者想把新的檔案儲存到輸入檔案的相同路徑：
while input_path == output_path:
    # - 使用對話框提醒使用者不能這麼做。
    gui.msgbox(msg="Cannot overwrite original file!")
    # - 回到步驟 4.
    output_path = gui.filesavebox(title=save_title, default=file_
type)
```

Next

```
# 6. 如果使用者取消檔案儲存對話框，就退出程式。
if output_path is None:
    exit()

# 7. 進行頁面旋轉：
#     - 開啟選擇的檔案。
input_file = PdfReader(input_path)
output_pdf = PdfWriter()

#     - 旋轉所有頁面。
for page in input_file.pages:
    page = page.rotate(degrees)
    output_pdf.add_page(page)

#     - 把旋轉後的 PDF 儲存到選擇的路徑。
with open(output_path, "wb") as output_file:
    output_pdf.write(output_file)
```

練習題

你可以在 https://www.flag.com.tw/bk/st/F3747 找到這些練習題的解答：

1. **在 19.2 節用來旋轉 PDF 頁面的 GUI 應用程式有個問題：如果使用者把選擇旋轉角度的 buttonbox() 直接關掉，沒有選擇角度，程式就會當掉。**

```
Traceback (most recent call last):
  File "<stdin>", line 18, in <module>
    degrees = int(degrees)
TypeError: int() argument must be a string, a bytes-like
object
or a real number, not 'NoneType'
```

在 degrees 是 None 的時候用 while 迴圈重覆顯示對話框，解決這個問題。

19.3 挑戰：PDF 頁面提取應用程式

在這個挑戰，你要用 EasyGUI 設計一個從 PDF 檔案提取頁面的 GUI 應用程式。

以下是這個應用程式的詳細流程：

1. 詢問使用者要開啟的 PDF 檔案。
2. 如果使用者沒有選擇 PDF 檔案，就退出程式。
3. 詢問提取的開始頁碼。
4. 如果使用者沒有輸入開始頁碼，就退出程式。
5. 只接受正整數的頁碼。如果使用者輸入的不是正整數，執行以下動作：
    - 警告使用者只能輸入正整數。
    - 回到步驟 3。
6. 詢問提取的結尾頁碼。
7. 如果使用者沒有輸入結尾頁碼，就退出程式。
8. 如果使用者輸入的不是正整數，執行以下動作：
    - 警告使用者只能輸入正整數。
    - 回到步驟 6。
9. 詢問提取出的頁面要存檔的位置。
10. 如果使用者沒有選擇存檔的位置，就退出程式。

11. 如果選擇的儲存路徑和輸入檔案的路徑相同：

- 警告使用者不能覆蓋輸入檔案。
- 回到步驟 9。

12. 進行頁面提取：

- 開啟 PDF 輸入檔案。
- 創建一個新的 PDF 檔案，內容是要提取的頁面。

你可以在 https://www.flag.com.tw/bk/st/F3747 找到這個挑戰題的解答。

19.4 摘要

你在這章學會用 EasyGUI 套件建立一些基本的圖形使用者介面（GUI），用各種對話框來顯示訊息、取得使用者輸入的資訊，還有讓使用者選擇目錄或檔案。最後，你整合學習到的技術，做出了一個能旋轉 PDF 頁面的應用程式。

互動式測驗

這一章有免費的線上測驗，可以確認你的學習進度。你可以使用手機或電腦到這個網址進行測驗（測驗包含第 20 章的內容）：https://realpython.com/quizzes/pybasics-gui/

MEMO

進階圖形使用者介面—Tkinter

前一章的 EasyGUI 非常適合快速建立小型應用程式的 GUI，但是要處理比較大的軟體的話，EasyGUI 的功能就會有所不足。這時候就是 Python 內建的 Tkinter 函式庫派上用場的時機了。

Tkinter 是一個 GUI 框架，執行的層級比 EasyGUI 更「底層」。也就是你可以更直接的控制 GUI 的呈現方式，例如視窗大小、字體大小、字體顏色，還有視窗裡的其他 GUI 元素。

在這章你會學到：

- ▶ 使用各種 Tkinter 元件
- ▶ 使用 Tkinter 的幾何管理器
- ▶ 瞭解 Tkinter 的事件和事件處理函式

20.1 Tkinter 簡介

Python 有很多 GUI 框架，但 Tkinter 是唯一在 Python 標準函式庫內建的。Tkinter 有幾個優勢，其中一個是**跨平台（cross-platform）**，就是說相同的程式碼在 Windows、macOS 和 Linux 上都可以正常運作。而且 Tkinter 的視窗外觀會依照使用的作業系統來呈現，所以用 Tkinter 打造的應用程式，無論在哪個平台上執行，看起來都會像是原生的程式。

雖然 Tkinter 普遍被認為是 Python 的基本 GUI 框架，但也不是沒有受到批評。其中最多人批評的就是 Tkinter 的 GUI 外觀非常過時。如果你想要一個亮眼、新潮的介面，那麼 Tkinter 可能就不符合你的需求。

不過和其他框架相比，Tkinter 比較輕便、使用起來也相對簡單，所以依然是在 Python 建立 GUI 應用程式的一個可靠選擇，尤其是在不需要漂亮介面，而是想快速建立跨平台程式的時候。

小提醒

在 19.1 節有提過，IDLE 也是用 Tkinter 建構的，所以在 IDLE 執行 Tkinter 的 GUI 程式可能會遇到問題。

如果你建立的 GUI 視窗不會運作，或是 IDLE 的執行有點奇怪，可以試試看改用命令列執行程式。

現在就開始學習用 Tkinter 建立應用程式吧。

第一個 Tkinter 應用程式

Tkinter GUI 的基本元素是**視窗（window）**，視窗是所有其他 GUI 元素的容器。其他 GUI 元素，例如文字框、標籤和按鈕，則稱為**元件（widget）**，元件必須存放在視窗裡面。

我們先建立一個視窗。首先在 IDLE 開啟一個互動視窗，導入 Tkinter 模組：

```
>>> import tkinter as tk
```

編註：慣例上會把 tkinter 改成用別稱 tk 來導入。

視窗是 Tkinter 裡的 Tk 類別產生的物件。建立一個新的視窗物件，指派給變數 window：

```
>>> window = tk.Tk()
```

執行上面的程式之後，螢幕上會出現一個新的視窗，視窗的樣子會取決於你的作業系統：

(a) Windows　(b) macOS　(c) Ubuntu

這章後面的部分，都會使用 Windows 作業系統的視窗截圖。

編註：Tkinter 的程式碼都需要在這個視窗上運作。如果在執行過程之前關掉視窗，會導致程式找不到目標，觸發例外。萬一把視窗關掉了，就要再次用 tk.Tk() 產生一個。

現在我們有一個視窗了，接著要來加入一個元件。你可以用 tk.Label 類別在視窗加入一個文字標籤。我們把字串 "Hello, Tkinter" 傳進 text 參數，建立一個 Label 元件，指派給 greeting 變數：

```
>>> greeting = tk.Label(text="Hello, Tkinter")
```

你剛才建立的視窗不會有改變。這是因為，雖然我們建立了一個 Label 元件，但你還沒有把它加入到視窗裡。把元件加到視窗有幾種不同的做法，我們現在要用的是 Label 元件的 `.pack()` 方法：

```
>>> greeting.pack()
```

這是現在視窗的樣子：

當你用 `.pack()` 把一個元件加到視窗時，Tkinter 會在可以完整呈現元件的前提下，讓視窗盡可能縮小。現在執行：

```
>>> window.mainloop()
```

似乎什麼都沒有發生？不過注意看 IDLE 互動視窗，上面並沒有出現新的提示符號 >>>。`.mainloop()` 會讓 Python 持續運行 Tkinter 產生的視窗，暫停執行後面的程式碼，直到視窗被關閉為止。現在關閉剛才建立的視窗，你會在 IDLE 的互動視窗看到新的提示符號出現。

重要事項

在 IDLE（包括互動視窗和編輯視窗）或命令列這種 REPL 使用 Tkinter 的時候，每一段程式碼執行完都會在視窗上更新結果。但是直接執行 Python 程式的話就不是這樣了。

如果沒有在 Python 檔案（.py 檔）的程式結尾加上 **`window.mainloop()`**，直接點擊兩下執行，那 Tkinter 應用程式就不會運作，也不會顯示任何內容。

用 Tkinter 產生一個視窗只需要幾行程式碼就行，但是空白視窗可沒有什麼用。在下一節，你會學習使用一些 Tkinter 的元件，還有自訂這些元件的各種設定。

練習題

你可以在 https://www.flag.com.tw/bk/st/F3747 找到這些練習題的解答：

1. 在 IDLE 互動視窗用 Tkinter 產生視窗，裡面要有一個 Label 元件，顯示文字 GUIs are great!
2. 重複練習題 1，顯示文字 Python rocks!
3. 重複練習題 1，顯示文字 Engage!

20.2 使用元件

元件就是 Tkinter 中的柴米油鹽，是使用者和程式互動的基本元素。Tkinter 的每個元件都是一個類別。以下是一些常用的元件：

類別名稱	說明
`Label`	顯示文字或圖像
`Button`	上面有文字、點擊後會執行動作的按鈕
`Entry`	只能輸入一行文字的文字輸入框
`Text`	可以輸入多行文字的文字輸入框
`Frame`	可以把元件分組或是當作空白間距的矩形區域

小提醒

Tkinter 的元件比這裡列出還要多很多。完整列表可以查看 TkDocs 教程裡的 Basic Widgets（https://tkdocs.com/tutorial/widgets.html）和 More Widgets（https://tkdocs.com/tutorial/morewidgets.html）文章。

接下來你會學到怎麼使用這些元件。我們依照上表的順序來仔細瞭解吧。

Label（標籤）元件

Label 元件可以顯示文字或圖像。Label 顯示的文字不能由使用者編輯，只有顯示的功能。

就像你在這章開頭的範例看到的，把字串傳給 `Label` 類別的 `text` 參數，就可以建立 Label 物件：

```
label = tk.Label(text="Hello, Tkinter")
```

Label 元件會顯示為作業系統預設的文字和背景顏色，通常是白底黑字，但如果你在作業系統更改過設定，可能就會看到不同的顏色。

你可以用 `foreground` 和 `background` 參數控制 Label 的文字和背景顏色：

```
label = tk.Label(
    text="Hello, Tkinter",
    foreground="white",  # 設定文字顏色為白色
    background="black"  # 設定背景顏色為黑色
)
```

可以使用的顏色名稱有很多，包括：

- "red"
- "orange"
- "yellow"
- "green"
- "blue"
- "purple"

除了這些以外，還有更多可以用在 Tkinter 的 HTML 顏色名稱（https://htmlcolorcodes.com/color-names/）。TkDocs 網站（http://www.tcl.tk/man/tcl8.6/TkCmd/colors.htm）也有完整的顏色列表，包括 macOS 和 Windows 系統的佈景主題顏色。

你還可以使用十六進位的 RGB 值（https://zh.wikipedia.org/wiki/網頁顏色）來指定顏色：

```
label = tk.Label(text="Hello, Tkinter", background="#34A2FE")
```

這行程式碼會把背景設定成漂亮的淺藍色。

十六進位 RGB 值看起來比顏色名稱複雜很多，不過可以調整得更精細。也有一些工具（https://htmlcolorcodes.com/）可以輕鬆查詢十六進位值對應的顏色。

如果你不想一直輸入 `foreground`、`background`，那你也可以用簡寫的 `fg` 和 `bg` 參數來設定文字和背景顏色：

```
label = tk.Label(text="Hello, Tkinter", fg="white", bg="black")
```

你還可以用 `width` 和 `height` 參數來控制標籤的寬度和高度：

```
label = tk.Label(
    text="Hello, Tkinter",
    fg="white",
    bg="black",
    width=10,
```

Next

```
    height=10
)
```

下面是這個標籤在視窗裡的樣子：

奇怪的是，儘管寬度和高度都是設為 10，但視窗裡的標籤卻不是正方形。這是因為在這裡的高度和寬度是以**文字單位（text unit）**來計算的。水平文字單位就是系統預設字體中 0（數字零）的寬度，垂直文字單位則是 0 的高度。

小提醒

為了確保應用程式在不同作業系統的表現一致，Tkinter 的 Label 會用文字單位來計算寬度和高度，而不是用英寸、公分或像素（pixel）。

用預設字體的字元尺寸來作為單位，就代表無論應用程式在什麼作業系統上執行，文字都能夠正確的容納在標籤和按鈕裡。

Label 非常適合用來顯示文字，但沒有辦法取得使用者輸入的資訊。接下來會介紹 3 個用來取得使用者輸入的元件。

Button（按鈕）元件

Button 元件會顯示可點擊的按鈕。你可以另外設定在點擊時呼叫函式，我們會在 20.4 節說明。現在先看看怎麼建立和設定 Button 的樣式。

Button 和 Label 元件有許多相似之處，也可以說 Button 其實就是可以點擊的 Label。設定 Label 樣式的參數都適用於 Button 元件。

舉例來說，下面的程式碼會建立一個藍色背景、黃色文字、高度和寬度分別是 25 和 5 個文字單位的 Button 元件：

```
button = tk.Button(
    text="Click me!",
    width=25,
    height=5,
    bg="blue",
    fg="yellow",
)
```

這是 Button 元件在視窗裡的樣子，可以用滑鼠點擊看看：

小提醒

Button 的背景設定在 macOS 上沒有作用。這是作業系統本身的限制，不是 Tkinter 的問題。

Entry（輸入）元件

需要讓使用者輸入一些文字（例如姓名或電子郵件地址）的時候，就可以用 Entry 元件，這個元件會顯示一個使用者可以打字的小文字框。

Entry 元件的建立方式和樣式設定，和 Label、Button 元件幾乎相同。例如這個範例是一個藍色背景、黃色文字、50 個文字單位寬的 Entry 元件：

```
entry = tk.Entry(fg="yellow", bg="blue", width=50)
```

不過，Entry 元件的重點不在於外觀樣式，而是輸入的資料。你可以用 Entry 元件來執行 3 種主要操作：

1. `.get()` 提取文字
2. `.delete()` 刪除文字
3. `.insert()` 插入文字

說明這些操作的最佳方法還是要自己動手做。現在開啟 IDLE 的互動視窗，導入 `tkinter`，建立一個新視窗：

```
>>> import tkinter as tk
>>> window = tk.Tk()
```

再來建立一個 Label 和一個 Entry 元件：

```
>>> label = tk.Label(text="Name")
>>> entry = tk.Entry()
```

Label 只是用來說明 Entry 元件裡面應該輸入什麼文字。Label 沒辦法強制規定使用者要在 Entry 輸入什麼內容，但是可以讓使用者知道這裡該輸入什麼。

接下來需要用 .pack() 把元件顯示在視窗裡：

```
>>> label.pack()
>>> entry.pack()
```

結果看起來會像這樣：

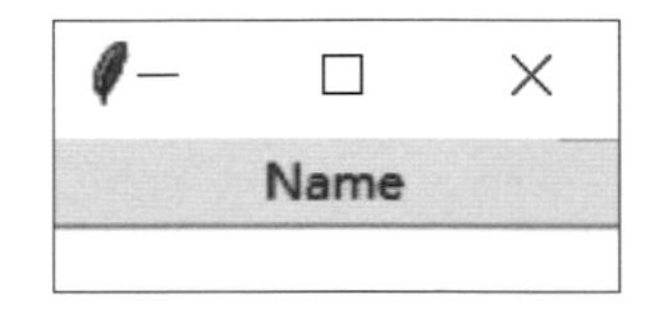

注意 Tkinter 會自動把 Label 放在 Entry 元件上方置中。這是 .pack() 的特性之一，你會在 20.3 節了解更多。

.get() 提取文字

點擊 Entry 元件，輸入 Real Python：

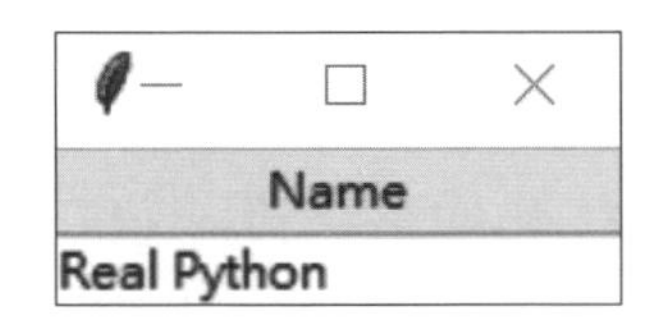

現在你已經在 Entry 元件輸入一些文字了，只是這些文字還沒進到程式裡。用 Entry 元件的 .get() 來提取文字，指派給 name 變數：

```
>>> name = entry.get()
>>> name
'Real Python'
```

.delete() 刪除文字

你還可以用 Entry 元件的 .delete() 刪除文字。把整數引數傳給 .delete()，就可以刪除指定索引的字元，例如 .delete(0) 會刪除 Entry 的第一個字元：

```
>>> entry.delete(0)
```

現在元件裡的文字變成 eal Python：

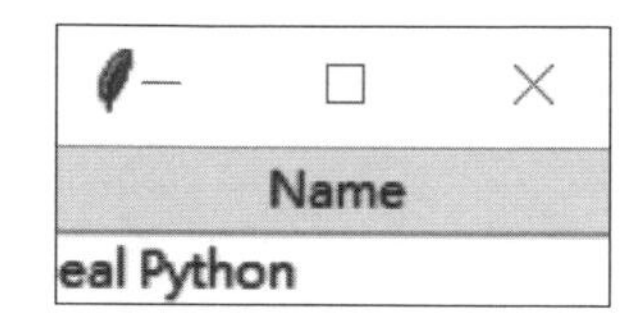

小提醒

就像 Python 字串一樣，Entry 元件的文字是從 0 開始索引。

如果要從 Entry 刪除一串字元，可以把第二個引數傳給 `.delete()`，指定要刪除的索引結尾。例如這行程式碼會再刪除 Entry 的前 4 個字母：

```
>>> entry.delete(0, 4)
```

刪除了字元 e、a、l 和空格之後，現在 Entry 裡只剩下文字 Python：

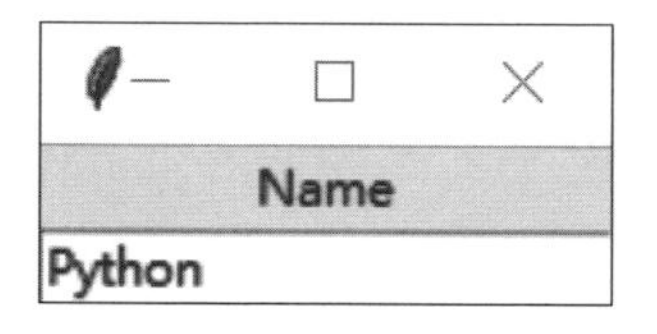

小提醒

`Entry.delete()` 的運作原理和字串切片一樣。第一個引數指定起始索引，持續刪除直到（但不包含）第二個引數的索引。

也可以用 tkinter 的特殊常數 `tk.END` 作為 `.delete()` 的第二個引數，刪除到最後一個文字為止：

```
>>> entry.delete(0, tk.END)
```

現在會剩下一個空白的文字框：

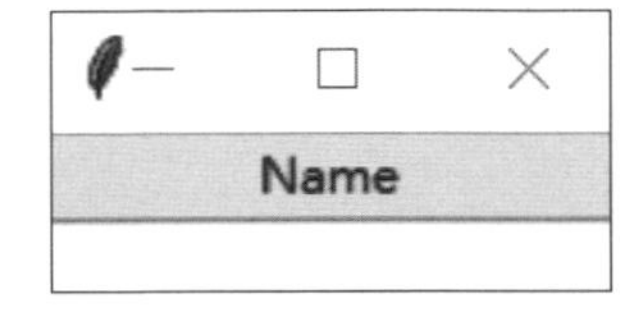

.insert() 插入文字

`.insert()` 可以把文字插入 Entry 元件：

```
>>> entry.insert(0, "Python")
```

插入文字後的視窗看起來像這樣：

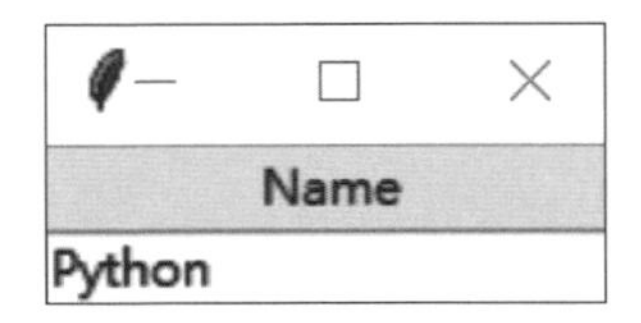

第一個引數指定 `.insert()` 插入文字的索引。如果 Entry 裡面原本沒有文字，那麼不管傳什麼值都會直接輸入 Entry。如果你剛剛呼叫 `.insert()` 是傳入 100 而不是 0，產生的結果仍然會一樣。

如果 Entry 裡面已經有文字，那 `.insert()` 會在指定位置插入新文字，把後面的現有文字向右移動：

```
>>> entry.insert(0, "Real ")
```

Entry 元件的文字現在是 Real Python：

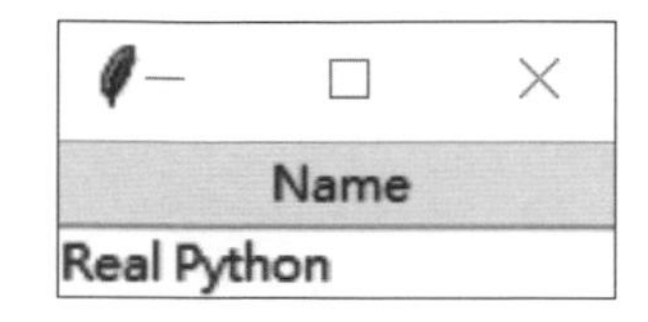

Entry 元件非常適合讓使用者輸入少量文字，不過只能顯示單一一行，所以不太適合輸入大量文字。如果要容納大量文字，就是 Text 元件派上用場的時候了！

Text（文字）元件

Text 元件可以輸入文字，就像 Entry 元件一樣，不同的是 Text 元件可以輸入很多行文字。使用者可以輸入一整段，甚至是好幾頁的文字！

Text 元件也有 Entry 元件的 3 種操作：

1. `.get()` 提取文字
2. `.delete()` 刪除文字
3. `.insert()` 插入文字

雖然方法名稱和 Entry 都一樣，但運作方式有一點不同。我們實際來建立一個 Text 元件，看看差別在哪裡。

小提醒

如果剛才用的視窗還開著，你可以在 IDLE 互動視窗執行這行程式來關閉：

```
>>> window.destroy()
```

也可以點擊視窗的 x 來關閉就好。

在 IDLE 的互動視窗建立一個新的空白視窗（tk），再用 .pack() 把一個 Text 元件放進去：

```
>>> window = tk.Tk()
>>> text_box = tk.Text()
>>> text_box.pack()
```

螢幕上應該會出現一個有文字框的視窗。點擊視窗內的任意位置啟動文字框，再輸入單詞 Hello，然後按 Enter，在第二行輸入 World。

視窗看起來應該像這樣：

```
tk
Hello
World
```

.get() 提取文字

你可以用 .get() 從 Text 元件取得文字。但是不用引數呼叫 .get() 的話，不會像 Entry 元件那樣傳回文字框裡的所有文字，反而會引發例外訊息：

```
>>> text_box.get()
Traceback (most recent call last):
  File "<pyshell#4>", line 1, in <module>
    text_box.get()
TypeError: Text.get() missing 1 required positional argument:
'index1'
```

Text.get() 至少要傳一個索引的引數。用一個引數呼叫 .get() 會傳回單一字元；傳入兩個引數，也就是開始索引和結束索引，就會傳回一串文字。

Text 元件的索引和 Entry 元件的運作方式不同，因為 Text 元件可以有很多行文字，所以索引必須有兩項資訊：

1. 字元在第幾行
2. 字元在一行裡的位置

行的編號是從 1 開始計數，字元位置則是從 0 開始計數。

索引需要一個格式 **"M.N"** 的字串，M 是行的編號，N 是字元在一行裡的位置。例如 **"1.0"** 表示第 1 行的第 1 個字元；**"2.3"** 表示第 2 行的第 4 個字元。

我們來用索引 **"1.0"** 讀取第 1 行第 1 個字：

```
>>> text_box.get("1.0")
'H'
```

現在來取文字框的第 1 行 Hello。字元位置要從 0 開始算，所以字母 H 的位置編號是 0，字母 o 則是 4。再來，就像字串切片一樣，結束的位置必須是要讀取的最後一個字元再加 1。所以用 **"1.0"** 作為第一個索引，**"1.5"** 作為第二個索引：

```
>>> text_box.get("1.0", "1.5")
'Hello'
```

同理，要取第 2 行的 World，就把索引的行編號改成 2：

```
>>> text_box.get("2.0", "2.5")
'World'
```

要取得文字框的所有文字的話，可以把起始索引設成 **"1.0"**，再用常數 **tk.END** 作為第二個索引：

```
>>> text_box.get("1.0", tk.END)
'Hello\nWorld\n'
```

要注意 `.get()` 傳回的文字也會包含換行字元（`\n`）。從這個範例可以看到 Text 元件的每一行結尾都有一個換行字元，包括最後一行。

.delete() 刪除文字

`.delete()` 可以從文字框刪除字元，運作方式和 Entry 元件的 `.delete()` 一樣，可以傳一個或兩個引數。

只傳一個索引引數就只會刪除一個字元。例如這行程式碼會刪除第一個字元 H：

```
>>> text_box.delete("1.0")
```

視窗的第 1 行文字現在是 ello：

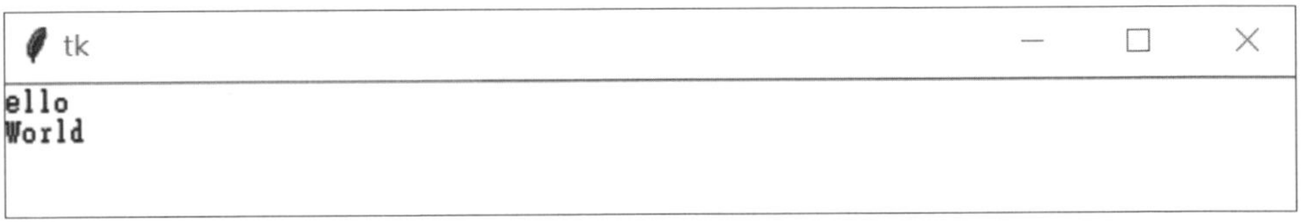

```
tk
ello
World
```

傳兩個索引可以刪除第 1 個索引開始到第 2 個索引前（不包括第 2 個索引）的所有字元。例如要刪除文字框第一行剩下的 ello，可以用索引 `"1.0"` 和 `"1.4"`：

```
>>> text_box.delete("1.0", "1.4")
```

第 1 行文字消失了，在第 2 行 World 上面留下一個空行：

```
tk
World
```

雖然在視窗上看不到，但第一行還有一個字元：換行字元（\n）。你可以用 .get() 來確認：

```
>>> text_box.get("1.0")
'\n'
```

如果把這個字元也刪除，文字框剩下的內容就會往上移動一行：

```
>>> text_box.delete("1.0")
```

現在 World 在文字框的第一行：

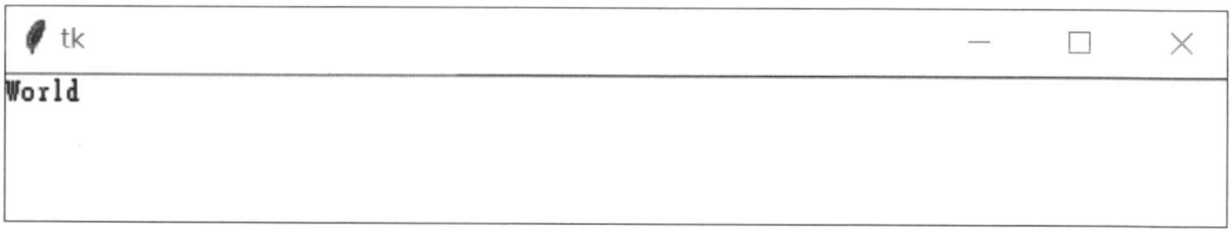

```
tk
World
```

我們來完全清除文字框裡的文字。把 "1.0" 設成起始索引，用 tk.END 當作結尾索引：

```
>>> text_box.delete("1.0", tk.END)
```

文字框現在是空白的了。

.insert() 插入文字

你可以用 .insert() 在文字框插入文字：

```
>>> text_box.insert("1.0", "Hello")
```

這行程式會在文字框的開頭插入單詞 Hello。

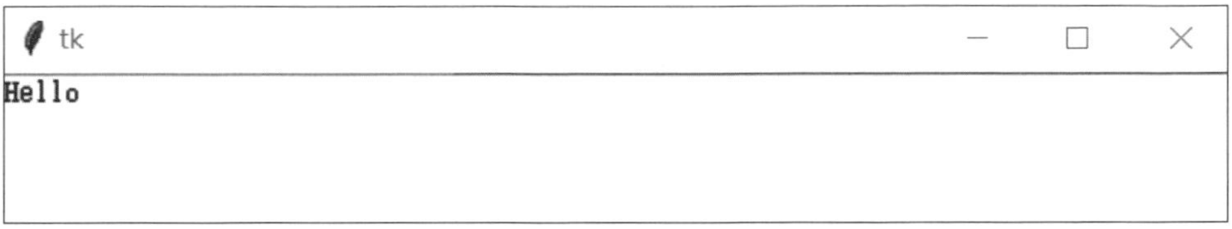

```
tk
Hello
```

現在來看看，如果在第 2 行的索引插入單詞 World 會有什麼結果：

```
>>> text_box.insert("2.0", "World")
```

文字沒有插入第 2 行，而是出現在第 1 行結尾：

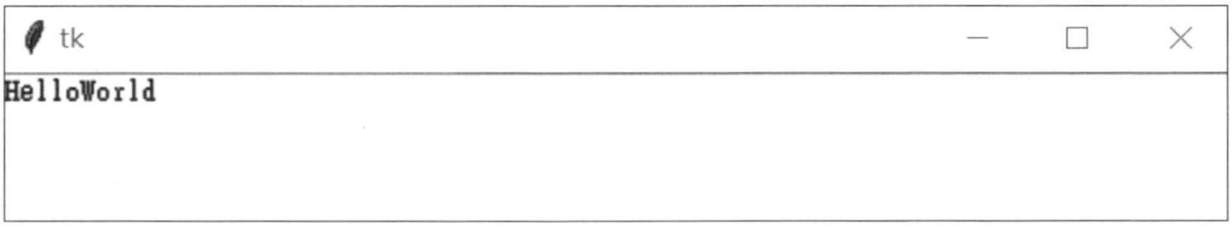

```
tk
HelloWorld
```

我們先在視窗上把放錯位置的 World 刪掉。如果要在程式裡把文字插入到新的一行，就要特別補上換行字元（\n）才行：

```
>>> text_box.insert("2.0", "\nWorld")
```

現在 World 出現在文字框的第 2 行了：

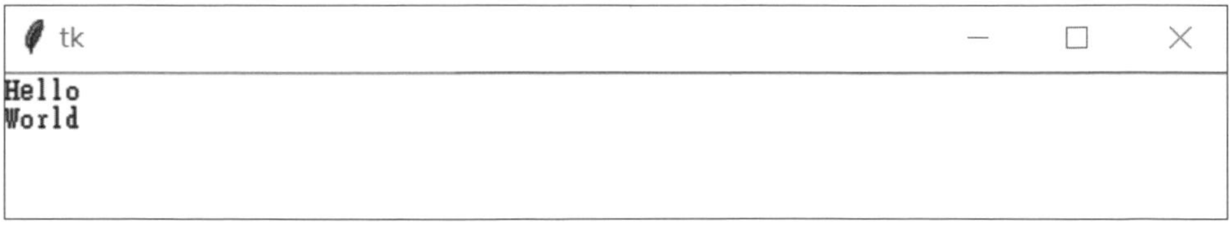

```
tk
Hello
World
```

如果指定的位置已經有文字，`.insert()` 就會在指定位置插入文字；如果指定位置的編號超過最後一個字元的位置，就會把文字附加到指定那行的最後面。

但我們通常不會隨時確認最後一個字元的位置，所以要在 Text 元件結尾插入文字的話，還是把 `tk.END` 傳給 `.insert()` 的第 1 個引數比較方便：

```
text_box.insert(tk.END, "這會在最後一行的結尾")
```

如果你想把文字放在新的一行，那就在文字的開頭加上換行字元（`\n`）：

```
text_box.insert(tk.END, "\n這會在新的一行")
```

Label、Button、Entry 和 Text 只是 Tkinter 元件的其中幾個，還有很多其他元件，像是 Checkbutton（多選框）、Radiobutton（單選框）、Scrollbar（頁面捲軸）和 Progressbar（進度條）等等。關於元件的更多資訊，可以查看 TkDocs.com 的教學網頁（https://tkdocs.com/tutorial/widgets.html）。

Frame（框架）元件

在這章我們只會使用 5 個元件：剛才學到的 4 個還有接下來要學的 Frame 元件。

Frame 元件對於組織其他元件的配置非常重要。在我們詳細介紹元件的版面配置之前，先來仔細看看 Frame 元件的運作方式，還有要怎麼把其他元件指派給 Frame。

下面這個程式會建立一個空白的 Frame 元件，指派給應用程式的視窗：

```
import tkinter as tk

window = tk.Tk()
frame = tk.Frame()
frame.pack()

window.mainloop()
```

`frame.pack()` 應該會把 Frame 加進視窗，然後讓視窗在看得到 Frame 的前提下盡可能縮小才對。但執行上面的程式碼之後，結果卻非常奇怪：

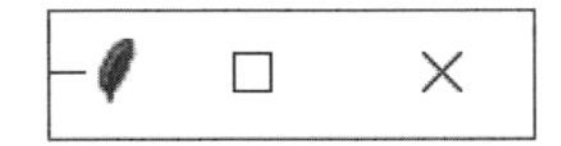

其實 Frame 元件本身本來就是看不到的。與其說 Frame 是一個元件，不如說是其他元件的容器會更為貼切。你可以設定其他元件的 `master` 屬性，把元件指派給 Frame：

```
frame = tk.Frame()
label = tk.Label(master=frame)
```

我們來寫一個程式，體會一下這到底是怎麼運作的。建立 `frame_a` 和 `frame_b` 兩個 Frame 元件，`frame_a` 裡面是寫著 I'm in Frame A 的 Label，`frame_b` 裡是寫著 I'm in Frame B 的 Label。這是其中一種作法：

```
import tkinter as tk

window = tk.Tk()

frame_a = tk.Frame()
frame_b = tk.Frame()

label_a = tk.Label(master=frame_a, text="I'm in Frame A")
```

Next

```
label_a.pack()

label_b = tk.Label(master=frame_b, text="I'm in Frame B")
label_b.pack()

frame_a.pack()
frame_b.pack()

window.mainloop()
```

注意 `frame_a` 比 `frame_b` 更早用 `.pack()` 放到視窗。在視窗裡可以看到，`frame_a` 的 Label 會顯示在 `frame_b` 的 Label 上面：

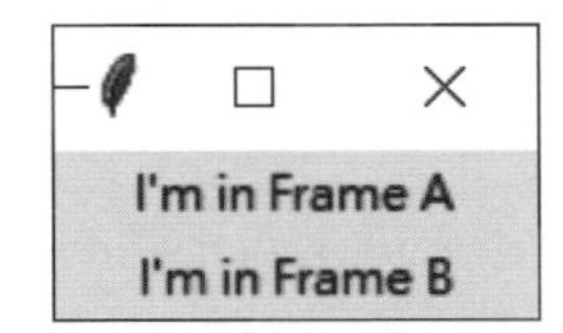

現在我們看看交換 `frame_a.pack()` 和 `frame_b.pack()` 的順序會怎麼樣：

```
import tkinter as tk

window = tk.Tk()

frame_a = tk.Frame()
label_a = tk.Label(master=frame_a, text="I'm in Frame A")
label_a.pack()

frame_b = tk.Frame()
label_b = tk.Label(master=frame_b, text="I'm in Frame B")
label_b.pack()

# 交換 frame_a 和 frame_b 的順序
frame_b.pack()
frame_a.pack()

window.mainloop()
```

輸出的結果如下：

現在換成 `label_b` 在上面了。因為 `label_b` 被指派給 `frame_b`，所以 `label_b` 會出現在放置 `frame_b` 的位置。

你學到的 4 個元件（Label、Button、Entry 和 Text），在創建時都能設定 `master` 屬性，指派到指定的框架。沒有指定 `master` 屬性的話就會預設以視窗（也就是 `tk.Tk` 物件）作為 `master`。

Frame 元件非常適合用來組織管理其他元件，你可以把相關的元件指派到同一個 Frame，在視窗裡設定 Frame 的位置的時候，相關的元件就會一起設定好。

用 relief 調整框架的外觀

Frame 小組件可以用 `relief`（浮雕）屬性來設定邊框，`relief` 可以設定為以下的值：

- **tk.FLAT** 不產生邊框效果（預設值）。
- **tk.SUNKEN** 產生下沉效果。
- **tk.RAISED** 產生凸起效果。
- **tk.GROOVE** 產生凹槽效果。
- **tk.RIDGE** 產生脊狀效果。

使用邊框效果的時候，必須把 `borderwidth` 屬性也設為大於 1 的值。這個屬性調整邊框的寬度，單位是像素（pixel）。

舉例來說，這樣建立的 Frame 就會有凸起的效果，邊框的寬度是 5 像素：

```
frame = tk.Frame(master=window, relief=tk.RAISED, borderwidth=5)
```

你也可以自己嘗試看看其他的邊框效果。

元件命名慣例

建立元件的時候，你可以取任何變數名稱，只要是一個有效的 Python 名稱就行。不過在元件的變數名稱裡，最好還是包含元件的類別名稱。例如，如果你要用 Label 元件來顯示使用者名稱，那你可以把元件命名為 `label_user_name`；用來輸入使用者年齡的 Entry 元件則可以命名為 `entry_user_age`。在變數名稱標示元件類別，可以幫助自己和其他閱讀程式碼的人辨別變數代表的元件。

不過用元件類別的全名又會導致變數名稱太長，所以可以用簡寫就好。在這章的後半部分，我們會用以下簡寫來命名元件：

元件類別	簡寫方式	命名範例
Label	lbl	lbl_name
Button	btn	bun_submit
Entry	ent	ent_age
Text	txt	txt_notes
Frame	frm	frm_address

在這節你學會了建立視窗還有使用元件和框架。以目前學習進度，你已經有能力製作一些顯示訊息的簡單視窗，不過還沒達到建構完整應用程式的程度。

在下一節，你會學習使用 Tkinter 強大的幾何管理器來管理應用程式的配置。

練習題

你可以在 https://www.flag.com.tw/bk/st/F3747 找到這些練習題的解答：

1. 不要查看前面的程式碼，試著重現這節的所有視窗圖片；重建過程遇到困難的話，再檢查範例的程式碼。不過看完之後，間隔 10 到 15 分鐘再繼續嘗試。

   重複這樣的過程，直到你可以自己做出所有視窗。你自己的程式碼和範例略有不同也沒關係，不過要仔細確認輸出的結果是不是真的一樣。

2. 寫一個程式，顯示一個寬 50 文字單位、高 25 文字單位的 Button 元件，上面有白色背景的藍色文字 Click here。

3. 寫一個程式，顯示一個寬 40 文字單位、白色背景、黑色文字的 Entry 元件。用 `.insert()` 在 Entry 元件顯示 What is your name? 文字。

20.3 使用幾何管理器控制版面配置

我們在上一節都是使用 `.pack()` 把元件加到視窗和 Frame，不過你還沒有確切學到這個方法的運作細節，我們現在就來弄清楚吧！

在 Tkinter，你可以用**幾何管理器（geometry manager）**來控制應用程式的配置。`.pack()` 是幾何管理器的一員，但不是唯一一個。Tkinter 還有另外兩個幾何管理器：`.place()` 和 `.grid()`。

在同一個 Frame 裡面不能混用幾何管理器，但是同一個視窗裡的不同 Frame 可以使用不同的幾何管理器。

在實務上，最常使用的其實是 `.grid()` ，不過我們會放到最後再說明，現在先從 `.pack()` 開始瞭解。

.pack() 幾何管理器

`.pack()` 會使用一種打包演算法，依照指定的順序把元件放進 Frame 或視窗。打包演算法有 2 個主要的步驟：

1. 計算一個稱為**包裹（parcel）**的矩形區域，高度（或寬度）剛好可以容納要放置的元件，然後再用空白填充包裹裡剩下的寬度（或高度）。
2. 除非你特別指定位置，不然 `.pack()` 預設會把元件放在包裹的中心。

`.pack()` 的功能強大，但不太容易觀察運作的過程，我們還是操作一些實際範例來確認。先來看看把 3 個 Frame 元件用 `.pack()` 放入視窗的結果：

```
import tkinter as tk

window = tk.Tk()

frame1 = tk.Frame(master=window, width=100, height=100, bg="red")
frame1.pack()

frame2 = tk.Frame(master=window, width=50, height=50, bg="yellow")
frame2.pack()

frame3 = tk.Frame(master=window, width=25, height=25, bg="blue")
frame3.pack()

window.mainloop()
```

預設情況下，`.pack()` 會按照呼叫的順序把每個 Frame 放置在前一個 Frame 下面：

各個 Frame 會由上往下放。紅色的 Frame 放在視窗的頂部，然後黃色的 Frame 放在紅色的下面，藍色的 Frame 放在黃色的下面。

編註：注意這裡的 3 個 Frame 的形狀都是正方形。雖然 Label、Button 等元件的尺寸是用文字單位來計算，但 Frame 的尺寸單位是像素（pixel），所以長度和寬度的大小會一樣。

這裡有 3 個看不見的包裹，分別裝著這 3 個 Frame 元件。每個包裹都和視窗一樣寬，高度則和包裹裡裝著的 Frame 一樣高。因為每個 Frame 呼叫 `.pack()` 的時候都沒有額外指定，所以在包裹裡都是按照預設置中擺放。

不過 `.pack()` 可以用一些引數來更精確設置元件。例如可以用 `fill` 參數來指定填滿 Frame 的方式，選項有 3 種：

1. `tk.X` 朝水平方向填滿。

2. `tk.Y` 朝垂直方向填滿。

3. `tk.BOTH` 朝水平、垂直 2 個方向填滿。

下面的程式碼會水平填充 3 個 Frame：

```
import tkinter as tk

window = tk.Tk()

frame1 = tk.Frame(master=window, height=100, bg="red")
frame1.pack(fill=tk.X)

frame2 = tk.Frame(master=window, height=50, bg="yellow")
frame2.pack(fill=tk.X)

frame3 = tk.Frame(master=window, height=25, bg="blue")
frame3.pack(fill=tk.X)

window.mainloop()
```

注意這裡的 Frame 元件都沒有設定寬度。我們設定了 `.pack()` 的 **`fill`** 參數，Frame 就會水平延展、填滿每一個框架，覆蓋原本的寬度設定，所以設定寬度也不會有效果。

上面的程式碼產生的視窗看起來像這樣：

用 `.pack()` 填滿視窗的好處之一是，在視窗調整大小的時候，也會同步填滿延伸的視窗。擴大這個視窗，看看效果如何。

視窗變寬之後，3 個 Frame 元件的寬度都會同時變寬、填滿視窗；不過 Frame 元件在垂直方向就不會同樣延展了。如果要在垂直方向延展，就要改成傳入 tk.Y 或 tk.BOTH 引數。

.pack() 的 side 參數則是可以指定元件要放在視窗的哪一側，選項有 tk.TOP、tk.BOTTOM、tk.LEFT 和 tk.RIGHT。如果沒有設定 side 的引數，那 .pack() 會預設選用 tk.TOP，把新的元件放在視窗頂部；如果頂部已經被其他元件占滿，就會放在剩餘部份的最上方。

下面的範例程式會從左到右並排放置 3 個 Frame，每個 Frame 在垂直方向填滿視窗：

```
import tkinter as tk

window = tk.Tk()

frame1 = tk.Frame(master=window, width=200, height=100, bg="red")
frame1.pack(fill=tk.Y, side=tk.LEFT)

frame2 = tk.Frame(master=window, width=100, bg="yellow")
frame2.pack(fill=tk.Y, side=tk.LEFT)

frame3 = tk.Frame(master=window, width=50, bg="blue")
frame3.pack(fill=tk.Y, side=tk.LEFT)

window.mainloop()
```

這次你至少要在其中一個 Frame 傳入 height 引數，讓視窗有初始的高度（編註：如果不這麼做，預設視窗高度就會縮到最小，也可以再手動拉大就好）。

產生的視窗如下：

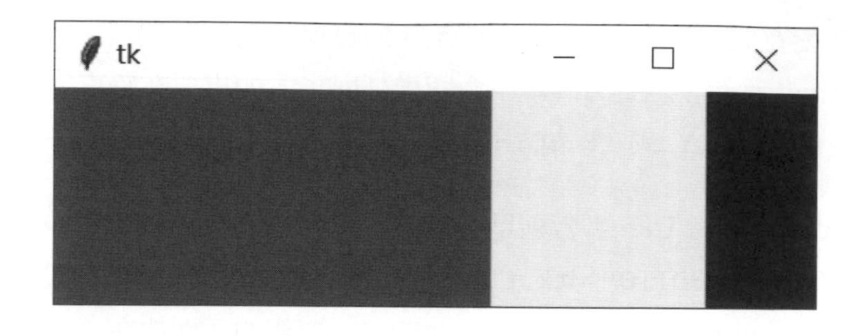

和 `fill=tk.X` 的填滿效果類似，`fill=tk.Y` 會讓 Frame 在垂直調整視窗大小的時候同步調整填滿，你也可以試試看。

不過前面的這兩種設置都不是理想的**響應式（responsive）**設計。如果要讓 Frame 可以真正隨視窗大小變化，可以用 `width` 和 `height` 屬性設定 Frame 的初始大小，然後把 `.pack()` 的 `fill` 參數設為 `tk.BOTH`，另外再把 `expand` 參數設為 `True`：

```
import tkinter as tk

window = tk.Tk()

frame1 = tk.Frame(master=window, width=200, height=100, bg="red")
frame1.pack(fill=tk.BOTH, side=tk.LEFT, expand=True)

frame2 = tk.Frame(master=window, width=100, bg="yellow")
frame2.pack(fill=tk.BOTH, side=tk.LEFT, expand=True)

frame3 = tk.Frame(master=window, width=50, bg="blue")
frame3.pack(fill=tk.BOTH, side=tk.LEFT, expand=True)

window.mainloop()
```

執行這段程式碼之後，看到的視窗會和上一個例子的視窗相同；不過這次你可以隨心所欲調整視窗大小，不論是哪個方向，Frame 都會延伸填滿視窗，酷吧！

.place() 幾何管理器

你可以用 .place() 來精確控制元件要放在視窗或 Frame 裡的哪個位置。你必須傳入引數 x 和 y，用來指定元件左上角的 x 坐標和 y 坐標。這裡的 x 和 y 是以像素(pixel)為單位，不是用文字單位。

另外要提醒，Frame 或視窗的原點，也就是 x 和 y 坐標都是 0 的點是在左上角。也可以說，.place() 的 y 參數是和視窗(或 Frame)上緣之間的距離；x 參數則是和左緣之間的距離。

下面是 .place() 幾何管理器的範例：

```
import tkinter as tk

window = tk.Tk()

#1
frame = tk.Frame(master=window, width=155, height=155)
frame.pack()

#2
label1 = tk.Label(master=frame, text="I'm at (0, 0)", bg="red")
label1.place(x=0, y=0)

#3
label2 = tk.Label(master=frame, text="I'm at (75, 75)", bg="yellow")
label2.place(x=75, y=75)

window.mainloop()
```

首先我們在 #1 建立一個 Frame 元件 frame，寬 155 像素，高 155 像素，再用 .pack() 放進視窗。然後在 #2 建立 label1，一個紅色背景的 Label，放在 frame 的 (0, 0) 位置。最後在 #3 建立 label2，一個黃色背景的 Label，放置在 frame 的 (75, 75) 位置。

程式碼產生的視窗如下：

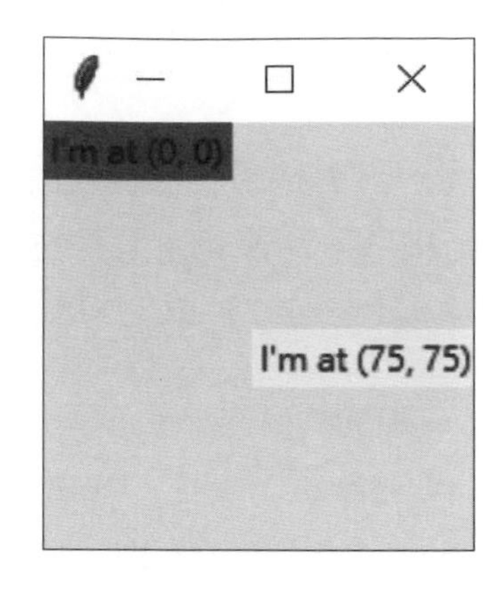

不過 `.place()` 其實不太常用到。它有 2 個主要缺點：

1. **使用困難**，尤其是你的應用程式有非常多元件的時候。
2. **缺乏響應性**，也就是不會隨著視窗大小改變而調整尺寸。

開發跨平台 GUI 的主要困難之一，就是無論在哪個平台上都要保持排列整齊好看。在大多數情況下，`.place()` 都很不利於製作響應式和跨平台設計。

這也不是說永遠都不該使用 `.place()`，還是會有剛好很適合的狀況。例如要建立一個地圖的 GUI 介面的話，`.place()` 就可以完美確保元件在地圖上保持正確距離。

`.pack()` 通常是比 `.place()` 更好的選擇，但 `.pack()` 也有一些缺點。例如，元件的擺放方式只能由呼叫 `.pack()` 的順序決定，如果沒有仔細讀過程式碼，就會很難更動元件的編排。接下來會學到的 `.grid()` 幾何管理器可以解決很多像這樣的問題。

.grid() 幾何管理器

`.grid()` 應該是所有幾何管理器中最經常用到的，它有 `.pack()` 所有的功能，而且程式碼更容易理解和維護。

`.grid()` 的運作方式是把視窗或 Frame 拆分為網格狀的列（橫的）和欄（直的）。你可以呼叫 `.grid()`，把列和欄的索引分別傳入 `row` 和 `column` 參數，就能指定元件的位置。列和欄的索引都是從 `0` 開始，所以傳入 `row=1` 和 `column=2` 會把元件放置在第 2 列的第 3 欄。

例如這段程式碼會把視窗分成 3 × 3 的 Frame 網格，每個 Frame 裡面都有一個 Label 元件：

```
import tkinter as tk

window = tk.Tk()

for i in range(3):
    for j in range(3):
        frame = tk.Frame(
            master=window,
            relief=tk.RAISED,
            borderwidth=1
        )
        frame.grid(row=i, column=j)
        label = tk.Label(master=frame, text=f"Row {i}\nColumn {j}")
        label.pack()

window.mainloop()
```

產生的視窗會像這樣：

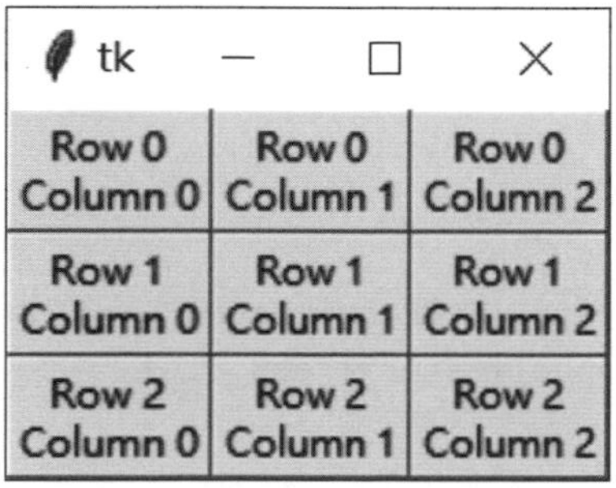

這個範例使用了兩種幾何管理器：我們用 `.grid()` 把每個 Frame 加進視窗，再用 `.pack()` 把每個 Label 加進 Frame。

這裡有一個重點是，雖然 `.grid()` 是由各個 Frame 物件呼叫的，但 `.grid()` 的作用對象依然是 `window` 物件；換句話說，就是 `.grid()` 這個幾何管理器會在 `window` 視窗裡面管理所有 Frame 元件。同樣的，每個 Frame 裡面的元件則是由 `.pack()` 幾何管理器來管理。

剛剛範例裡的 Frame 是緊靠在一起放置的。如果想要在每個 Frame 周圍增加一些空間，你也可以設定每個 Frame 的邊距。**邊距（padding）**是指圍繞元件的空白空間，可以把元件的內容和邊框隔開一段距離。你可以用 `.grid()` 的其中 2 個參數來控制邊距：

1. `padx` 在水平方向加入邊距
2. `pady` 在垂直方向加入邊距

`padx` 和 `pady` 都是以像素計算，不是用文字單位，所以設成相同的值的話，就會在兩個方向加入相同寬度的邊距。

我們在上個範例的 Frame 周圍加入一些邊距：

```
import tkinter as tk

window = tk.Tk()

for i in range(3):
    for j in range(3):
        frame = tk.Frame(
            master=window,
            relief=tk.RAISED,
            borderwidth=1
        )
        frame.grid(row=i, column=j, padx=5, pady=5)  # 加入邊距
        label = tk.Label(master=frame, text=f"Row {i}\nColumn {j}")
        label.pack()

window.mainloop()
```

產生的視窗如下所示：

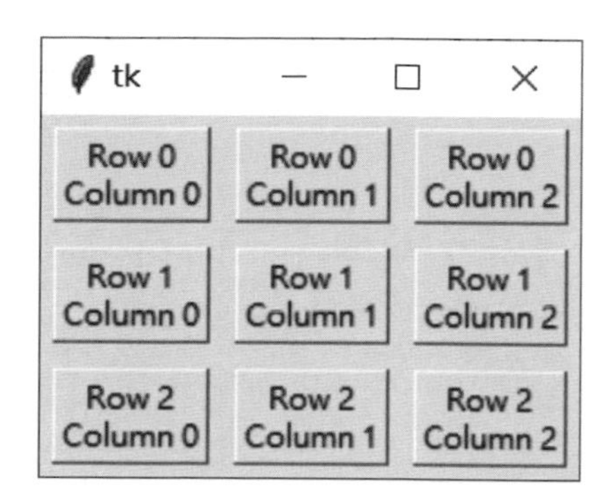

現在每個 Frame 之間有一點距離了，但 Frame 裡面的文字（也就是 Label）和邊框還是貼得很近。在 Frame 裡面使用的幾何管理器是 `.pack()`，而 `.pack()` 也有 `padx` 和 `pady` 參數可以使用。下面的程式碼和前面的程式碼幾乎相同，只是在每個 Label 的 x 和 y 方向都增加了 5 個像素的邊距：

```
import tkinter as tk

window = tk.Tk()

for i in range(3):
    for j in range(3):
        frame = tk.Frame(
            master=window,
            relief=tk.RAISED,
            borderwidth=1
        )
        frame.grid(row=i, column=j, padx=5, pady=5)

        label = tk.Label(master=frame, text=f"Row {i}\nColumn {j}")
        label.pack(padx=5, pady=5)  # 加入邊距

window.mainloop()
```

加上 Label 元件周圍的邊距之後，Frame 的邊框和 Label 的文字之間就有了一點呼吸空間：

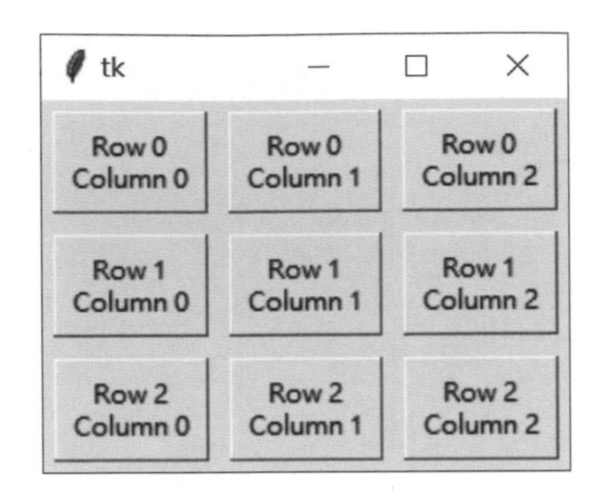

看起來蠻不錯的！不過如果你往任何方向擴展視窗，就會發現響應性不是很好。就算視窗擴大了，整個網格還是會一直保持在左上角。

你可以呼叫 `window` 物件的 `.columnconfigure()` 和 `.rowconfigure()`，設定網格在視窗大小改變的時候該怎麼變化。前面說過，雖然 `.grid()` 是 Frame 元件呼叫的方法，但其實 `.grid()` 是作用在 `window` 物件上。

`.columnconfigure()` 和 `.rowconfigure()` 都需要 3 個引數：

1. 你要調整的網格的索引（可以傳入 list 一次調整一個區塊）
2. 指定引數 `weight`，代表視窗大小改變時，網格也一起改變大小的相對比例
3. 指定引數 `minsize`，設定網格的最小尺寸（以像素為單位）

`weight`（權重）預設是 `0`，也就是在調整視窗大小時，網格不會跟著擴展。如果每一欄和每一列的權重都設定成 `1`，那在視窗擴展的時候，就會全部以相同的速度擴展。如果有一行的權重是 `1`，另一行的權重是 `2`，那後者的擴展速率就會是前者的兩倍。

我們來修改之前的程式碼，用更好的方式處理視窗大小的調整：

```
import tkinter as tk

window = tk.Tk()

for i in range(3):
    window.columnconfigure(i, weight=1, minsize=75)  # 加入這行
    window.rowconfigure(i, weight=1, minsize=50)  # 還有這行
    for j in range(0, 3):
        frame = tk.Frame(
            master=window,
            relief=tk.RAISED,
            borderwidth=1
        )
        frame.grid(row=i, column=j, padx=5, pady=5)

        label = tk.Label(master=frame, text=f"Row {i}\nColumn {j}")
        label.pack(padx=5, pady=5)

window.mainloop()
```

`.columnconfigure()` 和 `.rowconfigure()` 可以放在外層 `for` 迴圈裡，總共執行 3 次，正好完成對 3 個列和 3 個欄的處理。當然，你也可以在 `for` 迴圈外面直接設置每一行和每一欄，只是就變成要寫 6 行程式碼，或是把第一個引數改成 list `[0, 1, 2]`。

迴圈的每次迭代都把第 `i` 行和第 `i` 列的權重設定為 `1`，這樣在調整視窗大小時，每一列和每一欄都會以相同的速率擴展。

`minsize` 引數設定每欄都是 `75` 像素寬、每列都是 `50` 像素高，這樣 Label 元件就保證能完整顯示文字、不會截斷任何字元，就算視窗縮得非常小也一樣。

執行程式來體會一下這些設定的運作！你也可以多試試各種 `weight` 和 `minsize` 引數的設定，看看會如何影響網格。

我們接著處理元件在網格裡的擺放方式。下方範例會建立 2 個 Label 元件，放置在 2 列的網格裡：

```
import tkinter as tk

window = tk.Tk()
window.columnconfigure(0, minsize=250)
window.rowconfigure([0, 1], minsize=100)  # 傳 list 當索引引數

label1 = tk.Label(text="A")
label1.grid(row=0, column=0)

label2 = tk.Label(text="B")
label2.grid(row=1, column=0)


window.mainloop()
```

每一格寬 250 像素，高 100 像素；Label 預設會放置在網格的中心，如下圖所示：

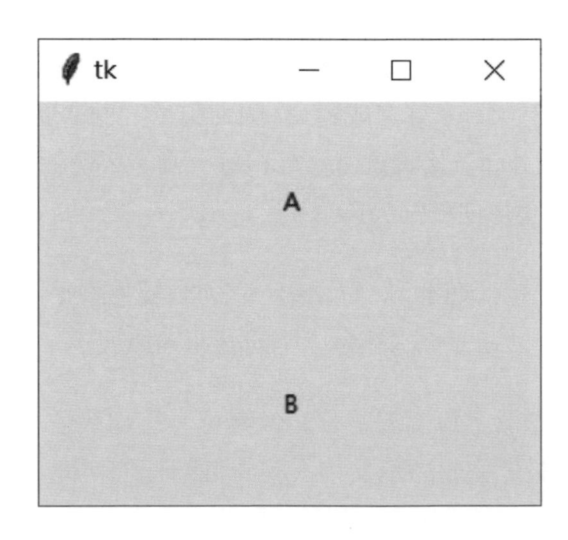

你可以用 `.grid()` 的 `sticky` 參數更改每個 Label 在格子裡的位置。`sticky` 可以傳入下列字母組成的字串：

- "n" 或 "N"，和格子上方中央對齊
- "s" 或 "S"，和格子底部中央對齊
- "e" 或 "E"，和格子右側中央對齊
- "w" 或 "W"，和格子左側中央對齊

字母 n、s、e、w 指的是北、南、東、西。如果在前面的程式碼把 2 個 Label 元件的 **sticky** 設為 "n"，那 Label 就會定位在上方中央：

```
import tkinter as tk

window = tk.Tk()

window.columnconfigure(0, minsize=250)
window.rowconfigure([0, 1], minsize=100)

label1 = tk.Label(text="A")
label1.grid(row=0, column=0, sticky="n")  # 加上 sticky 屬性

label2 = tk.Label(text="B")
label2.grid(row=1, column=0, sticky="n")  # 加上 sticky 屬性

window.mainloop()
```

結果會是這樣：

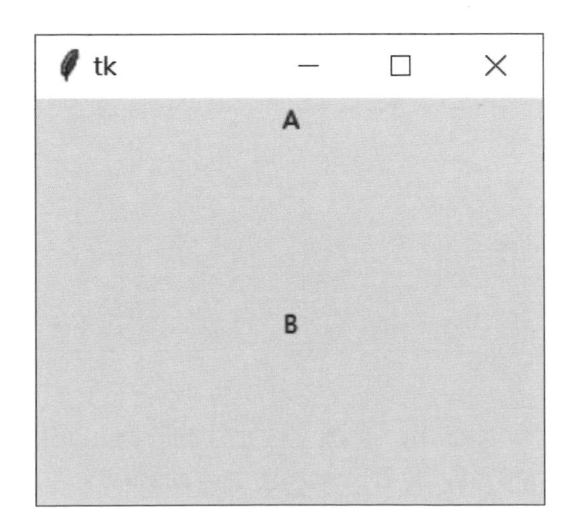

你可以把這些字母組合成字串，把元件定位在角落：

```
import tkinter as tk

window = tk.Tk()
window.columnconfigure(0, minsize=250)
window.rowconfigure([0, 1], minsize=100)

label1 = tk.Label(text="A")
label1.grid(row=0, column=0, sticky="ne")  # 使用 2 個字母

label2 = tk.Label(text="B")
label2.grid(row=1, column=0, sticky="sw")  # 使用 2 個字母


window.mainloop()
```

在這個例子，`label1` 的 `sticky` 參數設為 `"ne"`，就會在格子的右上角。把 `"sw"` 傳給 `label2` 的 `sticky`，`label2` 就會在左下角。

這些設定的執行結果：

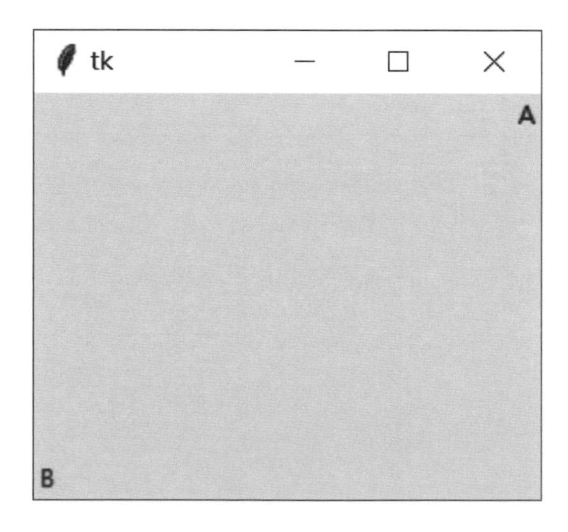

使用 `sticky` 參數定位元件的時候，元件的大小就會調整成剛好可以容納裡面內容的尺寸，不會填滿整個網格。

想要把元件放大的話，也可以指定 "ns" 參數，強制讓元件在垂直方向填滿格子；或是指定 "ew" 參數，在水平方向填滿。

我們用這個範例來說明：

```
import tkinter as tk

window = tk.Tk()

window.rowconfigure(0, minsize=50)
window.columnconfigure([0, 1, 2, 3], minsize=50)

label1 = tk.Label(text="1", bg="black", fg="white")
label2 = tk.Label(text="2", bg="black", fg="white")
label3 = tk.Label(text="3", bg="black", fg="white")
label4 = tk.Label(text="4", bg="black", fg="white")

label1.grid(row=0, column=0)
label2.grid(row=0, column=1, sticky="ew")
label3.grid(row=0, column=2, sticky="ns")
label4.grid(row=0, column=3, sticky="nsew")

window.mainloop()
```

產生的結果像這樣：

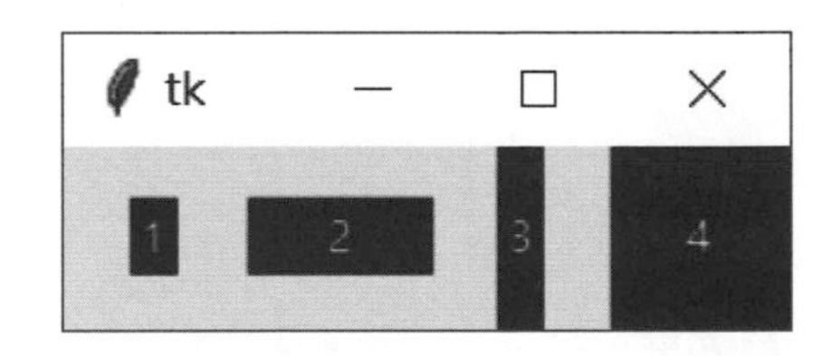

從這個範例可以看出，用 .grid() 幾何管理器的 sticky 參數，就能實現和 .pack() 幾何管理器的 fill 參數一樣的效果。

下表歸納了 sticky 和 fill 參數的對應關係：

.grid()	.pack()
sticky="ns"	fill=tk.Y
sticky="ew"	fill=tk.X
sticky="nsew"	fill=tk.BOTH

.grid() 是一個很強大的幾何管理器，通常會比 .pack() 更方便使用，又比 .place() 靈活得多。在設計 Tkinter 應用程式的時候，可以考慮優先使用 .grid() 作為主要的幾何管理器。

小提醒

其實 .grid() 的用法比你在這章學到的還要更有彈性，例如你還可以把一部分網格合併，讓一個元件配置在很多格上。

你可以查看 TkDocs 教程中的 Grid Geometry Manager（https://tkdocs.com/tutorial/grid.html）獲得更深入的資訊。

現在你已經掌握了 Tkinter 幾何管理器的基礎知識。下一步是在按鈕上指派動作，讓應用程式動起來。

練習題

你可以在 https://www.flag.com.tw/bk/st/F3747 找到這些練習題的解答：

1. 不要查看前面的程式碼，試著重現這節的所有視窗圖片；重建過程遇到困難的話，再檢查範例的程式碼。不過看完之後，間隔 10 到 15 分鐘再繼續嘗試。

   重複這樣的過程，直到你可以自己做出所有視窗。你自己的程式碼和範例略有不同也沒關係，不過要仔細確認輸出的結果是不是真的一樣。

2. 下圖是一個用 Tkinter 製作的視窗。活用你目前學到的技術重建這個視窗，你可以使用任何幾何管理器。

Address Entry Form

First Name:
Last Name:
Address Line 1:
Address Line 2:
City:
State/Province:
Postal Code:
Country:

Clear Submit

20.4 和應用程式互動

在前面的段落，你已經對使用 Tkinter 建立視窗、加入元件還有控制排版有很好的瞭解。這很棒！但是應用程式不應該只是虛有其表，還要可以實際做一些事情！

在這節，你會學到讓應用程式像是有生命一樣，在遇到特定事件的時候就執行對應的動作。

事件和事件處理函式

建立 Tkinter 應用程式之前，你必須先呼叫 `window.mainloop()` 來啟動**事件迴圈（event loop）**。在事件迴圈執行的期間，你的應用程式會持續檢查有沒有事件發生。如果有事件發生，程式就會執行一些程式碼來回應這個事件。

事件迴圈的程式會由 Tkinter 提供，你不必自己檢查事件有沒有發生，但還是要設計發生事件之後會執行的程式碼。在 Tkinter 裡，可以用**事件處理函式**來對應發生的事件。

那麼，什麼是事件？事件出現時會發生什麼事情？

事件（**event**）是指在事件迴圈執行的期間，可能會觸發應用程式回應的各種動作。例如使用者按下鍵盤或滑鼠，就是一種事件。

一個事件發生的時候，會出現一個**事件物件**，也就是代表這個事件的類別物件。你不需要自己建立這些類別，Tkinter 會自動建立事件的類別和物件。

雖然事件迴圈不用自己寫，交給 Tkinter 處理就好，但我們還是可以來寫一個事件迴圈的模擬結構，這樣可以直接瞭解事件迴圈和應用程式應該要怎麼互相配合，又有哪些是需要你自己設計的部分。

這裡先假設有一個名為 `events_list` 的 list，用來儲存事件物件。每當程式裡發生事件，就會把一個新的事件物件加到 `events_list`。你不需要實作這個更新機制，這是個虛構的範例，我們就當作更新會神奇的自動進行。

你可以用無窮迴圈不斷檢查 `events_list` 裡有沒有事件物件要處理：

```
# 假設這個 list 會自動更新
events_list = []

# 執行事件迴圈，用 True 當測試條件就會永遠重覆執行
while True:
    # 如果 events_list 是空的，就代表沒有事件發生，
    # 那就可以直接跳到下一次迭代
    if events_list == []:
        continue
```

Next

```
    # 如果執行到這行，就代表 events_list 裡
    # 至少有一個事件物件
    event = events_list[0]
```

上面這個事件迴圈的模擬，進行到成功取得 event 這個事件物件，接著應該要針對這個物件做處理。假設你的應用程式應該對鍵盤輸入做出反應，那你就要檢查 event 是不是使用者按下鍵盤按鍵的事件；如果是，那就要把 event 傳給負責鍵盤輸入的**事件處理函式**（**event handler function**）。

我們再進一步假設，代表按下鍵盤的事件物件應該要有一個 .type 屬性，內容是字串 "keypress"，另外還有一個 .char 屬性，內容是被按下的按鍵字元。

我們可以根據這些假設，更改一下事件迴圈的程式碼，加入一個處理鍵盤輸入事件的函式 handle_keypress()：

```
events_list = []

# 建立一個事件處理函式
def handle_keypress(event):
    """顯示按下按鍵的字元"""
    print(event.char)

while True:
    if events_list == []:
        continue
    event = events_list[0]

    # 判斷 event 是不是鍵盤輸入的事件物件
    if event.type == "keypress":
        # 如果是，就呼叫 keypress 事件處理函式
        handle_keypress(event)
```

呼叫 Tkinter 的 `window.mainloop()` 的時候，就會執行類似這樣的迴圈！具體來說，`.mainloop()` 會處理迴圈的其中 2 個部分：

1. 把新的事件建立成事件物件，依發生的先後順序放進一個 list 裡面。
2. 把事件物件從 list 取出，傳入事件處理函式。

現在可以把程式碼改成用 `window.mainloop()` 來執行事件迴圈：

```
import tkinter as tk

# 建立一個視窗物件
window = tk.Tk()

# 建立一個事件處理函式
def handle_keypress(event):
    """ 顯示按下按鍵的字元 """
    print(event.char)

# 執行事件迴圈
window.mainloop()
```

`.mainloop()` 替你處理了很多事情，但是上面的程式碼還是不完整，沒辦法執行事件處理函式裡的內容。那 Tkinter 究竟該怎麼呼叫 `handle_keypress()`？

答案是靠 Tkinter 元件的 `.bind()` 方法。

.bind() 方法

如果要在元件發生事件的時候立刻呼叫事件處理函式，就要使用元件的 `.bind()` 方法。這會把事件處理函式和事件**綁定（bind）**，每次事件發生都會呼叫事件處理函式。

延續上一節看到的按鍵範例，我們可以用 .bind() 把按下鍵盤的事件綁定到 handle_keypress()：

```
import tkinter as tk

window = tk.Tk()

def handle_keypress(event):
    """ 顯示按下按鍵的字元 """
    print(event.char)

# 把 keypress 事件和 handle_keypress() 綁定
window.bind("<Key>", handle_keypress)

window.mainloop()
```

在這裡，我們用 window.bind() 把 handle_keypress() 事件處理函式綁定到 "<Key>"（按鍵）事件。在應用程式執行的時候，只要使用者在視窗上按下鍵盤按鍵，互動視窗裡就會顯示按鍵的字元。上面的程式已經是真的可以執行、有效果的程式了，你可以試試看！

.bind() 需要 2 個參數：

1. 像 "<sample>" 這樣的字串，裡面的事件名稱可以是 Tkinter 的任何事件（在範例中是 Key）。
2. 事件處理函式的名稱，也就是事件發生時要呼叫的函式（只有名稱，不要輸入括號）。

事件處理函式會被綁定到呼叫 .bind() 的元件（或視窗）。事件處理函式被呼叫的時候，事件物件就會傳給函式當作引數。

雖然上面的範例是把事件處理函式綁定到視窗，但事件處理函式也可以綁定到任何元件。例如，你可以把事件處理函式綁定到 Button 元件，這樣就能在按下按鈕的時候執行動作：

```
def handle_click(event):
    print("The button was clicked!")

button = tk.Button(text="Click me!")

button.bind("<Button-1>", handle_click)
```

在這個範例，Button 元件的 "<Button-1>" 事件被綁定到 handle_click 事件處理函式。只要滑鼠游標在按鈕按下滑鼠左鍵，就會產生 "<Button-1>" 事件。

點擊滑鼠按鍵還可以產生其他事件，像是按下滑鼠中鍵的 "<Button-2>" 和按下滑鼠右鍵的 "<Button-3>"。

小提醒

常用事件的列表可以參閱 Tkinter 8.5 reference 的 Event types（https://realpython.com/pybasics-event-types）部分。

你可以用 .bind() 把任何事件處理函式綁定到任何類型的元件，但還有一種更簡單的方法可以把事件處理函式綁定到按鈕點擊，那就是 Button 元件的 command 屬性。

command 屬性

每個 Button 元件都有一個 command 屬性，內容可以指派為某個函式的名稱。只要按下按鈕就會執行那個函式。

我們先來看一個例子。首先建立一個視窗，視窗裡有一個 Label 元件，內容是一個數值，然後在 Label 的左側和右側各放置一個按鈕。我們想讓左邊的按鈕可以減少 Label 的值，右邊的按鈕會增加 Label 的值。

這是產生這個視窗外觀的程式碼：

```
import tkinter as tk

window = tk.Tk()

window.rowconfigure(0, minsize=50, weight=1)
window.columnconfigure([0, 1, 2], minsize=50, weight=1)

btn_decrease = tk.Button(master=window, text="-")
btn_decrease.grid(row=0, column=0, sticky="nsew")

lbl_value = tk.Label(master=window, text="0")
lbl_value.grid(row=0, column=1)

btn_increase = tk.Button(master=window, text="+")
btn_increase.grid(row=0, column=2, sticky="nsew")

window.mainloop()
```

視窗看起來像這樣：

但這個視窗還只有外觀，2 個按鈕並不能改變 Label 的內容。我們還需要再修改，讓按鈕開始運作。動手修改之前，你要先學會這 2 件事：取得還有更新 Label 裡的文字。

Label 元件沒有像 Entry 和 Text 元件那樣的 `.get()` 方法，不過你可以像使用字典那樣，用中括號存取 `text` 屬性，這樣就能讀取和修改 Label 裡的文字：

```
label = tk.Label(text="Hello")

# 取得 Label 元件 text 屬性的內容
text = label["text"]

# 設定新的內容文字
label["text"] = "Good bye"
```

現在你會修改 Label 的文字了，就可以寫一個函式，用來把 Label 裡的值增加 1：

```
def increase():
    value = int(lbl_value["text"])
    lbl_value["text"] = f"{value + 1}"
```

在上面的程式碼裡，increase() 會從 lbl_value 取得內容，用 int() 轉換成整數，然後把這個值增加 1，再把 Label 的 text 屬性設成這個新值。

你還要寫另一個函式 decrease()，把 lbl_value 的值減 1：

```
def decrease():
    value = int(lbl_value["text"])
    lbl_value["text"] = f"{value - 1}"
```

把函式 increase() 和 decrease() 都放在程式碼的 import 敘述後面。

現在我們要連結按鈕和這些函式，這要在建立 Button 物件的時候就把函式名稱指派給 command 屬性。例如，用這行程式碼建立按鈕，就會把 increase() 指派給 btn_increase：

```
btn_increase = tk.Button(master=window, text="+", command=increase)
```

再來把 decrease() 也指派給 btn_decrease：

```
btn_decrease = tk.Button(master=window, text="-", command=decrease)
```

以上步驟都完成之後，就成功把按鈕綁定到 increase() 和 decrease() 了，這樣程式也就會正常運行。

下面是完整的程式碼：

```
import tkinter as tk

def increase():
    value = int(lbl_value["text"])
    lbl_value["text"] = f"{value + 1}"

def decrease():
    value = int(lbl_value["text"])
    lbl_value["text"] = f"{value - 1}"

window = tk.Tk()

window.rowconfigure(0, minsize=50, weight=1)
window.columnconfigure([0, 1, 2], minsize=50, weight=1)

btn_decrease = tk.Button(master=window, text="-", command=decrease)
btn_decrease.grid(row=0, column=0, sticky="nsew")

lbl_value = tk.Label(master=window, text="0")
lbl_value.grid(row=0, column=1)

btn_increase = tk.Button(master=window, text="+", command=increase)
btn_increase.grid(row=0, column=2, sticky="nsew")


window.mainloop()
```

雖然這個應用程式沒有多實用，但前面學過的內容再加上這些技能，就可以實際製作應用程式：

- 用**元件**作為使用者介面的基本元素。
- 用**幾何管理器**來控制應用程式的排版。
- 設計和各種元件互動的**事件處理函式**，取得使用者的輸入。

在接下來的兩節，你會建立真正實用的應用程式。你會先建立一個溫度轉換器，把輸入的溫度從華氏溫度轉換為攝氏溫度。再來你會建立一個可以開啟、編輯和儲存檔案的文字編輯器！

練習題

你可以在 https://www.flag.com.tw/bk/st/F3747 找到這些練習題的解答：

1. **設計一個程式，產生一個預設背景顏色、黑色文字、寫著 Click me 的按鈕。使用者點擊按鈕之後，按鈕的背景顏色會更改成以下隨機一種：**

```
["red", "orange", "yellow", "blue", "green", "indigo",
"violet"]
```

2. **設計一個程式，模擬投擲一顆六面的骰子。視窗上要有一個 Roll 按鈕，使用者點擊按鈕之後，會從 1 到 6 隨機顯示一個整數。**

   應用程式的視窗應該像這樣：

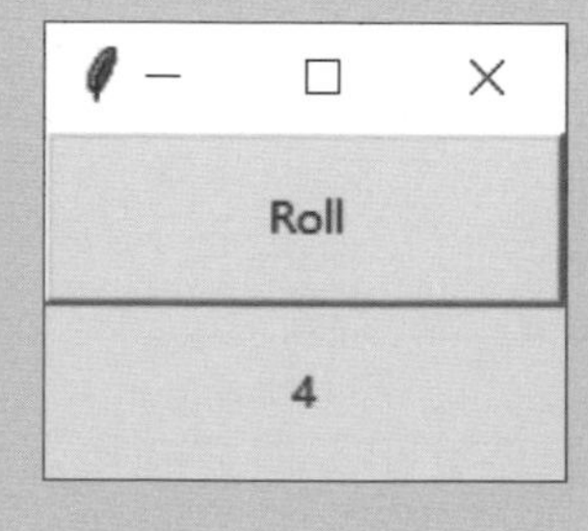

20.5 範例程式：溫度轉換器

在這一節，你要建立一個溫度轉換器，讓使用者輸入華氏溫度，然後按下按鈕轉換成攝氏溫度。我們會一步一步的檢視設計過程，這節的結尾也會附上完整的程式碼。建議你開啟 IDLE 的編輯視窗，跟著範例一起操作。

在動手寫程式碼之前，我們先花點時間規劃應用程式架構。你需要 3 個基本的元件：

1. `ent_temperature`：Entry 元件，用來輸入華氏溫度值。
2. `lbl_result`：Label 元件，用來顯示攝氏溫度。
3. `btn_convert`：Button 元件，點擊後會從 Entry 元件讀取數值，把華氏溫度轉換為攝氏溫度，再把轉換好的結果傳給 Label 元件。

你可以把這 3 個元素排成一列網格，每個元件各占一欄，這樣就是一個最低標準的工作應用程式了。但這樣的應用程式，使用者很難看懂該怎麼使用，所以我們應該再加上一些說明用的標籤。

我們可以把 °F 符號的 Label 直接放在 `ent_temperature` 元件的右邊，讓使用者知道 `ent_temperature` 裡面應該輸入華氏溫度。把 Label 的 `text` 屬性設成 `"\N{DEGREE FAHRENHEIT}"` 就能顯示 °F 符號，這是 Python 顯示 Unicode 字元符號的一種方式。

同樣的可以給 `btn_convert` 一點裝飾，把 `text` 設成 `"\N{RIGHTWARDS BLACK ARROW}"`，就會顯示一個指向右側的黑色箭頭。最後再用 `"\N{DEGREE CELSIUS}"` 在 `lbl_result` 右側也增加 ℃ 符號，標示結果是攝氏溫度。

我們希望最後的視窗像這樣：

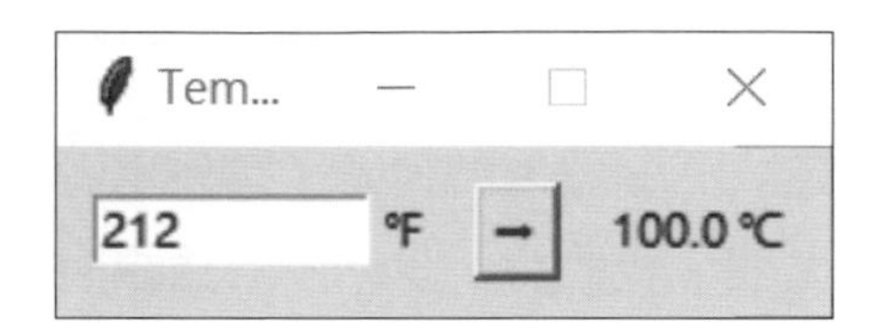

現在你已經知道需要哪些元件，還有理想中的視窗應該要是什麼樣子，可以開始寫這個程式了！首先導入 `tkinter` 然後建立一個新視窗：

```
import tkinter as tk

window = tk.Tk()
window.title("Temperature Converter")
```

`window.title()` 可以用 `.title()` 設定視窗的標題。你之後執行這個應用程式的時候，視窗的標題會顯示 Temperature Converter。

接下來建立 `ent_temperature` 元件，還有用來說明的 `lbl_temp`，這兩個都要指派給同一個 Frame，`frm_entry`：

```
frm_entry = tk.Frame(master=window)
ent_temperature = tk.Entry(master=frm_entry, width=10)
lbl_temp = tk.Label(master=frm_entry, text="\N{DEGREE FAHRENHEIT}")
```

`ent_temperature` 是使用者輸入華氏溫度的輸入框，`lbl_temp` 會顯示 °F 符號。至於 `frm_entry` 就只是一個把 `ent_temperature` 和 `lbl_temp` 組合在一起的容器。

我們想直接把 `lbl_temp` 放在 `ent_temperature` 的右邊，所以可以用 `.grid()` 幾何管理器把這兩個元件在 `frm_entry` 裡設定成一列兩欄：

```
ent_temperature.grid(row=0, column=0, sticky="e")
lbl_temp.grid(row=0, column=1, sticky="w")
```

把 ent_temperature 的 sticky 參數設成 "e"，就會保持在格子的最右邊；再把 lbl_temp 的 sticky 參數設成 "w"，保持在格子的最左邊。這樣可以確保 lbl_temp 會緊貼在 ent_temperature 的右邊，中間不會出現空白。

現在來製作 btn_convert 和 lbl_result，轉換 ent_temperature 輸入的溫度，再顯示結果：

```
btn_convert = tk.Button(
    master=window,
    text="\N{RIGHTWARDS BLACK ARROW}"
)
lbl_result = tk.Label(master=window, text="\N{DEGREE CELSIUS}")
```

和 frm_entry 一樣，btn_convert 和 lbl_result 都是指派給 window，這 3 個元件就是應用程式網格裡的 3 個格子。我們用 .grid() 來排列：

```
frm_entry.grid(row=0, column=0, padx=10)
btn_convert.grid(row=0, column=1, pady=10)
lbl_result.grid(row=0, column=2, padx=10)
```

最後執行應用程式：

```
window.mainloop()
```

目前的畫面看起來不錯，但是按鈕還沒有任何功能。我們在程式碼的開頭、import 那行的下一行，加入一個 fahrenheit_to_celsius() 函式。這個函式要從 ent_temperature 讀取使用者的輸入值，把華氏溫度轉換成攝氏溫度，然後在 lbl_result 顯示結果：

```
def fahrenheit_to_celsius():
    """ 把溫度值從華氏轉成攝氏，再把轉換後的值
    放入 lbl_result"""
    fahrenheit = ent_temperature.get()
```

Next

```
    celsius = (5/9) * (float(fahrenheit) - 32)
    lbl_result["text"] = f"{round(celsius, 2)} \N{DEGREE CELSIUS}"
```

現在移動到定義 btn_convert 的那一行，把 command 參數設成 fahrenheit_to_celsius：

```
btn_convert = tk.Button(
    master=window,
    text="\N{RIGHTWARDS BLACK ARROW}",
    command=fahrenheit_to_celsius  # 加上這一行
)
```

程式寫好了！你只用 26 行程式碼就建立了一個功能齊全的溫度轉換應用程式！很酷吧？

以下是完整程式碼：

```
import tkinter as tk

def fahrenheit_to_celsius():
    """ 將溫度值從華氏轉成攝氏，再把轉換後的值
    放入 lbl_result"""
    fahrenheit = ent_temperature.get()
    celsius = (5/9) * (float(fahrenheit) - 32)
    lbl_result["text"] = f"{round(celsius, 2)} \N{DEGREE CELSIUS}"

# 設定視窗
window = tk.Tk()
window.title("Temperature Converter")
window.resizable(width=False, height=False)

# 建立輸入華氏溫度的 Frame
# 內含 Entry 和 Label 元件
frm_entry = tk.Frame(master=window)
ent_temperature = tk.Entry(master=frm_entry, width=10)
lbl_temp = tk.Label(master=frm_entry, text="\N{DEGREE FAHRENHEIT}")
```

Next

```
# 用 .grid() 幾何管理器設置
#  Entry 和 Label 在 frm_entry 裡面的位置
ent_temperature.grid(row=0, column=0, sticky="e")
lbl_temp.grid(row=0, column=1, sticky="w")

# 建立轉換的 Button 和顯示結果的 Label
btn_convert = tk.Button(
    master=window,
    text="\N{RIGHTWARDS BLACK ARROW}",
    command=fahrenheit_to_celsius
)
lbl_result = tk.Label(master=window, text="\N{DEGREE CELSIUS}")

# 用 .grid() 幾何管理器設置排版
frm_entry.grid(row=0, column=0, padx=10)
btn_convert.grid(row=0, column=1, pady=10)
lbl_result.grid(row=0, column=2, padx=10)

# 執行應用程式
window.mainloop()
```

接下來我們要更上一層樓，打造一個簡易的文字編輯器。

練習題

1. 不要查看前面的程式碼，試著重現這節的溫度轉換應用程式；重建過程遇到困難的話，再檢查範例的程式碼。不過看完之後，間隔 10 到 15 分鐘再繼續嘗試。

   重複這樣的過程，直到你可以自己做出一樣的程式。你自己的程式碼和範例略有不同也沒關係，不過要仔細確認輸出的結果是不是真的一樣。

20.6 範例程式：文字編輯器

在這節，你會建造一個可以建立、開啟、編輯和保存文字檔案的文字編輯器應用程式。這個應用程式有 3 個基本的元件：

1. `btn_open`：Button 元件，用來開啟檔案進行編輯。
2. `btn_save`：Button 元件，用來儲存檔案。
3. `txt_edit`：Text 元件，用來編輯文字檔案。

這 3 個元件的排列方式是 2 個按鈕放於視窗左邊，文字框則放在右邊。整個視窗的最小高度設定為 800 像素，`txt_edit` 的最小寬度也是 800 像素。整個版面要是響應式的，如果調整視窗大小，那 `txt_edit` 也會一起調整，不過框住按鈕的 Frame 不會改變寬度。

這是程式視窗的概念圖：

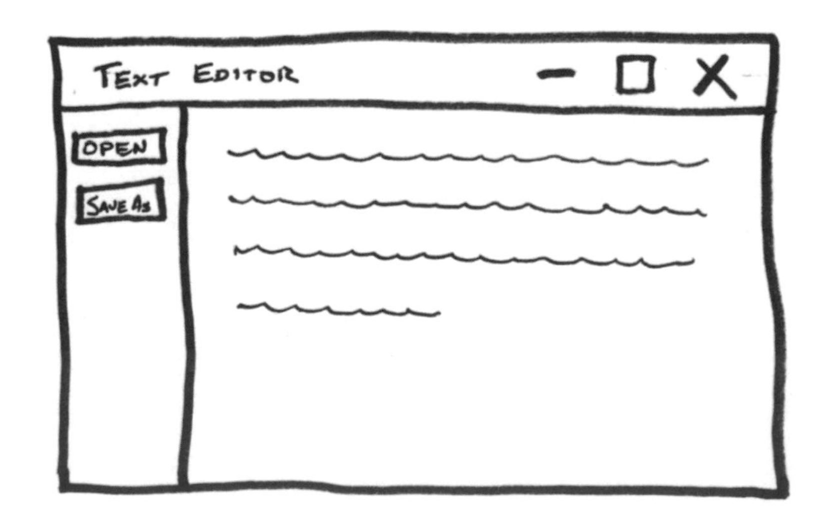

你可以用 .grid() 幾何管理器來實作想要的排版。我們希望有兩欄：左邊一個比較窄的欄，裡面是兩個按鈕，還有右邊一個比較寬的欄是文字框。

視窗方法 .rowconfigure() 和 .columnconfigure() 可以把 minsize 參數設為 800，設置視窗和 txt_edit 的最小尺寸；另外可以設定調整視窗尺寸會造成的影響，把這兩個方法的 weight 參數設為 1。

我們還要建立一個 Frame 元件，才方便把兩個按鈕放在同一欄，這個 Frame 可以命名為 frm_buttons。根據概念圖，兩個按鈕要在 Frame 裡面垂直排列，而且 btn_open 要在上面。你可以用 .grid() 或 .pack() 幾何管理器來實作，我們選擇比較不複雜的 .grid()。

現在程式規劃已經完成了，就可以開始寫這個程式。第一步是建立需要的所有元件：

```
import tkinter as tk

#1
window = tk.Tk()
window.title("Simple Text Editor")

#2
window.rowconfigure(0, minsize=800, weight=1)
window.columnconfigure(1, minsize=800, weight=1)

#3
txt_edit = tk.Text(window)
frm_buttons = tk.Frame(window)
btn_open = tk.Button(fr_buttons, text="Open")
btn_save = tk.Button(fr_buttons, text="Save As...")
```

首先在 #1 導入 tkinter，再建立一個標題是 Simple Text Editor 的新視窗，然後在 #2 設定欄和列的屬性，最後在 #3 建立 4 個元件：txt_edit、frm_buttons、btn_open 和 btn_save。

仔細看看 #2，.rowconfigure() 的第一個引數（索引）是 0，minsize 參數設為 800，weight 設為 1。這表示要把第一列的高度設為 800 像素，而且列的高度和視窗的高度要等比例縮放。

下一行，.columnconfigure() 的索引設為 1，width 和 weight 參數分別設為 800 和 1。要記得列和欄的索引都是從 0 開始，所以這些設定是設在第 2 欄。由於只有設定第 2 欄，之後在調整視窗大小的時候，也就只有右側的文字框會跟著縮放，左側的按鈕欄則會保持固定寬度。

現在可以開始處理整個應用程式的版面配置。首先，用 .grid() 幾何管理器把兩個按鈕指派給 frm_buttons 這個 Frame：

```
btn_open.grid(row=0, column=0, sticky="ew", padx=5, pady=5)
btn_save.grid(row=1, column=0, sticky="ew", padx=5)
```

這兩行程式碼把 btn_open 和 btn_save 的 master 屬性都設定成 frm_buttons，所以會在 frm_buttons 裡面建立一欄兩列的網格。btn_open 會放在 frm_buttons 的第一列，btn_save 會放在第二列，這樣 btn_open 就會在 btn_save 的上面，就像概念圖的設計。

btn_open 和 btn_save 都把 sticky 屬性設成 "ew"，強制按鈕水平擴展，填滿整個 Frame。如果不這樣做，兩個按鈕就會因為內容文字不同導致大小也不一樣。

padx 和 pady 參數設為 5 會在按鈕周圍都加上 5 個像素的邊距。這裡只在 btn_open 設置垂直邊距（pady），是因為 btn_open 在上面，所以要讓按鈕和視窗頂部有一點距離，也讓 btn_open 和下面的 btn_save 之間有一個小空隙。如果 btn_save 也加上 pady，兩個按鈕的距離就會太遠了。

現在 frm_buttons 已經排版完成，可以設定其他的部分：

```
frm_buttons.grid(row=0, column=0, sticky="ns")
txt_edit.grid(row=0, column=1, sticky="nsew")
```

這兩行程式碼的第一行會在視窗裡建立一個兩欄一列的網格。frm_buttons 放在第一欄，txt_edit 放在第二欄，這樣 frm_buttons 就會出現在 txt_edit 的左側。

frm_buttons 的 sticky 參數設成 "ns"，會強制整個 Frame 垂直擴展，填滿整個欄；txt_edit 則是設為 "nsew"，強制向所有方向擴展，填滿整個單元格。

現在應用程式的外觀設置已經完成了，把 window.mainloop() 加到程式碼最下方，然後儲存、執行檔案，就會顯示這樣的視窗：

看起來很棒！但這還沒有任何作用，所以我們要再來寫按鈕的功能。

按下 btn_open 按鈕之後應該要顯示一個檔案對話框，讓使用者選擇要開啟的檔案。開啟選擇的檔案之後，要在 txt_edit 裡顯示檔案的內容文字。我們來寫一個函式 open_file()，搞定這件事：

```
def open_file():
    """ 開啟要編輯的檔案 """
    #1
    filepath = askopenfilename(
        filetypes=[("Text Files", "*.txt"), ("All Files", "*.*")]
    )

    #2
    if filepath is None:
        return

    #3
    txt_edit.delete("1.0", tk.END)

    #4
    with open(filepath, "r") as input_file:
        text = input_file.read()
        txt_edit.insert(tk.END, text)

    #5
    window.title(f"Simple Text Editor - {filepath}")
```

#1 用 tkinter.filedialog 模組裡的 askopenfilename 函式(需要另外導入)顯示開啟檔案的對話框，把選擇的檔案路徑儲存到 filepath 變數。如果使用者關閉檔案對話框或點擊 **取消**，在 #2 就會檢查出 filepath 是 None，函式會執行 return，不會執行到後面的程式碼。

如果使用者選了檔案，就會繼續進行 #3，用 .delete() 清除 txt_edit 裡現有的內容。然後 #4 開啟選擇的檔案，用 .read() 讀取檔案內容，把內容字串儲存在 text 變數，再用 .insert() 把字串文字放進 txt_edit。

編註：如果在開啟檔案的時候遇到 UnicodeDecodeError 錯誤，就是文字編碼發生了問題。可以參考 12.5 小節的字元編碼說明，在 open 方法加入 encoding="utf-8" 參數，或是嘗試其他的編碼。

最後 #5 修改視窗的標題，補上開啟的檔案路徑。

現在有了這個函式，你就可以讓 btn_open 在滑鼠點擊時呼叫 open_file()。這有 3 件事要做：

1. 在程式碼的最上方補上這行程式碼，從 tkinter.filedialog 導入 askopenfilename()：

```
from tkinter.filedialog import askopenfilename
```

2. 在 import 敘述下面加入前面寫好的 open_file()
3. 把 btn_opn 的 command 屬性設為 open_file：

```
btn_open = tk.Button(fr_buttons, text="Open", command=open_file)
```

儲存檔案並執行，檢查一切是否正常。你可以開啟一個文字檔來測試。

小提醒

如果你的程式無法正常運作，也可以先跳到這一節的最後，確認完整的程式碼。

現在 btn_open 可以運作了，我們來處理 btn_save 的函式。btn_save 應該要開啟一個儲存檔案的對話框，讓使用者選擇儲存檔案的位置，這裡我們使用 tkinter.filedialog 模組的 asksaveasfilename 函式。另外還要提取當下在 txt_edit 裡的文字，寫入選擇的檔案。

這是用來執行這些動作的函式：

```
def save_file():
    """ 把目前文字另存新檔 """
    #1
    filepath = asksaveasfilename(
        defaultextension="txt",
        filetypes=[("Text Files", "*.txt"), ("All Files", "*.*")],
    )
```

Next

```
    #2
    if filepath is None:
        return

    #3
    with open(filepath, "w") as output_file:
        text = txt_edit.get("1.0", tk.END)
        output_file.write(text)

    #4
    window.title(f"Simple Text Editor - {filepath}")
```

首先在 #1 用 asksaveasfilename 的對話框讓使用者選擇檔案儲存位置，把選擇的路徑儲存在 filepath 變數。如果使用者關閉對話框或點擊 **取消**，就在 #2 檢查出 filepath 的值是 None，執行 return 結束函式，不執行後面的程式碼。

如果使用者選擇了檔案路徑，那 #3 就會建立一個新檔案 output_file，把 txt_edit 裡的文字用 .get() 取出來，指派給變數 text，再寫入這個新建的檔案。

最後 #4 更改視窗的標題，顯示新的檔案路徑。

現在我們來讓 btn_save 在滑鼠點擊時呼叫 save_file()。有 3 件事要做：

1. 更改程式碼開頭的 import，從 tkinter.filedialog 導入函式 asksaveasfilename：

```
from tkinter.filedialog import askopenfilename, asksaveasfilename
```

2. 在 open_file() 定義底下加上 save_file() 的定義。

3. 把 btn_save 的 command 屬性設為 save_file：

```
btn_save = tk.Button(
    fr_buttons, text="Save As...", command=save_file
)
```

儲存再執行程式。你現在有一個小巧但功能齊全的文字編輯器了！

這是完整的程式碼：

```
import tkinter as tk
from tkinter.filedialog import askopenfilename, asksaveasfilename

def open_file():
    """ 開啟要編輯的檔案 """
    filepath = askopenfilename(
    filetypes=[("Text Files", "*.txt"), ("All Files", "*.*")]
    )
    if filepath is None:
        return
    txt_edit.delete(1.0, tk.END)
    with open(filepath, "r") as input_file:
        text = input_file.read()
        txt_edit.insert(tk.END, text)
    window.title(f"Simple Text Editor - {filepath}")

def save_file():
    """ 把目前文字另存新檔 """
    filepath = asksaveasfilename(
        defaultextension="txt",
        filetypes=[("Text Files", "*.txt"), ("All Files", "*.*")],
    )
    if filepath is None:
        return
    with open(filepath, "w") as output_file:
        text = txt_edit.get(1.0, tk.END)
        output_file.write(text)
    window.title(f"Simple Text Editor - {filepath}")

window = tk.Tk()
window.title("Simple Text Editor")
```

Next

```
window.rowconfigure(0, minsize=800, weight=1)
window.columnconfigure(1, minsize=800, weight=1)

txt_edit = tk.Text(window)
fr_buttons = tk.Frame(window, relief=tk.RAISED, bd=2)
btn_open = tk.Button(fr_buttons, text="Open", command=open_file)
btn_save = tk.Button(fr_buttons, text="Save As...", command=save_
file)

btn_open.grid(row=0, column=0, sticky="ew", padx=5, pady=5)
btn_save.grid(row=1, column=0, sticky="ew", padx=5)

fr_buttons.grid(row=0, column=0, sticky="ns")
txt_edit.grid(row=0, column=1, sticky="nsew")

window.mainloop()
```

你現在已經用 Python 打造了兩個 GUI 應用程式。在過程中，你應用了這本書學到的各種主題。這是個不凡的成就，為自己的成果感到驕傲吧！

你現在有辦法自己創作應用程式了！

練習題

1. **不要查看前面的程式碼，試著重現這節的文字編輯應用程式；重建過程遇到困難的話，再檢查範例的程式碼。不過看完之後，間隔 10 到 15 分鐘再繼續嘗試。**

   重複這樣的過程，直到你可以自己做出一樣的程式。你自己的程式碼和範例略有不同也沒關係，不過要仔細確認輸出的結果是不是真的一樣。

20.7 挑戰：七步成詩 part 2

在這個挑戰，你要設計一個可以產生詩詞的 GUI 應用程式，這個應用程式是 9.5 節新詩產生程式的 GUI 版。

外觀上，應用程式會長得像這樣：

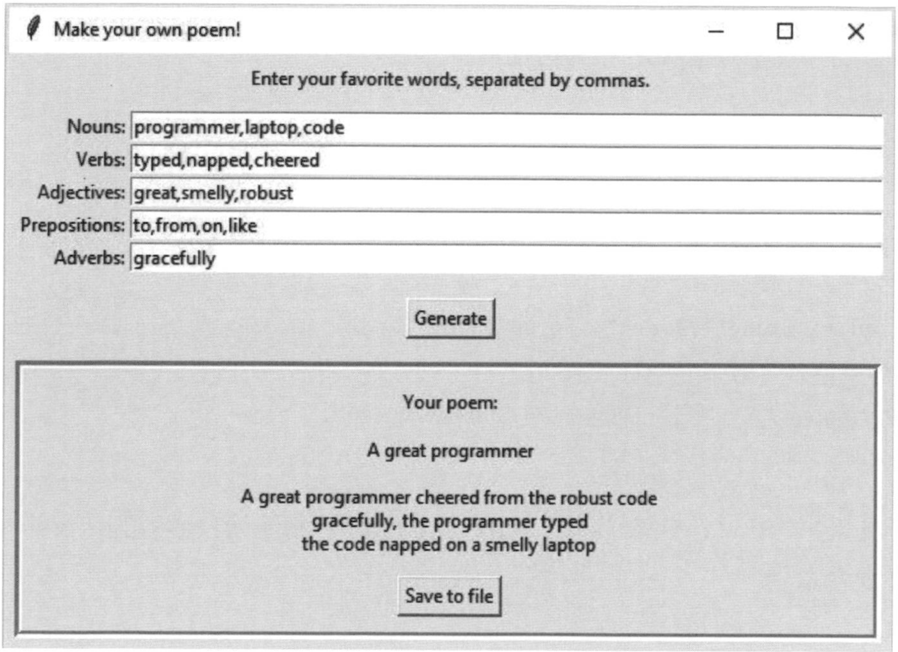

Make your own poem!

Enter your favorite words, separated by commas.

Nouns: programmer,laptop,code
Verbs: typed,napped,cheered
Adjectives: great,smelly,robust
Prepositions: to,from,on,like
Adverbs: gracefully

Generate

Your poem:

A great programmer

A great programmer cheered from the robust code
gracefully, the programmer typed
the code napped on a smelly laptop

Save to file

你可以用自己喜歡的幾何管理器來設計，但這個應用程式應該要有以下所有功能：

1. 要求使用者在每個 Entry 元件輸入足夠數量的詞彙：

- 至少 3 個名詞
- 至少 3 個動詞

- 至少 3 個形容詞
- 至少 3 個介系詞
- 至少 1 個副詞

如果任何 Entry 元件裡輸入的單字太少，就在產生詩詞的區域顯示錯誤訊息。

2. 程式要從使用者輸入的單字中隨機選擇 3 個名詞、3 個副詞、3 個形容詞、3 個介系詞和 1 個副詞。
3. 程式要用這個模板來產生詩詞：

```
A {adj1} {noun1}

A {adj1} {noun1} {verb1} {prep1} the {adj2} {noun2}
{adverb1}, the {noun1} {verb2}
the {noun2} {verb3} {prep2} a {adj3} {noun3}
```

在這裡，noun 代表名詞，verb 代表動詞，adj 代表形容詞，prep 代表介系詞。

4. 使用者可以把輸出的詩儲存成檔案。
5. 進階題：檢查使用者在每個 Entry 元件輸入的單詞有沒有重複。例如使用者在名詞 Entry 元件輸入兩個相同的名詞的話，就在使用者產生新詩的時候顯示錯誤訊息。

你可以在 https://www.flag.com.tw/bk/st/F3747 找到這個挑戰題的解答。

20.8 摘要與額外資源

在這章你學會了進階的圖形使用者介面（GUI）：Python 內建的 Tkinter。

首先你學會使用 Tkinter 的元件，包括 Frame、Label、Button、Entry 和 Text 元件。每個元件都可以指定各種屬性，例如設定 Label 元件的 `text` 屬性，就可以把文字設置在標籤上。

再來你使用 Tkinter 的 `.pack()`、`.place()` 和 `.grid()` 幾何管理器設計 GUI 應用程式的排版。你也學到控制排版的各種細節，像是邊距還有用 `.pack()` 和 `.grid()` 建立響應式的介面。

最後，你把所有學過的技能結合在一起，建立了兩個完整的 GUI 應用程式：一個溫度轉換器和一個簡易文字編輯器。

互動式測驗

這一章有免費的線上測驗，可以確認你的學習進度（測驗包含第 19 章的內容）。你可以使用手機或電腦到這個網址進行測驗：https://realpython.com/quizzes/pybasics-gui/

額外資源

想要更深入瞭解用 Python 設計 GUI 程式，可以參考以下資源：

- Tkinter tutorial（https://tkdocs.com/tutorial/index.html）

如果想進一步提升你的 Python 實力，歡迎查看：https://realpython.com/python-basics/resources/。

MEMO

21 延伸學習資源

恭喜你堅持到這本書的結尾。你目前學到的 Python，已經可以用來做出很多精采的作品，但真正的樂趣才正要開始：是自己出發去探索的時候了！

解決日常生活中遇到的實際問題，是學習程式設計最好的方式。當然，一開始你的程式可能寫得不是很完美，或是效率欠佳，但還是能派上用場。如果你不知道從何開始，或許這篇文章能提供一些靈感：13 Project Ideas for Intermediate Python Developers（https://realpython.com/intermediate-python-project-ideas/）。

社群交流也是 Python 非常重要的一環。向他人清楚解釋一個概念之後，自己也能對這個概念更加了解。所以到 Python 社群裡，幫助其他正在學習的人吧！

如果你接下來想要學習更進階的內容，可以到 realpython.com 深入了解網站上提供的更高級教材，或仔細研讀 PyCoder's Weekly 電子報（https://pycoders.com/）的文章和教程。

等到你覺得自己已經準備就緒，可以考慮在 GitHub（https://github.com/topics/python）上協助開發開放原始碼的專案。如果你比較喜歡解題，也可以嘗試參與 Project Euler（https://projecteuler.net/problems）的一些數學挑戰。

如果你在過程中遇到困難，不用擔心！你碰到的問題很可能也是其他人的問題（也可能已經解決）。試試在網路上搜尋解答，特別是像 Stack Overflow（https://stackoverflow.com/questions/tagged/python）這類的網站，或是找一個願意提供幫助的 Python 社群（像作者們的社群 https://realpython.com/community，或是台灣的 Facebook 社群如 https://www.facebook.com/groups/pythontw），就能幫助你通過難關。

如果這些方法都失敗了，你也可以先在 IDLE 輸入 `import this`，開啟 Python 之禪，冥思 Python 的本質。

作者附註：歡迎來訪我們的網站，在 realpython.com 和 @realpython Twitter 帳戶上繼續你的 Python 之旅。

21.1 給 Python 開發人員的每週小技巧

你想要找個一週一份的 Python 開發新知，提高工作效率並簡化工作流程嗎？那正好！我們為你這樣的 Python 開發人員提供了免費的電子報。

我們的週電子週報不是一般的「本週熱門文章」風格而是致力於每週以小論文形式分享至少一個原創論點。

如果你想一睹其中內容，請前往 realpython.com/newsletter 並在註冊表格填上電子郵件地址，期待你加入我們！

21.2 Python 神乎其技 全新超譯版

現在你已經熟悉了 Python 的基礎，可以更深入探索、完善你的 Python 知識。

在 Real Python 站長親自寫的姊妹作《Python 神乎其技 全新超譯版》這本書，你會找到最優秀的 Python 實作，還有優雅的 Pythonic 程式碼。書裡有簡明易懂的範例和逐步說明，讓你能夠更進一步的精通 Python，自然而然寫得一手漂亮又流利的 Python 程式碼。

要透徹學習 Python 是很困難的，但這本書能讓你發掘出 Python 標準函式庫隱藏的寶藏，更能把你的 Python 核心技能提升到新的境界。

想更瞭解《Python 神乎其技 全新超譯版》的話，歡迎你到博客來或天瓏網路書店預覽部分內容。

21.3 Real Python 的課程影片圖書館

借助 Real Python 大量且持續新增的的 Python 教程和深入的練習資源，你可以成為全面的 Python 達人。在每週發布的新內容裡，你都能進一步提升技能：

- **掌握實用的 Python 技能**：我們的教程由 Python 專家社群建立、策劃和審查。在 Real Python，你能獲得通往精通 Python 之路所需的可靠資源。
- **認識其他 Python 使用者**：加入 Real Python 聊天群組或每週舉辦的 Office Hours 線上問答，與 Real Python 團隊和其他學習者會面。大家會一起解答你的 Python 問題，討論程式撰寫與工作上的話題，或是也可只是在這個虛擬茶水間與我們閒聊。
- **探索互動式測驗和學習路線**：透過互動式測驗、程式解題挑戰，和技能取向的學習路線，來了解你目前的 Python 實力並複習你學過的內容。
- **掌握你的學習進度**：將課程標記為已完成或進行中，並以你感到自在的步調來學習。將你有興趣的課程加入書籤以供未來複習，維持長期的學習熱度。
- **取得結業證書**：你完成每門課程都會收到一份可分享、可列印的結業證書。你可以把證書放在作品集、LinkedIn 履歷和其他網站，向全世界展示你是一名專業的 Python 使用者。
- **跟上時代**：更新你的技能並跟上最新科技。我們會持續發布新的會員專用教程，並定期更新我們的內容。

請到 realpython.com/courses 查看。

21.4 致謝

這本書的完成要歸功於許多朋友和夥伴的幫助和支持。我們要特別感謝這些人的協助：

- **我們的家人**：我們夜以繼日工作、努力創作這本書的時候，感謝你們體諒我們，和我們共同度過這些艱困時刻。
- **CPython 團隊**：感謝你們製作了我們最喜愛、最棒的程式語言和工具。
- **Python 社群**：感謝你們努力讓 Python 成為世界上對初學者最友善、最受歡迎的程式語言；感謝你們舉辦各種會議，維護 PyPI 等重要的社群基礎。
- **我們的每一位讀者**：非常感謝你們閱讀我們的線上文章以及購買本書。你們的支持和閱讀成就了這一切！

我們希望你繼續活躍在 Python 社群，提出問題和分享經驗。讀者多年來的回饋塑造了這本書，也會繼續幫助我們在未來的版本改進，因此我們也期待收到你的回應。

我們要向所有在 2012 年參與這個集資計畫（Kickstarter）的支持者致以最深切的謝意。我們從沒想過能夠聚集到這麼多樂於助人、鼓舞人心的人。

最後，我們要感謝早期閱讀本書、提供傑出回饋的讀者：

Zoheb Ainapore, Luther Reed, Rob Sandusky,

Luther, Marc, Ricky Mitchell, Robert Livingston, Wayne, Tom

Moens, Meir Guttman, Larry Eisenberg, Ricky, Phu Le, Jeffrey

Hansen, Albrecht, Mark Palie, Peter Aronoff, Kilimandaros, Patricio

Urrutia, Joanna Jablonski, Miguel Alves, Mursalin Simpson, Xu

Chunyang, Lucas, Ward Walker, W., Vlad, Jim Anderson, Mohamed Alshishani, Melvin, Albrecht Kadauke, Patrick Starrenburg, Vivek, Srinivasan Samuel, Sampath, Ceejay Cervantes, Liam, Ty Wait, Marp, Jorge Alberch, Edythe, Miguel Galn, Tom Carnevale, Florent, Peter, Jon Radue, Matt Gardner, Robert, Sean Yang, David S., Hans van Nielen, Youri Torchalski, Gavin, Karen H Calhoun MD, Roman, Robert Robb Livingston, Terence Phillips, Nico, Daniel, W, Cairo DeGaillard, Lucas das Dores, David, Dave, Tony Denning, Sean, Peter Kronfeld, Mark, Dennis Miller, Joseph Araneta Jr., Nathan Eger, Kumaran Rajendhiran, David Fullerton, Nicklas, Jacob Andersen, Mario, Alejandro Ramos, Beni_begin, AJ, Don Edwards, Jon, Ridwan Mizan, Graham Kneen, Iliyan, Helmut, Izak Zycer, Mike, Norman Greenwood, Forrest, Patricio, Rene, Richard Mertz, Chris Robinson, Pete Storer, Russ Garside, Matt, Richard, Russ Garside, Tiago Mendes, Michael, Daniel Alves Mertins, Marko Umek, Chris Jenks, Eddy, Dmitry, Kelsang Sherab, Thomas, Dom Jennings, Martin, Anthony Sheffield, S F, Velu V, Peter Cavallaro, Charlie Browning 3, Milind Mahajani, Jason Barnes, Lucien Boland, Adam Bretel, William, Veltaine, Jerry Petrey, James, Raymond E Rogers, Ty Wait, Bimperng Uen, CJ Hwang, Guido, Evan, Miguel Galan, Han Qi, Jim Bremner, Matt Chang, Daniel Drazan, Cole, Bob, Reed Howald, Edward Duarte, Mike Parker, Aart Kleinendorst, Rock, Johnny, Rock Lee, Dusan Ranisavljev, Grant, Jack, Reinhard, Vivek Vashist, Dan, Garett, Jun Lee, James Silk, Nik Singhal, Charles, Allard Schmidt, Jeff Desalle, Miguel, Steve Poe, Jonathan Seubert, Marc Poulin, Lee Jordan, Matthew Chin, James Mitchell, Wayne, Zarata, Lisa, Ryan Otero, Lee, Raphael Bytebier, Graeme Edwards, Jeff Skipper, Bob D, Anderson Tomazeli, Selemani Said Jawa, Meow Carter, Russ Garside, Louis Sheldon, James Radford, Nikkolai Jones, George Zagas, Len Gould, Daniel Kapitan, Chris, Sheng Jun, Walt Busse, Melissa Gregoire, Mohammad Nassar, Carles Casademunt, Forrest Smith, Aurel Weisswange, Russ, Wolfram Blechner, Tony

Denning, Ron Fenimore, Edward Wright, Justin, Darren Olive, Charlie Clemmer, Dwayne Reid, Waiman Yau, C. Scott Kippen, Jimmy, Wolfram Blechner, Mark Mathewson, Franos iBrunet, Jeff Cabral, Bjorn, Jason Williams, Scott Page, Marilyn Gartley, Lief Rutzebeck, Mustafa Adaoglu, Thejan, Thejan Rathnayake, Cindy Ancrum, Tati Carvalho, Marek Ratiborsky, Ben, Francis Adepoju, Nir, Prabhu, Steve Fisher, Carlos, Aaron, David Maietta, Michael Huckleberry, Pawel, Julio Cesar Zebadua, Vencislav Shoykov, Michael Klengel, Kerry Alfred, Afeez Popoola, Cindy A., LC, tfig, Tiago, Sophie Wang, Toshiko, Fahmi, Paul Pennington, Wer, Jeff Johnson, Dutchy, Cesar, Albrecht KAdauke, Jim Brown, Eric, Christopher Evans, MELVIN, Idris, John Chirico, Wynette Espinosa, J.P., Gregory, Mark Edgeller, David Melanson, Raul Pena, Darrell, Shriram, Tom Flynn, Velu, Michael Lindsey, Sulo Kolehmainen, Jay, Milos “Ozzyx” Kosik, Hans de Cocq, Glen Mules, Nathan Lundner, Phil, Shubh, Puwei Wang, Alex Mck, Alex, Hitoshi, Bruno F. De Lima, Dario David, Rajesh, Haroldas Valiukas, GVeltaine, Susan Fowle, Jared Simms, Nathan Collins, Dylan, Les Churchman, Stephane Li-Thiao-Te, Frank P, Paul, Damien Murtagh, Jason, Thng L Quang, Neill, Lele, Charles Wilson, Damien, Christian, Andreas Kreisig, Marco, Mario Panagiotopoulos, Nerino, Mariusz, Mihhail, Miknig, Fabio, Scott, A,
Pedro Torres, Mathias Johansson, Joshua S., Mathias, Scott, David Koppy, Rohit Bharti, Phillip Douglas, John Stephenson, Jeff Jones, George Mast, Allards, Palak, Nikola N., Palak Kalsi, Annekathrin, Tsung-Ju Yang, Nick Huntington, Sai, Jordan, Wim Alsemgeest, DJ, Bob Harris, Andrew, Reggie Smith, Steve Santy, Mohee Jarada, Mark Arzaga, Poulose Matthen, Brent Gordon, Gary Butler, Bryant, Dana, Koajck, Reggie, Luis Bravo, Elijah, Nikolay, Eric Lietsch, Fred Janssen, Don Stillwell, Gaurav Sharma, Mike McKenna, Karthik Babu, Bulat Mansurov, August Trillanes, Darren Saw, Jagadish, Kyle, Tejas Shetty, Baba Sariffodeen, Don, Ian, Ian Barbour, Redhouane, Wayne Rosing, Emanuel, Toigongonbai, Jason Castillo, Krishna

Chaitanya Swamy Kesavarapu, Corey Huguley, Nick, Xuchunyang, Daniel Buis, Kenneth, Leodanis Pozo Ramos, John Phenix, Linda Moran, W Laleau, Troy Flynn, Heber Nielsen, Rock, Mike LeRoy, Thomas Davis, Jacob, Szabolcs Sinka, Kalaiselvan, Leanne Kuss, Andrey, Omar, Jason Woden, David Cebalo, John Miller, David Bui, Nico Zanferrari, Ariel, Boris, Boris Ender, Charlie3, Ossy, Matthias Kuehl, Scott Koch, Jesus Avina, Charlie, Awadhesh, Andie, Chris Johnson, Malan, Ciro, Thamizhselvan, Neha, Christian Langpap, Ivan, Dr. Craig Levy, H B Robinson, Stphane, Steve McIlree, Yves, Teresa, Allard, Tom Cone Jr., Dirk, Joachim van der Weijden, Jim Woodward, Christoph Lipka, John Vergelli, Gerry, Lu, Robert R., Vlad, Richard Heatwole, Gabriel, Krzysztof Surowiecki, Alexandra Davis, Jason Voll, and Dwayne Dever.

如果我們不小心忘記列入你的姓名，請你了解我們對你懷有最大的感謝之意，謝謝你們！